学习资源展示

课堂案例 • 课堂练习 • 课后习题 • 综合实例

课堂案例：用球体制作台灯模型
所在页码：34页
学习目标：学习球体和圆锥体的用法

课堂案例：用切角长方体制作双人沙发
所在页码：36页
学习目标：学习切角长方体的用法

课堂案例：用布尔制作花盆模型
所在页码：39页
学习目标：学习"布尔"工具的用法

课堂案例：用车削修改器制作茶杯
所在页码：52页
学习目标：学习"车削"修改器的用法

课堂案例：用FFD修改器制作抱枕
所在页码：54页
学习目标：学习FFD修改器的用法

课堂案例：用多边形建模制作唇膏
所在页码：64页
学习目标：学习多边形建模的方法

综合实例：制作电商场景模型
所在页码：74页
学习目标：学习电商场景的建模方法

综合实例：制作CG空间场景模型
所在页码：82页
学习目标：学习CG场景的建模方法

课堂案例：创建VRay物理摄影机
所在页码：100页
学习目标：学习如何在场景中创建VRay物理摄影机

课堂案例：创建横构图画幅
所在页码：103页
学习目标：学习横构图的创建方法

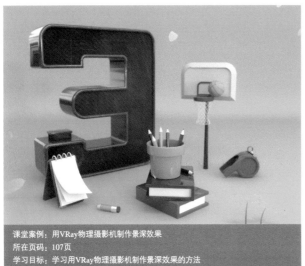

课堂案例：用VRay物理摄影机制作景深效果
所在页码：107页
学习目标：学习用VRay物理摄影机制作景深效果的方法

课堂案例：用目标平行光制作日光
所在页码：116页
学习目标：学习目标平行光的使用方法

课堂案例：用VRay太阳制作阳光
所在页码：121页
学习目标：学习"VRay太阳"的使用方法

课堂练习：用灯光工具制作清冷氛围的卧室
所在页码：124页
学习目标：学习清冷氛围灯光的创建方法

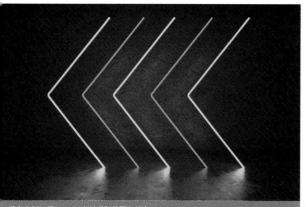

课堂案例：用VRay灯光材质制作霓虹线条
所在页码：140页
学习目标：学习VRay灯光材质的使用方法

课堂案例：用位图贴图制作玩具鹿
所在页码：144页
学习目标：学习位图贴图的使用方法

课堂案例：用VRay位图制作环境光
所在页码：149页
学习目标：学习VRay位图的使用方法

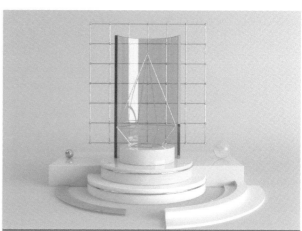

课堂案例：用常用材质制作几何场景
所在页码：157页
学习目标：练习常用材质的制作方法

课堂练习：用常用材质制作礼物盒
所在页码：159页
学习目标：练习常用材质的制作方法

课后习题：用VRayMtl材质制作茶几
所在页码：160页
学习目标：练习VRayMtl材质的使用方法

课堂案例：测试不同的图像采样器效果

所在页码：164页

学习目标：掌握不同的图像采样器的特点

课堂案例：渲染光子文件

所在页码：174页

学习目标：学习光子文件的渲染和调用方法

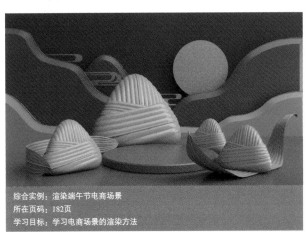

综合实例：渲染端午节电商场景

所在页码：182页

学习目标：学习电商场景的渲染方法

综合实例：渲染极简客厅场景

所在页码：186页

学习目标：学习室内场景的渲染方法

课堂练习：用关键帧制作风车动画　　　　所在页码：228页　　　　学习目标：练习旋转关键帧的添加方法

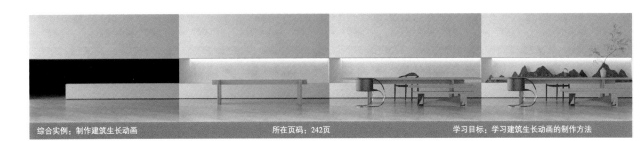

综合实例：制作建筑生长动画　　　　所在页码：242页　　　　学习目标：学习建筑生长动画的制作方法

3ds Max 2022 实用教程

任媛媛 编著

人民邮电出版社
北 京

图书在版编目（CIP）数据

3ds Max 2022实用教程 / 任媛媛编著. -- 北京：
人民邮电出版社，2023.1
ISBN 978-7-115-60503-0

Ⅰ. ①3··· Ⅱ. ①任··· Ⅲ. ①三维动画软件—教材
Ⅳ. ①TP391.414

中国国家版本馆CIP数据核字(2023)第005630号

内 容 提 要

本书全面介绍中文版 3ds Max 2022 的基本功能及实际运用方法，包括 3ds Max 的建模、摄影机、灯光、材质、渲染、粒子系统和动画技术等。本书完全针对零基础的读者编写，是入门级读者快速而全面掌握 3ds Max 2022 的应备参考书。

全书分为建模、渲染和动画 3 个板块。设置了丰富的课堂案例，可帮助读者快速上手，熟悉软件功能和制作思路。课堂练习可巩固重要的知识点。课后习题可拓展读者的实际操作能力。综合实例是每个板块内容的总结，讲解实际工作中的案例项目，读者经过练习，既可达到强化训练的目的，又可以了解实际工作中会遇到的问题及其处理方法。本书所有内容均基于中文版 3ds Max 2022 和 V-Ray 5,update 1.3 进行编写，读者最好使用相同版本进行学习。

本书适合作为院校艺术类专业和培训机构相关课程的教材，也可以作为自学 3ds Max 2019～3ds Max 2022 的读者的参考书。

◆ 编　著　　任媛媛
责任编辑　杨　璐
责任印制　马振武

◆ 人民邮电出版社出版发行　　北京市丰台区成寿寺路 11 号
邮编　100164　电子邮件　315@ptpress.com.cn
网址　http://www.ptpress.com.cn
北京九州迅驰传媒文化有限公司印刷

◆ 开本：787×1092　1/16　　　　彩插：2
印张：16.5　　　　　　　　　2023 年 1 月第 1 版
字数：486 千字　　　　　　　2025 年 2 月北京第 7 次印刷

定价：69.90 元

读者服务热线：(010)81055410　印装质量热线：(010)81055316
反盗版热线：(010)81055315

Autodesk公司的3ds Max是最优秀的三维动画软件之一。3ds Max的强大功能，使其从诞生以来就一直受到CG艺术工作者的喜爱。3ds Max在模型塑造、场景渲染、动画及特效制作等方面都非常出色，能制作出高品质的作品，这也使其在室内设计、建筑表现、影视与游戏制作等领域中占据领导地位，成为全球最受欢迎的三维制作软件之一。

为了给读者提供一本好的3ds Max教材，我们精心编写了本书，并对图书的体系做了优化，按照"功能介绍→重要参数讲解→课堂案例→课堂练习→课后习题"这一思路进行编排，力求通过功能介绍和重要参数讲解使读者快速掌握软件功能；通过课堂案例使读者快速上手并具备一定的动手能力；通过课堂练习巩固重要知识点；通过课后习题拓展读者的实际操作能力，达到巩固和提升的目的；此外还特别录制了视频云课堂，以直观展现重要功能的使用方法。本书在内容编写方面，力求通俗易懂、细致全面；在文字叙述方面，言简意赅、突出重点；在案例选取方面，强调案例的针对性和实用性。

本书配套学习资源中包含本书所有案例的场景文件和实例文件，同时，为了方便读者学习，本书还配备了所有案例的超清有声视频教学录像。这些录像也是我们请专业人士录制的，其中详细记录了每一个步骤，尽量让读者一看就懂。另外，为了方便教师教学，本书还配备了PPT课件等丰富的教学资源，任课老师可直接下载使用。

本书参考学时为64学时，其中教师讲授环节为42学时，实训环节为22学时，各章的参考学时如下表所示。

章序	课程内容	学时分配	
		授课	实训
第1章	3ds Max 2022的基础知识	2	1
第2章	基础建模技术	4	2
第3章	高级建模技术	6	2
第4章	建模技术的商业运用	4	2
第5章	摄影机技术	2	1
第6章	灯光技术	4	2
第7章	材质和贴图技术	6	2
第8章	渲染技术	2	2
第9章	渲染技术的商业运用	4	2
第10章	粒子系统与空间扭曲	2	2
第11章	动画技术	4	2
第12章	动画技术的商业运用	2	2
学时总计		42	22

由于编者水平有限，书中难免存在疏漏之处，恳请广大读者批评指正。

编者
2022年6月

资源与支持 RESOURCES AND SUPPORTS

本书由"数艺设"出品,"数艺设"社区平台(www.shuyishe.com)为您提供后续服务。

配套资源

所有课堂案例、课堂练习、课后习题和综合实例的场景文件和实例文件

所有案例的在线教学视频

重要基础知识的在线演示视频

PPT教学课件

资源获取请扫码

(提示:微信扫描二维码关注公众号后,
输入51页左下角的5位数字,获得资源获
取帮助。)

"数艺设"社区平台,为艺术设计从业者提供专业的教育产品。

与我们联系

我们的联系邮箱是 szys@ptpress.com.cn。如果您对本书有任何疑问或建议,请您发邮件给我们,并请在邮件标题中注明本书书名及ISBN,以便我们更高效地做出反馈。

如果您有兴趣出版图书、录制教学课程,或者参与技术审校等工作,可以发邮件给我们。如果学校、培训机构或企业想批量购买本书或"数艺设"出版的其他图书,也可以发邮件联系我们。

如果您在网上发现针对"数艺设"出品图书的各种形式的盗版行为,包括对图书全部或部分内容的非授权传播,请您将怀疑有侵权行为的链接通过邮件发给我们。您的这一举动是对作者权益的保护,也是我们持续为您提供有价值的内容的动力之源。

关于"数艺设"

人民邮电出版社有限公司旗下品牌"数艺设",专注于专业艺术设计类图书出版,为艺术设计从业者提供专业的图书、视频电子书、课程等教育产品。出版领域涉及平面、三维、影视、摄影与后期等数字艺术门类,字体设计、品牌设计、色彩设计等设计理论与应用门类,UI设计、电商设计、新媒体设计、游戏设计、交互设计、原型设计等互联网设计门类,环艺设计手绘、插画设计手绘、工业设计手绘等设计手绘门类。更多服务请访问"数艺设"社区平台www.shuyishe.com。我们将提供及时、准确、专业的学习服务。

第 1 章

3ds Max 2022 的基础知识

　　本章主要讲解3ds Max 2022的操作界面、前期设置和一些常用操作。通过对这章内容的学习，读者可以简单操作软件，为后续学习做准备。

学习目标

◇ 了解3ds Max 2022的行业应用
◇ 熟悉3ds Max 2022的操作界面
◇ 掌握3ds Max 2022的前期设置
◇ 掌握3ds Max 2022的常用操作

1.1 学习3ds Max 2022 前的必备知识

3ds Max是一款由Autodesk公司出品的专业且实用的三维软件,在模型塑造、场景渲染、动画及特效制作等方面都非常出色,能制作出高品质的作品。随着软件版本的不断更新,3ds Max的各项功能更加强大,这也使其在效果图、影视动画、游戏和产品设计等领域中占据重要地位,成为全球最受欢迎的三维制作软件之一。

随着Autodesk公司对3ds Max功能的不断研发,截至本书出版时,3ds Max已经升级到3ds Max 2023版本,图1-1所示是3ds Max 2022的启动界面。

图 1-1

1.1.1 3ds Max 的行业应用

3ds Max在三维设计领域中使用频率较高,除了常见的建筑效果图外,还可以设计动画、游戏和产品等。

建筑效果图:建筑效果图制作是3ds Max常见的应用。3ds Max不仅可以制作室内、室外的效果图,还可以制作动画效果。其在地产、城市规划和装修领域应用较多,如图1-2所示。

图 1-2

三维动画:在一些影视和动画作品中少不了3ds Max的身影。3ds Max不仅可以创建影片中的人物和场景,还能完成一些特效的制作,如图1-3所示。

图 1-3

三维游戏:在三维游戏和2.5D游戏中,游戏角色和场景都可以用3ds Max来实现。3ds Max不仅可以制作游戏角色和场景,还可以制作游戏角色的动作效果,如图1-4所示。

图 1-4

产品设计:3ds Max同样可以应用在产品设计中。虽然在建模方面3ds Max不如专业的产品设计软件精确,但它在产品效果展示上表现不俗,如图1-5所示。

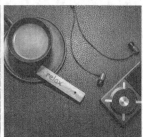

图 1-5

1.1.2 所需的计算机配置

3ds Max对计算机的配置要求比较高。如果想要流畅地学习此软件,就需要选择一台合适的计算机。表1-1以Windows 系统为例,列出了3ds Max 2022对计算机硬件的配置需求。

表 1-1

配置项目	基础配置	高级配置
操作系统	Windows 10	Windows 10
CPU	Intel酷睿i5-10400F	Intel酷睿i9-12900K
内存	16G	16G以上
显卡	NVIDIA GeForce GTX 1060	NVIDIA GeForce GTX 20系/30系
硬盘	1TB	1TB
电源	500W	600W

📝 **技巧与提示**

3ds Max 2022 只有在 Windows 10 系统中才能安装,如果是 Windows 10 以下的系统版本则不能安装。

1.1.3 本书的学习方法和注意事项

3ds Max体系庞大、功能繁杂,要想快速且有效地学习3ds Max,读者需要进行大量的练习。多看、多想、多练，自然就能逐渐掌握。下面列出了一些初学者学习3ds Max的窍门。

1. 提前安装必要的学习软件

读者在学习本书之前，除了要安装3ds Max 2022以外，还需要安装V-Ray渲染器插件。本书使用的V-Ray渲染器插件为V-Ray 5，update 1.3（V-Ray 5.10.03），如图1-6所示，读者最好使用此版本进行学习。安装其他版本的V-Ray渲染器插件也可以学习本书，只是个别参数有差异。

图 1-6

> 📝 **技巧与提示**
>
> 读者需要注意，本书的所有案例保存为 2019 版本，因此读者可以使用的最低软件版本为 3ds Max 2019。低于 2019 版本的软件打不开更高版本的案例文件。

2. 观看演示视频

书中介绍的工具都附带演示视频。通过演示操作，就能将抽象的文字转换为直观的操作，读者就能更加清楚工具的使用方法。书和视频结合在一起学习，更能提高效率。图1-7所示是本书中的演示视频。

图 1-7

3. 做到举一反三

初学者在学习3ds Max时最容易走入的学习误区是死记硬背案例的参数值。照着案例的参数值抄一遍，并不能

领会为何要设置这个参数、为什么设置这样的数值，以及这样设置能带来怎样的效果。这就造成一些读者在学习完整本书的案例后，遇到一个陌生的场景时仍然不知道从何下手。这些读者看似学完了所有的知识点，却没有将这些知识点消化吸收。

建议读者在学习时找到适合自己的学习方法，多练多看，领悟所学知识点，将学会的知识点举一反三运用到别的场景中。在平时的学习中，多看一些优秀的作品，并进行模仿，不仅能提高技术水平，还能提升审美水平。图1-8所示是一些优秀的设计作品。

图 1-8

1.2 3ds Max 2022的操作界面

▶️ 演示视频 001-3ds Max 2022的操作界面

在计算机上安装完软件，然后在"开始"菜单中选择"Autodesk>3ds Max 2022 -Simplified Chinese"命令，便可打开简体中文版3ds Max 2022的操作界面，如图1-9和图1-10所示。双击桌面上的快捷方式图标，会打开默认的英文版界面，且软件界面为黑色。

图 1-9

菜单栏
主工具栏
Ribbon

命令面板

视口布局
选项卡

场景资源
管理器

时间线
状态栏

视口导航
控制按钮

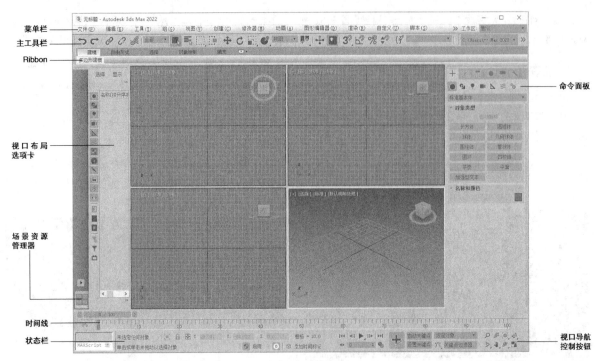

图 1-10

技巧与提示

默认状态下的主工具栏和命令面板分别停靠在界面的上方和右侧，可以通过拖曳的方式将其移动到视图中的其他位置，拖曳后的主工具栏和命令面板将以浮动面板的形态呈现在视图中，如图 1-11 所示。

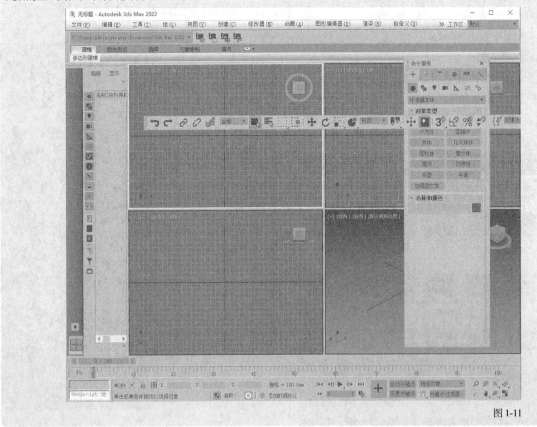

图 1-11

若想将浮动的面板切换回停靠状态，可以将浮动的面板拖曳到任意一个面板或工具栏的边缘，或直接双击面板的标题。

3ds Max 2022的操作界面分为12个部分，分别是标题栏、菜单栏、主工具栏、Ribbon、命令面板、视口布局选项卡、场景资源管理器、时间线、状态栏、时间控制按钮、视口导航控制按钮和视口区域。

标题栏：显示软件的版本和场景文件的名称等信息，如图1-12所示。

图1-12

菜单栏：基本包含了软件的所有命令，如图1-13所示。

图1-13

主工具栏：集合了一些常用的编辑工具。

Ribbon：建模工具选项卡，用于进行多边形建模，如图1-14所示。

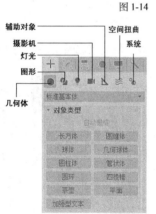

图1-14

命令面板：创建所需的单体模型、样条线、灯光、摄影机和粒子等元素，并对这些元素的属性进行编辑操作，是需要重点掌握的部分，如图1-15所示。

图1-15

视口布局选项卡：可以创建不同的视口布局，并在不同的视口布局中切换，如图1-16所示。

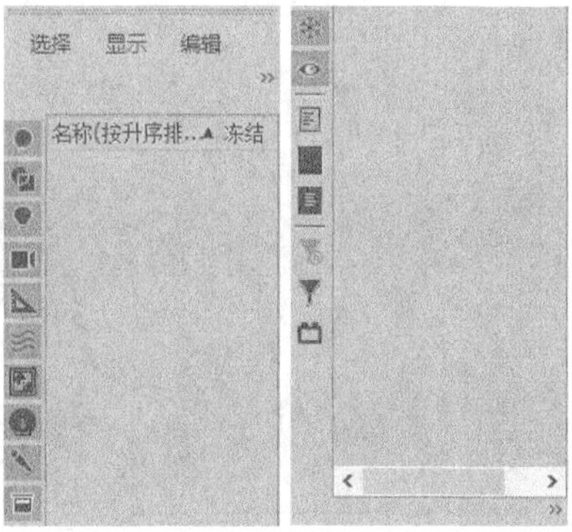

图1-16

场景资源管理器：显示场景中的所有元素，包括几何体、样条线、灯光和摄影机等。在管理器面板中，可以对所有的元素进行选择、删除、编组、重命名等操作，如图1-17所示。

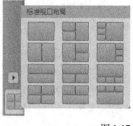

图1-17

时间线：包括时间线滑块和轨迹栏两大部分。时间线滑块位于视图的最下方，主要用于指定帧，如图1-18所示。轨迹栏位于时间线滑块的下方，主要用于显示帧数和选定对象的关键点，在这里可以移动、复制、删除关键点以及更改关键点的属性，如图1-19所示。

图1-18

图1-19

状态栏：提供了选定对象的数目、类型、变换值和栅格数目等信息，并且可以基于当前鼠标指针的位置和当前活动程序来动态提供反馈信息，如图1-20所示。

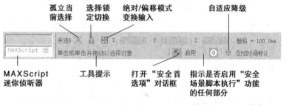

图1-20

时间控制按钮：主要用来控制动画的播放效果，包括关键点控制和时间控制等，如图1-21所示。

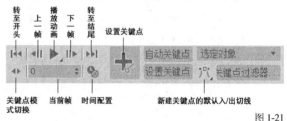

图1-21

视口导航控制按钮：主要用来控制视图的显示和导航。使用这些按钮可以缩放、平移和旋转活动的视图，如图1-22和图1-23所示。在普通视口和摄影机视口下，显示的按钮会有一定的区别。

图1-22

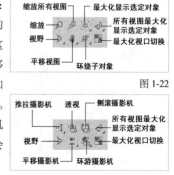

图1-23

视口区域: 操作界面中最大的一个区域,也是3ds Max中用于实际工作的区域。在这些视口中可以从不同的角度对场景中的对象进行观察和编辑。

📝 **技巧与提示**

初次打开 3ds Max 2022 时,会弹出一个欢迎界面,如图1-24所示。如果不想在下一次打开软件时仍然弹出该界面,可在左下角取消勾选"在启动时显示此欢迎屏幕"选项,如图1-25所示。

图 1-24

图 1-25

1.3 加载V-Ray渲染器

▶️ 演示视频 002-加载V-Ray渲染器

安装完V-Ray渲染器后,单击主工具栏的"渲染设置"按钮 🐌,打开"渲染设置"窗口,如图1-26所示。从3ds Max 2021起,默认的渲染器由"扫描线渲染器"更改为Arnold渲染器。

单击"渲染器"下拉列表,然后将默认的Arnold切换为V-Ray 5,update 1.3,如图1-27所示。

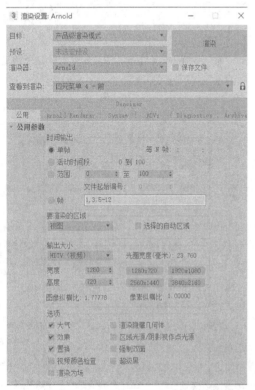

图 1-26

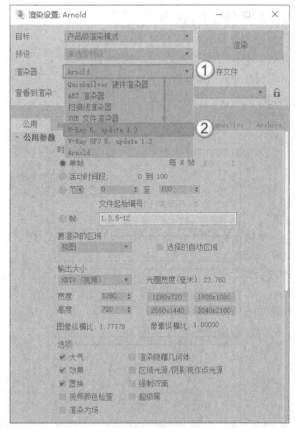

图 1-27

如果要将V-Ray渲染器设置为默认的渲染器，需要展开"指定渲染器"卷展栏，然后单击"保存为默认设置"按钮，如图1-28所示。

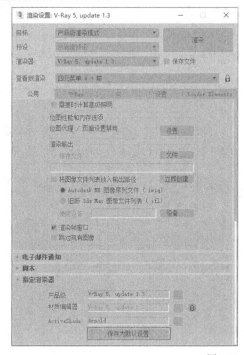

图1-28

本书都使用 V-Ray 5,update 1.3 渲染器，读者请不要错选到 V-Ray GPU 5,update 1.3 渲染器，两者的界面和使用方法有差异。

1.4 3ds Max 2022的前期设置

在制作一个场景之前，需要对软件进行一些设置，方便后续进行制作。如果是团队进行制作，也能方便团队成员间的工作衔接。

1.4.1 场景单位

▶️ 演示视频 003–场景单位

设置场景单位是在制作一个场景之前必须要做的，不同类型的场景会有不同的单位。选择"自定义>单位设置"菜单命令，打开"单位设置"对话框，如图1-29所示。

图1-29

📝 技巧与提示

大多数情况下，室内建筑效果图使用毫米或厘米为单位，室外建筑效果图使用厘米为单位，产品效果图使用毫米为单位。一些国外的设计师会使用英尺或英寸为单位。

"单位设置"对话框中的单位分为两种，一种是"系统单位设置"，另一种是"显示单位比例"，这两者之间是有一定区别的。

系统单位设置：单击此按钮，会弹出"系统单位设置"对话框，如图1-30所示。对话框中显示系统默认的单位是"英寸"，如果想更改系统单位为毫米，就单击"单位"下拉列表，选择"毫米"选项，如图1-31所示。

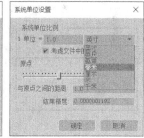

图1-30   图1-31

显示单位比例：该设置控制参数面板中参数的后缀单位，如图1-32所示。如果不想参数后面带后缀单位，就选择"通用单位"选项，如图1-33所示。

图1-32

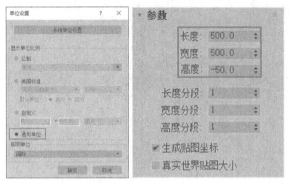

图1-33

📝 **技巧与提示**

　　"系统单位设置"和"显示单位比例"最好设置相同的单位。

1.4.2 快捷键

▶ 演示视频 004-快捷键

　　快捷键在制作场景时能极大地提升制作效率。除了系统自带的默认快捷键，用户还可以根据自己的喜好，设置自定义的快捷键。选择"自定义>热键编辑器"菜单命令，在打开的"热键编辑器"对话框中就可以设置任意命令的快捷键，如图1-34所示。

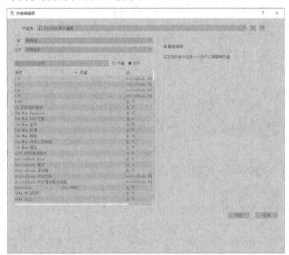

图1-34

　　下面以添加"挤出修改器"的快捷键为例，为读者讲解快捷键的设置方法。

　　第1步：在搜索框中输入"挤出修改器"，在下方的列表框中就可以查看到筛选得到的两个修改器，选择需要添加快捷键的"挤出修改器"选项，如图1-35所示。

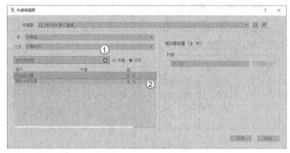

图1-35

　　第2步：选中右侧的"热键"输入框，按键盘上的Shift键和E键，此时输入框内显示Shift+E，如图1-36所示。

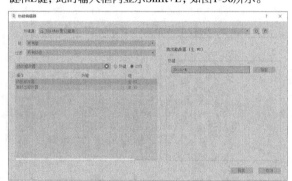

图1-36

　　第3步：单击右侧的"指定"按钮 [指定]，就可以在左侧的列表中看到"挤出修改器"的"热键"列显示刚才输入的Shift+E组合键，如图1-37所示。单击"完成"按钮 [完成]，将快捷键进行保存，就可以在后续制作中使用该快捷键。

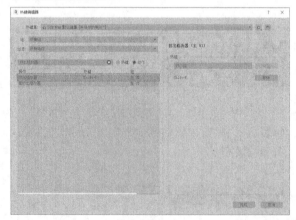

图1-37

　　读者可以为常用的命令添加方便自己使用的快捷键，可以是单个按键，也可以是组合键。将这些设置的快捷键保存后，也可以在其他计算机上加载。

1.4.3 自动备份

▶ 演示视频005-自动备份

3ds Max对计算机的要求比较高，一些低配置的计算机经常会出现软件崩溃自动退出的情况，如果没有保存已经制作的场景，就可能丢失这部分文件。为了不发生这种情况，就需要在制作场景之前开启文件自动备份功能。

选择"自定义>首选项"菜单命令，弹出"首选项设置"对话框，然后切换到"文件"选项卡，在"自动备份"选项组中设置"备份间隔（分钟）"为30，单击"确定"按钮 [确定] 保存设置，如图1-38所示。

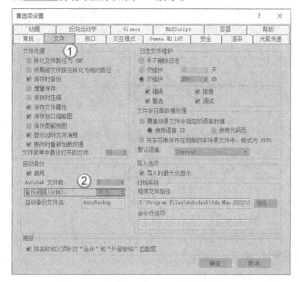

图1-38

📝 **技巧与提示**

默认的间隔时间是5分钟，这个频率太高，会造成软件频繁卡顿，30分钟的间隔比较合适。

一旦软件崩溃退出，在本机的"文档"文件夹中可以找到最后自动保存的文件。以笔者的计算机为例，自动保存的文件路径是"C:\Users\Administrator\Documents\3ds Max 2022\autoback"，文件夹中保存时间最晚的文件，就是最后一次保存的文件，如图1-39所示。

名称	修改日期	类型	大小
AutoBackup01	2020-08-08 9:53	3dsMax scene file	700 KB
AutoBackup02	2020-08-08 10:53	3dsMax scene file	700 KB
AutoBackup03	2020-08-07 17:25	3dsMax scene file	712 KB
MaxBack.bak	2019-02-20 10:40	BAK 文件	69,670 KB
maxhold.bak	2020-06-30 17:25	BAK 文件	309,786 KB
maxhold.mx	2020-06-30 18:12	MX 文件	107,271 KB
RenderPreset.bak	2020-07-06 17:25	BAK 文件	616 KB

图1-39

1.4.4 预览选框

▶ 演示视频006-预览选框

从3ds Max 2016起，软件就增加了预览选框的功能。只要将鼠标指针移动到对象上，就会高亮显示这个对象的轮廓，如图1-40所示。若是选中该对象，轮廓就会显示为蓝色，如图1-41所示。

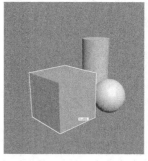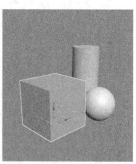

图1-40　　　　　　　　　　图1-41

虽然这样能清晰地显示对象的轮廓，但是配置不高的计算机却会因为这个设置而卡顿，不利于制作。选择"自定义>首选项"菜单命令，弹出"首选项设置"对话框，然后切换到"视口"选项卡，取消勾选"选择/预览亮显"选项，并单击"确定"按钮 [确定]，如图1-42所示。

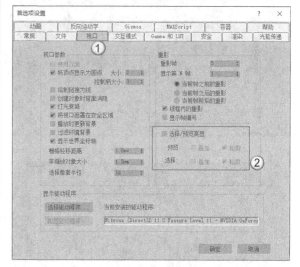

图1-42

1.4.5 设置背景模式

▶ 演示视频007-设置背景模式

在默认情况下，顶视图、前视图和左视图的背景是纯色，而透视视图则是渐变色，如图1-43所示。

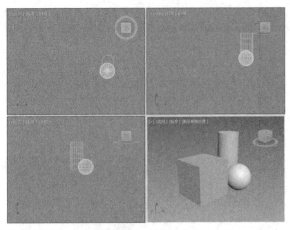

图1-43

如果要将透视视图的背景也切换为纯色，需要在视图的左上角单击"默认明暗处理"，在弹出的菜单中选择"视口背景>纯色"命令，如图1-44所示。切换后，透视视图的背景也会和其他3个视图一样变成纯色，如图1-45所示。

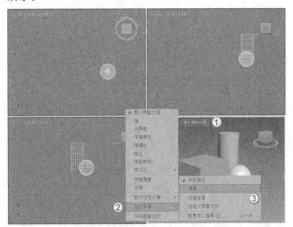

图1-44

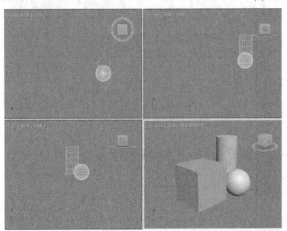

图1-45

知识点：视口配置对话框

按快捷键Alt+B打开"视口配置"对话框，就可以具体设置"背景"的一些信息，如图1-46所示。

图1-46

背景颜色除了可以设置为纯色和渐变色外，还可以设置为"使用环境背景"和"使用文件"两种。

使用环境背景：该选项会链接"环境和效果"窗口中的"环境贴图"作为场景的背景。这个功能在创建环境贴图时会用到。

使用文件：该选项会激活下方的文件通道，方便链接外部贴图作为背景。这个功能在加载建模时的外部参考图时会用到。

1.5 3ds Max 2022的常用操作

本节将为读者讲解3ds Max 2022的常用操作，包括文件操作、视口操作和对象操作。这些操作会在今后的制作中高频率应用，是3ds Max的必备技能，请读者务必完全掌握。

1.5.1 文件的新建 / 打开 / 保存 / 导入

▶️ 演示视频 008-文件的新建/打开/保存/导入

文件操作是制作场景的必备技能，需要通过菜单栏中的"文件"菜单进行。在"文件"菜单中，可以新建、打开、保存和导入文件。

1.新建文件

新建文件的方法有两种，一种是使用"新建"命令，另一种是使用"重置"命令。

打开软件后，在菜单栏中单击"文件"，在弹出的菜单中选择"新建"命令，在右侧弹出的子菜单中选择新建场景的方式，如图1-47所示。选择"重置"命令会将视口区域还原为默认界面。

图1-47

2.打开文件

"打开"命令（快捷键为Ctrl+O）和"打开最近"命令都可以打开已经存在的.max文件。当鼠标指针移动到"打开最近"命令上时，会在右侧弹出最近一段时间在软件中打开过的文件，如图1-48所示。

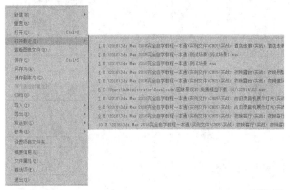

图1-48

▊ 知识点：打开某些场景之前弹出的对话框如何处理

在打开某些场景文件时，系统会弹出一些对话框。每种对话框是什么意思，该怎样处理，这里为读者简单介绍一下。

第1种：加载的文件Gamma值与系统设置不同，如图1-49所示。遇到这种情况，基本统一为系统的Gamma值即可，选择"是否保持系统的Gamma和LUT设置？"选项。

图1-49

第2种：文件单位与系统单位不同，如图1-50所示。遇到这种情况，基本统一为文件的单位，最好不要将文件按照系统单位放大或缩小，选择"采用文件单位比例？"选项。

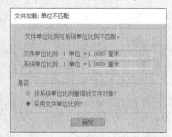

图1-50

第3种：缺少外部文件，如图1-51所示。遇到这种情况，代表文件中的贴图文件或是光度学文件丢失，需要重新加载这些文件，直接单击"继续"按钮 继续 即可。

图1-51

第4种：缺少DLL文件，如图1-52所示。遇到这种情况，代表制作场景时使用了特殊的插件，读者不需要在意，单击"打开"按钮 打开 即可。

图1-52

第5种：弹出"场景转换器"对话框，如图1-53所示。遇到这种情况，代表场景与ART渲染器不兼容。本书案例使用V-Ray渲染器，没有使用ART渲染器，这里只需要关闭对话框即可。

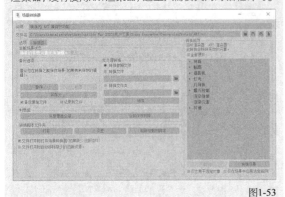

图1-53

3.保存文件

"保存""另存为""另存为副本""保存选定对象""归档"命令都可以保存已经制作好的场景为.max文件，但它们之间是有一定区别的，如图1-54所示。

保存（快捷键为Ctrl+S）：会在原有文件的基础上覆盖保存，所保存的文件始终为1个。

图1-54

> **技巧与提示**
>
> 需要注意，在3ds Max 2022中，在一个场景中初次选择"保存"命令会弹出对话框以确定文件保存的路径和名称，只有确定文件保存路径和名称后，后续选择"保存"命令才会覆盖前一次的文件。

另存为：在原有文件的基础上单独保存一个新文件，不会将原有的文件覆盖。

另存为副本：与"另存为"类似，也是单独保存的独立文件。

保存选定对象：将场景中单个或多个选定的对象保存为一个独立的文件。

归档：与前面的都不相同，它会将场景中的贴图文件、光度学文件和场景文件打包，形成一个压缩文件。

4.导入文件

导入文件的方法有多种，常用的是"导入"命令和"合并"命令，如图1-55所示。

图1-55

导入：常用来导入CAD文件，以便后续制作模型。

合并：将其他.max文件导入现有场景中，但不会覆盖现有的场景。

1.5.2 视口的显示模式

▶ 演示视频 009-视口的显示模式

单击视口区域左上角的显示按钮，在弹出的菜单中可以切换场景的显示模式，如图1-56所示。

默认明暗处理：显示场景对象的颜色和明暗，如图1-57所示。这也是实际工作中运用最多的显示模式。

线框覆盖：只显示模型的布线线框，其余则不显示，如图1-58所示。这种模式会极大地减轻系统的负担，减少系统卡顿和崩溃现象。按F3键可以在"线框覆盖"和"默认明暗处理"间进行切换。

图1-56

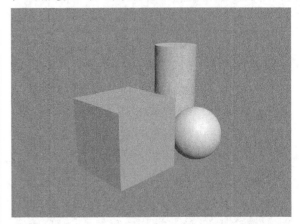

图1-57

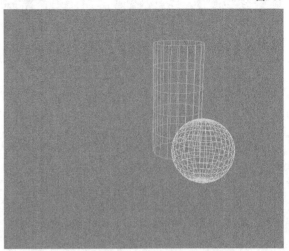

图1-58

边面： 将视口中的场景对象的颜色和线框同时显示，如图1-59所示。这种模式一般不建议使用，会给软件系统带来较大的负担，对于一些配置较低的计算机来说，会产生卡顿现象。按F4键可以在"默认明暗处理"和"边面"间进行切换。

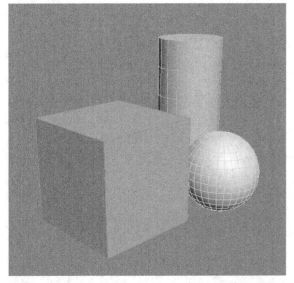

图1-59

1.5.3 视口的移动 / 缩放 / 旋转

▶️ 演示视频 010-视口的移动/缩放/旋转

视口区域是操作界面中最大的一个区域，也是3ds Max中用于实际工作的区域，默认状态下为四视图显示，包括顶视图、左视图、前视图和透视视图4个视图。在这些视图中可以从不同的角度对场景中的对象进行观察和编辑。

每个视图的左上角都会显示其名称以及模型的显示方式，右上角有一个导航器（不同视图显示的状态也不同），如图1-60所示。

图1-60

知识点：视口显示的常用快捷键

顶视图：T键

左视图：L键

前视图：F键

透视视图：P键

摄影机视口：C键

栅格：G键

最大化显示视图：Alt+W

除了以上的快捷键，还可以按V键，在弹出的菜单中选择不同的视口显示效果，如图1-61所示。

图1-61

每一个视口都可以单独进行移动、旋转和缩放的操作。虽然可以借助"视图导航控制按钮"中的按钮实现上述功能，但为了提升制作效率，日常还是使用鼠标加键盘的方式进行操作。

旋转视图： Alt+鼠标中键拖曳，如图1-62所示。

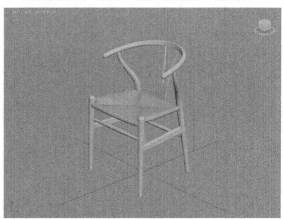

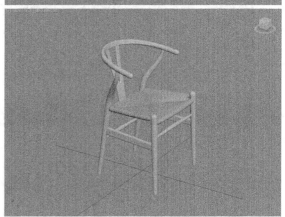

图1-62

平移视图：按住鼠标中键拖曳，如图1-63所示。

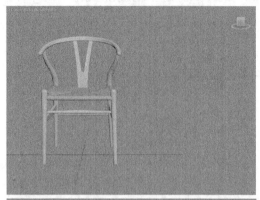

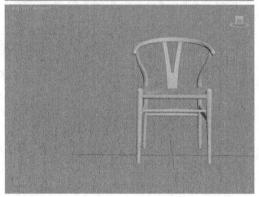

图1-63

缩放视图：滚动鼠标滚轮，如图1-64所示。

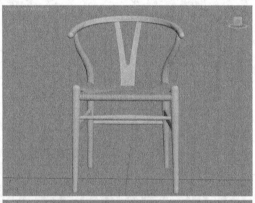

图1-64

1.5.4 对象的不同选择方法

▶ 演示视频 011-对象的不同选择方法

场景中的元素不仅可以单独选择，还可以加选、减选、反选和孤立选择。

选择对象：软件在默认状态下选中"选择对象"工具 ■（Q键），在视口中可以选中任意对象。此时选中的对象不能被移动、旋转和缩放等操作，只能保持选中状态，如图1-65所示。

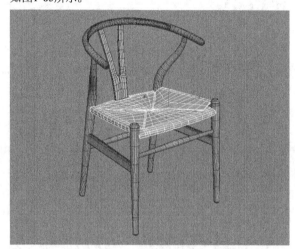

图1-65

加选对象：如果选择了一个对象后还想加选其他对象，按住Ctrl键的同时单击想要加选的对象即可，如图1-66所示。

图1-66

减选对象：选择了多个对象后想减去某个不想选择的对象，按住Alt键单击想要减去的对象即可，如图1-67所示。

反选对象：选择了某些对象后想要反选其他的对象，可以按快捷键Ctrl+I完成，如图1-68所示。

图1-67　　　　　　　　　　图1-68

孤立选择对象：这是一种特殊的选择对象方法，可以将选择的对象单独显示出来，以方便对其进行编辑，如图1-69所示。切换为孤立选择对象的方法主要有两种，一种是选择"工具>孤立当前选择"菜单命令或直接按快捷键Alt+Q；另一种是在视图中单击鼠标右键，然后在弹出的菜单中选择"孤立当前选择"命令。

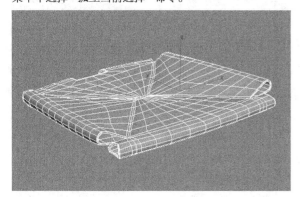

图1-69

知识点：选择过滤器

"选择过滤器"工具 全部 用于过滤不需要选择的对象类型，这在需要批量选择同一种类型的对象时非常有用，如图1-70所示。

图1-70

在图1-71所示的场景中，要单独选择场景中的灯光会比较麻烦。将"选择过滤器"设置为"L-灯光"，然后按快捷键Ctrl+A就可以选择场景中的所有灯光，如图1-72所示。

图1-71　　　　　　　　　　图1-72

1.5.5 对象的移动 / 旋转 / 缩放

▶ 演示视频 012-对象的移动/旋转/缩放

移动、旋转和缩放是对象操作的基础，也是必须要掌握的知识点。

移动对象：使用"选择并移动"工具 ✛（W键），就能将选中的对象在x、y和z这3个轴向进行移动。当使用该工具选择对象时，在对象上会显示坐标控制器。在默认的四视图中只有透视视图显示的是x、y和z这3个轴向，其他3个视图中只显示其中的某两个轴向，如图1-73所示。移动对象时，将鼠标指针放在轴向上，然后拖曳鼠标即可，如图1-74所示。

图1-73

图1-74

📝 **技巧与提示**

按键盘上的+键或－键，可以放大或缩小坐标控制器。

旋转对象：使用"选择并旋转"工具 C（E键），就能将选中的对象在x、y和z这3个轴向进行旋转。与"选择并移动"工具 ✛ 的用法相似，在激活状态（选择状态）下，被选中的对象可以在 x、y 和 z 这 3 个轴向进行旋转，如图1-75所示。

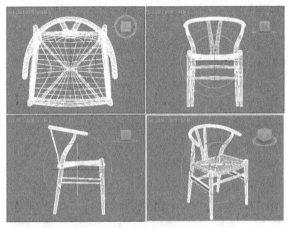

图1-75

缩放对象：使用"选择并均匀缩放"工具 ▦（R键），就能将选中的对象在 x、y 和 z 这 3 个轴向进行缩放，也可以在 3 个轴向同时缩放，如图1-76所示。

图1-76

📝 **技巧与提示**

在缩放类工具中，除了上面介绍的"选择并均匀缩放"工具 ▦ 外，还有"选择并非均匀缩放"工具 ▦ 和"选择并挤压"工具 ▦。

"选择并非均匀缩放"工具 ▦ 可以根据活动轴约束以非均匀方式缩放对象。

"选择并挤压"工具 ▦ 可以创建挤压和拉伸效果。

1.5.6 对象的复制

▶ 演示视频 013-对象的复制

复制对象的方法有两种，一种是原位复制，另一种是移动复制。

原位复制：选择"编辑>克隆"菜单命令（快捷键为 Ctrl+V）可将选中的对象原位复制，在弹出的"克隆选项"对话框中单击"确定"按钮 ▭ ，如图1-77所示。然后使用"选择并移动"工具 ✛ 移动复制的对象到合适的位置即可。

图1-77

移动复制：选中对象的同时按住Shift键，使用"选择并移动"工具 ✛ 将选中对象移动到合适位置，在弹出的"克隆选项"对话框中选择需要的复制方式即可，如图1-78所示。

图1-78

📝 **技巧与提示**

除了使用"选择并移动"工具 ✛ ，还可以使用"选择并旋转"工具 ᴄ 和"选择并均匀缩放"工具 ▦ 进行复制，如图1-79和图1-80所示。

图1-79　　　　　　　　图1-80

无论使用哪种复制方法，都会弹出"克隆选项"对话框。对话框中的3种克隆方式会产生不同的效果。

复制：复制出与原对象完全一致的新对象。

实例：复制出与原对象相关联的新对象，且修改其中任意一个对象的属性，其他关联对象也会随之改变。

参考：复制出原对象的参考对象，修改复制的参考对象时不会影响原对象，但修改原对象时参考对象也会随之改变。

1.5.7 对象的镜像 / 对齐

▶ 演示视频 014-对象的镜像/对齐

"镜像"工具 和"对齐"工具 能提高制作效率，让一些较为烦琐的步骤变得简单。

1.镜像工具

"镜像"工具 的操作方法较为简单。

第1步：选中要镜像的对象后，单击"镜像"工具 ，打开"镜像:世界坐标"对话框，如图1-81所示。

第2步：选择"镜像轴"的方向，图1-82所示为将一个椅子模型沿x轴镜像后的效果。

图1-81　　　　　　　　　　　　　　　图1-82

第3步：设置完"镜像轴"后，对象会按照镜像轴的方向转变，原有的对象并不会保留。如果既要保留原有的对象，又要生成镜像对象，就需要在"克隆当前选择"选项组中选择"复制"或"实例"选项。

2.对齐工具

在6种对齐工具中，最常用的还是默认的"对齐"工具 ，其操作方法如下。

第1步：选中场景中需要对齐的其中一个对象，单击"对齐"按钮 ，接着单击场景中需要对齐的另一个对象，此时会弹出"对齐当前选择"对话框，如图1-83所示。

图1-83

第2步：设置两个对齐对象的对齐坐标以及对齐方式。图1-84所示是长方体与圆柱体在x轴和y轴轴点对齐的效果。

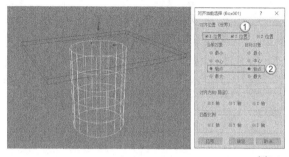

图1-84

1.5.8 对象的捕捉

▶ 演示视频 015-对象的捕捉

通过3种捕捉工具，能在不同的视图中实现对象的对齐和连接效果。

"2D捕捉"工具 ：在二维视图中进行捕捉，如图1-85所示。

图1-85

"2.5D捕捉"工具 ：常用在二维视图中进行捕捉，也可以在三维视图中进行捕捉，但在三维视图中捕捉会存在误差，如图1-86所示。

图1-86

"3D捕捉"工具 ：在三维视图中进行捕捉，相对于"2.5D捕捉"工具 会更加精确，如图1-87所示。

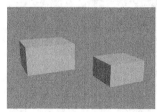

图1-87

1.5.9 参考坐标系

▶️ 演示视频 016—参考坐标系

软件提供了图1-88所示的10种坐标系,在日常工作中常用的是"视图""世界""局部"这3种。

图1-88

视图:系统默认的坐标系,在不同的视图中有不同的坐标,如图1-89所示。

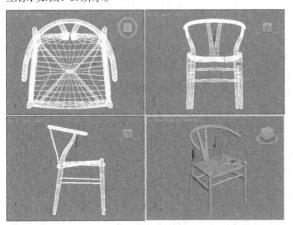

图1-89

世界:在每个视图中的坐标显示方式,都与视图左下角的世界坐标相吻合,如图1-90所示。

图1-90

局部:根据对象的法线方向显示坐标位置,如图1-91所示。这种模式的坐标在移动带有角度的模型时非常方便。

图1-91

💡 知识点:调整模型的坐标中心位置

模型的默认坐标中心位置都位于模型的中心。如果要调整模型的坐标中心,就需要切换到"层次"面板,然后单击"仅影响轴"按钮 仅影响轴 ,接着使用"选择并移动"工具 ⊕ 就可以移动模型的坐标中心位置,如图1-92所示。

图1-92

当单击"仅影响轴"按钮 仅影响轴 后,"选择并移动"工具 ⊕ 的坐标轴就会变为图1-93所示的效果,这就代表此时移动的是坐标轴,而不是模型本身。移动完坐标轴后,一定要再次单击"仅影响轴"按钮 仅影响轴 ,这样就可以退出坐标轴的编辑状态,以便对模型进行操作。

图1-93

第 **2** 章

基础建模技术

本章主要讲解3ds Max的基础建模技术，通过几何体、复合对象、VRay对象和样条线制作出简单的模型，同时讲解建模的基本思路。

学习目标

◇ 掌握常用几何体

◇ 掌握常用复合对象

◇ 掌握 VRay 毛皮

◇ 掌握常用样条线

◇ 了解建模思路

2.1 常用几何体

在"标准基本体"和"扩展基本体"中包含了多种日常建模中常用的几何体模型，这些模型是建模的基础。复杂的模型大多是在这些几何体模型的基础上变化而来的。在"修改"面板中调整参数，就可以对这些几何体模型的形态进行设定。图2-1所示是"标准基本体"和"扩展基本体"的工具面板。

图2-1

本节工具介绍

工具名称	工具作用	重要程度
长方体	用于创建长方体	高
圆锥体	用于创建圆锥体	中
球体	用于创建球体	高
圆柱体	用于创建圆柱体	高
平面	用于创建平面	中
切角长方体	用于创建带圆角的长方体	中
切角圆柱体	用于创建带圆角的圆柱体	中

2.1.1 长方体

▶ 演示视频 017- 长方体

"长方体"工具 长方体 是几何体中常用的工具之一。直接使用长方体可以创建出很多模型，同时还可以将长方体用作多边形建模的基础物体，如图2-2所示。

图2-2

长度/宽度/高度：3个参数分别代表长方体x轴、y轴和z轴的长度。根据不同的视图，这3个参数所代表的轴也会

有所差异。例如，"长度"参数控制长方体在y轴上的长度，效果如图2-3和图2-4所示。

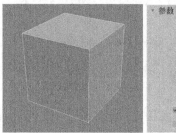

图2-3

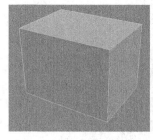

图2-4

长度分段/宽度分段/高度分段：这3个参数控制每个轴向的分段数量，如图2-5~图2-7所示。

图2-5

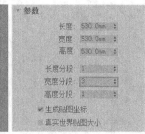

图2-6

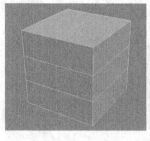
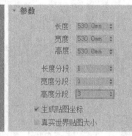

图2-7

以长方体为基础，通过修改器或多边形建模就可以变换出多种形态。例如，为长方体添加"涡轮平滑"修改器，就可以让其变成球体，如图2-8所示。这种球体转换为可编辑多边形后，由四边面组成，可以制作成角色模型的头部。

图2-8

课堂案例

用长方体制作木箱模型

案例文件	案例文件>CH02>课堂案例：用长方体制作木箱模型
视频名称	课堂案例：用长方体制作木箱模型.mp4
学习目标	学习长方体的创建方法，了解建模思路

本案例的木箱模型是由不同尺寸的长方体拼凑而成，模型效果如图2-9所示。

图2-9

① 在"创建"面板中单击"长方体"按钮 长方体 ，然后在视口中拖曳创建出一个立方体模型，接着切换到"修改"面板，设置"长度"为500mm，"宽度"为100mm，"高度"为15mm，如图2-10所示。

图2-10

② 选中上一步创建的长方体，然后按住Shift键，并使用"选择并移动"工具 ✛ 向上拖曳，在弹出的"克隆选项"对话框中设置"副本数"为3，如图2-11所示。单击"确定"按钮 确定 后，会一次性复制3个长方体模型，如图2-12所示。

图2-11　　　　图2-12

③ 再复制一个长方体，放在其他长方体的上方，设置其"长度"为15mm，"宽度"为470mm，"高度"为15mm，如图2-13所示。

图2-13

④ 复制上一步修改后的长方体，摆放在其他长方体的上方，如图2-14所示。

图2-14

⑤ 选中图2-15所示的长方体，复制并旋转90°，如图2-16所示。

图2-15　　　　图2-16

⑥ 将复制得到的长方体的"宽度"设置为80mm，如图2-17所示。

图2-17

⑦ 在上一步的长方体的基础上向上复制两个长方体,中间保留一定的空隙,效果如图2-18所示。

⑧ 将3个长方体整体复制到另一侧,如图2-19所示。

图2-18　　　　　　　　　　　图2-19

⑨ 选中图2-20所示的长方体,复制并旋转90°,效果如图2-21所示。

图2-20　　　　　　　　　　　图2-21

⑩ 选中复制得到的长方体,设置"长度"为470mm,如图2-22所示。

图2-22

⑪ 将修改好的长方体按照之前的方法进行复制,效果如图2-23所示。

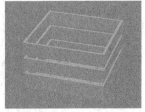

图2-23

⑫ 使用"长方体"工具 长方体 在木箱的边角创建一个长方体,设置"长度"和"宽度"都为15mm,"高度"为280mm,如图2-24所示。

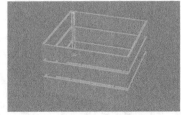

图2-24

⑬ 将上一步创建的长方体复制3个,然后放在木箱其他3个边角位置,案例最终效果如图2-25所示。

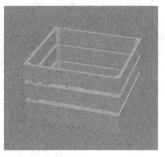

图2-25

2.1.2 圆锥体

▶ 演示视频 018- 圆锥体

"圆锥体"工具 圆锥体 是几何体中常用的工具之一。像日常生活中的冰激凌、陀螺等物品的外观都与圆锥体相似,其参数如图2-26所示。

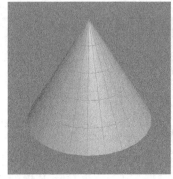 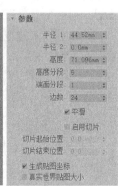

图2-26

半径1/半径2:设置圆锥体的第1个半径和第2个半径,两个半径的最小值都是0。

高度:设置圆锥体的高度。

高度分段:设置圆锥曲面上的分段数量。

端面分段:设置圆锥底部圆面的分段数量。

边数:设置圆锥体周围边数,数值越大,底部的圆周越圆滑。

平滑:混合圆锥体的面,从而在渲染视图中创建平滑的外观。

启用切片:控制是否开启"切片"功能。

切片起始位置/切片结束位置:设置从局部x轴的零点开始围绕局部z轴的度数。

📝 技巧与提示

圆柱体、球体和圆锥体等工具都有"启用切片"选项,勾选该选项后可以对模型进行切片。读者初次接触切片功能时,也许不能很好地明确"切片起始位置"和"切片结束位置",因此下面介绍切片的具体原理。

勾选"启用切片"选项后，切片是以y轴的正方向为0°轴，在xy平面内围绕z轴旋转一周（360°），如图2-27所示。

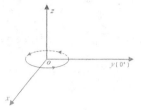

图2-27

相信读者明白了其中的原理，就能很好地理解"切片起始位置"和"切片结束位置"这两个参数。当设置"切片起始位置"为90时，就是从y轴开始，围绕z轴逆时针旋转90°，此处就是切片的起始位置；当设置"切片结束位置"为180时，就是从y轴开始，围绕z轴逆时针旋转180°，此处就是切片的结束位置，如图2-28所示。

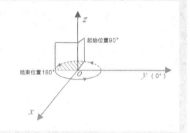

图2-28

2.1.3 球体

▶️ 演示视频019- 球体

"球体"工具可以创建球类模型。在3ds Max中，可以创建完整的球体，也可以创建半球或球体的其他部分，其参数设置面板如图2-29所示。

图2-29

半径： 指定球体的半径。

分段： 设置球体多边形分段的数目。分段越多，球体越圆滑，图2-30所示是"分段"值分别为16和64时的球体对比。

分段:16 分段: 64

图2-30

半球： 当数值设置为0时可以生成完整的球体；设置为0.5时可以生成半球，如图2-31所示；设置为1时会使球体消失。

图2-31

切除： 在半球断开时将球体中的顶点数和面数"切除"以减少它们的数量。

挤压： 保持原始球体中的顶点数和面数，将几何体向着球体的顶部挤压，使体积越来越小。

轴心在底部： 在默认情况下，轴点位于球体中心的构造平面上，如图2-32所示。如果勾选"轴心在底部"选项，则会使球体沿着其局部z轴向上移动，使轴点位于其底部，如图2-33所示。

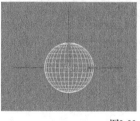
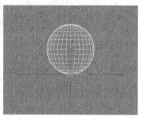

图2-32 图2-33

📝 **技巧与提示**

"几何球体"工具 几何球体 与"球体"工具 球体 类似，都是用于创建球体模型的。两者在模型的布线上有所区别，几何球体是由三角形面拼接而成的，如图2-34所示。

图2-34

课堂案例

用球体制作台灯模型

案例文件　案例文件>CH02>课堂案例：用球体制作台灯模型
视频名称　课堂案例：用球体制作台灯模型.mp4
学习目标　学习球体和圆锥体的用法

　　台灯是日常生活中常见的物品，本案例使用"球体" 球体 、"圆锥体" 圆锥体 和"长方体" 长方体 制作一个创意台灯模型，效果如图2-35所示。

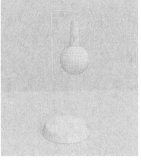

图2-35

01 使用"球体"工具 球体 在视口中拖曳，创建一个球体模型，然后在"修改"面板中设置"半径"为200mm，如图2-36所示。

图2-36

02 使用"圆锥体"工具 圆锥体 在视口中拖曳，创建一个圆锥体模型，并放置在球体模型上方，在"修改"面板中设置"半径1"为70mm，"半径2"为50mm，"高度"为300mm，如图2-37所示。

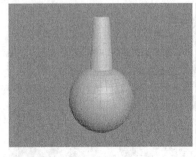

图2-37

03 使用"长方体"工具 长方体 在圆锥体模型上方创建一个长方体模型，具体参数及效果如图2-38所示。

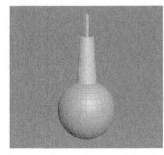

图2-38

04 选中上一步创建的长方体模型，然后按住Shift键并旋转90°复制一个长方体模型，修改"高度"为300mm，如图2-39所示。

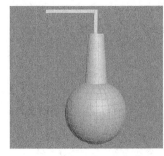

图2-39

05 选中步骤03中创建的长方体模型，然后按住Shift键向左拖曳复制一个长方体模型，修改"高度"为1600mm，如图2-40所示。

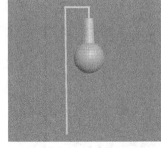

图2-40

06 选中圆锥体模型，向下复制一个圆锥体，修改"半径1"为350mm，"半径2"为300mm，"高度"为100mm，如图2-41所示。案例最终效果如图2-42所示。

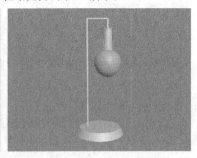

图2-41　　　　　　　　　　　　　　図2-42

2.1.4 圆柱体

▶ 演示视频 020- 圆柱体

"圆柱体"工具 圆柱体 是经常使用的工具之一，是创建各种类似圆柱体模型的基础。生活中常见的玻璃杯和桌腿等，就可以在圆柱体模型的基础上通过多边形编辑得到，具体参数及效果如图2-43所示。

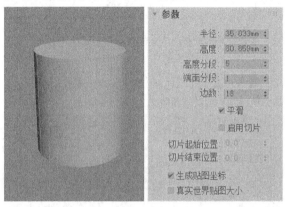

图2-43

半径：设置圆柱体的半径。

高度：设置沿着中心轴的维度。为负值时将在构造平面下方创建圆柱体。

高度分段：设置沿着圆柱体主轴的分段数量。

端面分段：设置围绕圆柱体顶部和底部的中心的同心分段数量。

边数：设置圆柱体周围的边数。

▣ 课堂案例

用圆柱体制作展示台

案例文件	案例文件>CH02>课堂案例：用圆柱体制作展示台
视频名称	课堂案例：用圆柱体制作展示台.mp4
学习目标	学习圆柱体的用法

本案例使用"圆柱体"工具 圆柱体 制作一个简单的展示台，并用球体模型加以点缀，效果如图2-44所示。

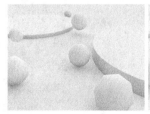

图2-44

01 使用"圆柱体"工具 圆柱体 在视口中拖曳，创建一个圆柱体模型，在"修改"面板中设置"半径"为300mm，"高度"为50mm，"高度分段"为1，"边数"为64，如图2-45所示。

图2-45

02 复制上一步创建的圆柱体模型，移动到左边，并修改"半径"为250mm，"高度"为20mm，如图2-46所示。

图2-46

03 使用"球体"工具 球体 创建一个球体模型，放在圆柱体的附近，具体参数及效果如图2-47所示。

图2-47

04 将上一步创建的球体模型复制多个，随机调整它们的"半径"和"分段"数值，以呈现不同的效果，如图2-48所示。

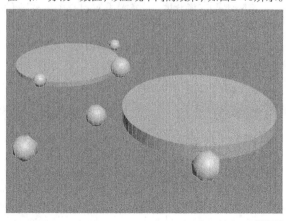

图2-48

05 使用"平面"工具 平面 在视口中拖曳，创建一个平面模型作为场景的地面，如图2-49所示。平面的大小只要超过画面即可，这里不作具体规定。

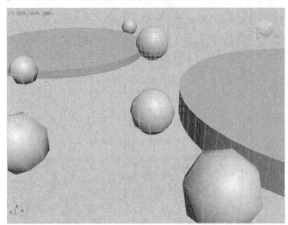

图2-49

2.1.5 平面

▶ 演示视频 021- 平面

"平面"工具 平面 在建模过程中使用的频率非常高，例如墙面和地面等，如图2-50所示。

图2-50

长度/宽度：设置平面对象的长度和宽度。

长度分段/宽度分段：设置沿着对象每个轴的分段数量。

缩放：不改变模型本身的大小，在渲染时根据数值缩放模型。

密度：不改变模型本身的长度和宽度的分段，在渲染时根据数值增加分段。

2.1.6 切角长方体

▶ 演示视频 022- 切角长方体

"切角长方体"工具 切角长方体 可以快速创建出带切角效果的长方体模型。切角长方体的参数如图2-51所示。

图2-51

长度/宽度/高度：用来设置切角长方体的长度、宽度和高度。

圆角：切开倒角长方体的边，以创建圆角效果。图2-52所示为不同的圆角效果。

圆角: 1mm　　　　圆角: 8mm

图2-52

长度分段/宽度分段/高度分段：设置沿着相应轴的分段数量。

圆角分段：设置切角长方体圆角边的分段数。

▣ 课堂案例

用切角长方体制作双人沙发

案例文件	案例文件>CH02>课堂案例：用切角长方体制作双人沙发
视频名称	课堂案例：用切角长方体制作双人沙发.mp4
学习目标	学习切角长方体的用法

沙发是生活中常见的物品，使用"切角长方体"工具 切角长方体 就可以制作沙发模型，效果如图2-53所示。

图2-53

01 在"创建"面板中选择"扩展基本体"，然后使用"切角长方体"工具 切角长方体 在视口中拖曳，生成切角长方体模型，在"修改"面板中设置"长度"为500mm，"宽度"为800mm，"高度"为150mm，"圆角"为60mm，如图2-54所示。

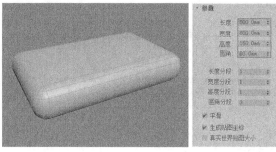

图2-54

02 将上一步创建的切角长方体模型向右复制一份，复制的方式选择"实例"，如图2-55所示。

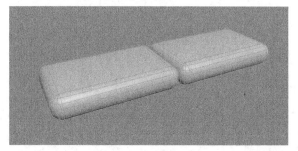

图2-55

03 按住Shift键，将两个模型旋转90°，用"复制"的方式复制两个切角长方体，修改"长度"为400mm，如图2-56所示。

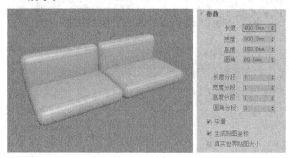

图2-56

04 使用"切角长方体"工具 切角长方体 在左侧创建一个切角长方体模型，设置"长度"为600mm，"宽度"为150mm，"高度"为400mm，"圆角"为40mm，如图2-57所示。

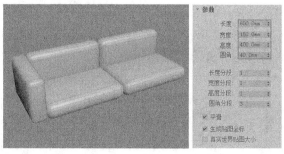

图2-57

05 将上一步创建的切角长方体向右复制一个，放在模型的右侧，如图2-58所示。

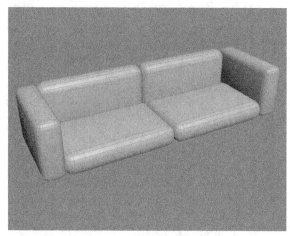

图2-58

06 使用"切角长方体"工具 切角长方体 在下方创建一个切角长方体模型，设置"长度"为600mm，"宽度"为1800mm，"高度"为-30mm，"圆角"为10mm，如图2-59所示。

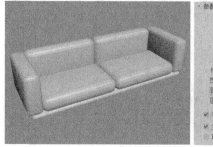

图2-59

07 使用"圆柱体"工具 圆柱体 在下方创建一个圆柱体模型，设置"半径"为25mm，"高度"为-100mm，如图2-60所示。

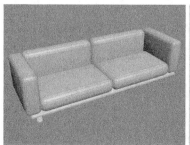

图2-60

📝 **技巧与提示**

　　圆柱体模型也可以替换为下一小节中介绍的"切角圆柱体"工具 切角圆柱体 创建的切角圆柱体模型。

08 将上一步创建的圆柱体模型复制3个，分别放在沙发模型其余3个角上，案例最终效果如图2-61所示。

图2-61

2.1.7 切角圆柱体

▶ 演示视频 023- 切角圆柱体

"切角圆柱体"工具 切角圆柱体 可以快速创建出带切角效果的圆柱体模型。切角圆柱体的参数如图2-62所示。

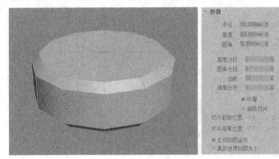

图2-62

半径：设置切角圆柱体的半径。

高度：设置沿着中心轴的维度。为负值时将在构造平面下方创建切角圆柱体。

圆角：斜切切角圆柱体的顶部和底部封口边。

高度分段：设置沿着相应轴的分段数量。

圆角分段：设置切角圆柱体圆角边的分段数。

边数：设置切角圆柱体圆周的边数。

端面分段：设置沿着切角圆柱体顶部和底部的中心和同心分段的数量。

🖐 课堂练习

用常用几何体制作石膏组合

案例文件　案例文件>CH02>课堂案例：用常用几何体制作石膏组合
视频名称　课堂案例：用常用几何体制作石膏组合.mp4
学习目标　练习常用的几何体模型

本案例用常用几何体组成石膏组合，模型和线框效果如图2-63所示。

图2-63

🖐 课堂练习

用常用几何体制作电商展台

案例文件　案例文件>CH02>课堂案例：用常用几何体制作电商展台
视频名称　课堂案例：用常用几何体制作电商展台.mp4
学习目标　练习常用的几何体模型

本案例用常用几何体组成电商展台场景，模型和线框效果如图2-64所示。

图2-64

2.2 复合对象

使用3ds Max内置的模型就可以创建出很多优秀的模型，但是在很多时候还会使用复合对象，因为使用复合对象来创建模型可以大大节省建模时间。复合对象包括12种建模工具，如图2-65所示。

图2-65

本节工具介绍

工具名称	工具作用	重要程度
图形合并	将图形嵌入其他对象的网格中或从网格中移除	中
布尔	对两个以上的对象执行并集、差集、交集运算	高
放样	将二维图形作为路径的剖面生成复杂的三维对象	中

2.2.1 图形合并

▶️ 演示视频 024- 图形合并

使用"图形合并"工具 图形合并 可以将一个或多个图形嵌入其他对象的网格中或从网格中将图形移除。"图形合并"的参数如图2-66所示。

拾取图形 拾取图形 ：单击该按钮，然后单击要嵌入网格对象中的图形，这样图形可以沿图形局部的z轴负方向投射到网格对象上。

参考/复制/移动/实例：指定如何将图形传输到复合对象中。

运算对象：在复合对象中列出所有运算对象。第1个运算对象是网格对象，其余是任意数目的基于图形的运算对象。

删除图形 删除图形 ：从复合对象中删除选中图形。

提取运算对象 提取运算对象 ：提取选中运算对象的副本或实例。在"运算对象"列表中选择运算对象时，该按钮才可用。

实例/复制：指定如何提取运算对象。

操作：该组选项中的参数决定如何将图形应用于网格中。选择"饼切"选项时，可切去网格对象曲面外部的图形；选择"合并"选项时，可将图形与网格对象曲面合并；选择"反转"选项时，可反转"饼切"或"合并"效果。

输出子网格选择：该组选项中的参数指定将哪个选择级别传送到"堆栈"中。

图2-66

2.2.2 布尔

▶️ 演示视频 025- 布尔

"布尔"运算是对两个以上的对象进行并集、差集、交集运算，从而得到新的物体形态。"布尔"运算的参数如图2-67所示。

"添加运算对象"按钮 添加运算对象 ：单击该按钮可以在场景中选择另一个运算物体来完成"布尔"运算。

运算对象：用来显示当前运算对象的名称。

图2-67

并集：将两个对象合并，相交的部分将被删除，运算完成后两个物体将合并为一个物体，如图2-68所示。

交集：将两个对象相交的部分保留下来，删除不相交的部分，如图2-69所示。

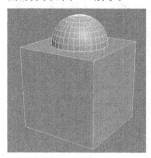

图2-68   图2-69

差集：在A物体中减去与B物体重合的部分，如图2-70所示。

合并：与并集相似，是将两个单独的模型合并为一个整体。

附加：也是将两个单独的模型合并为一个整体，但不改变各自模型的布线，如图2-71所示。

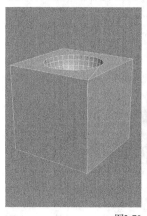
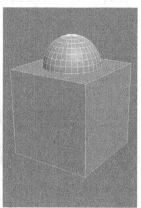

图2-70   图2-71

> 📝 **技巧与提示**
>
> "布尔"工具 布尔 虽然在制作一些需要挖洞、镂空的模型时较为方便，但所生成的模型在布线上会较为凌乱，不便于后期倒角等细化操作。读者在使用该工具时，最好放在建模的最后一步。能用多边形建模代替就尽量不要使用该工具。

📄 **课堂案例**

用布尔制作花盆模型

案例文件	案例文件>CH02>课堂案例：用布尔制作花盆模型
视频名称	课堂案例：用布尔制作花盆模型.mp4
学习目标	学习"布尔"工具的用法

使用两个大小不同的圆锥体模型和"布尔"工具 布尔 ，就能制作花盆模型，效果如图2-72所示。

图2-72

01 使用 "圆锥体" 工具 圆锥体 在场景中创建一个圆锥体模型，设置 "半径1" 为130mm，"半径2" 为200mm，"高度" 为260mm，"边数" 为36，如图2-73所示。

图2-73

02 将上一步创建的圆锥体模型复制一个，修改 "半径1" 为128.636mm，"半径2" 为216.14mm，"高度" 为322.4mm，并将复制的圆锥体向上移动一段距离，如图2-74所示。

图2-74

03 选中外侧的圆锥体，在 "创建" 面板中选择 "复合对象"，单击 "布尔" 按钮 布尔 ，如图2-75所示。

图2-75

04 在 "布尔参数" 卷展栏中单击 "添加运算对象" 按钮 添加运算对象 ，然后单击视口中内侧的圆锥体模型，如图2-76所示。

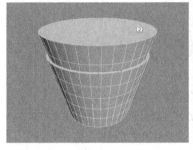 

图2-76

05 此时两个圆锥体模型颜色一致，且连接在一起，并未出现预想的镂空效果。在 "运算对象参数" 卷展栏中单击 "差集" 按钮 差集 ，就可以将内侧的圆锥体模型移除，形成镂空的效果，如图2-77和图2-78所示。

图2-77   图2-78

2.2.3 放样

▶ 演示视频 026- 放样

"放样" 工具的作用是将一个二维图形作为沿某个路径的剖面，从而形成复杂的三维对象。"放样" 是一种特殊的建模方法，能快速地创建出多种模型，其参数设置面板如图2-79所示。

图2-79

获取路径 获取路径：将路径指定给选定图形或更改当前指定的路径。

获取图形 获取图形：将图形指定给选定路径或更改当前指定的图形。

移动/复制/实例：用于指定路径或图形转换为放样对象的方式。

"扫描"修改器的功能与"放样"相似，但比"放样"更为强大。在软件更新了"扫描"修改器后，"放样"功能使用频率有所降低。

2.3 VRay对象

只有安装了V-Ray渲染器，才能在"创建"面板的"几何体"下拉列表中找到VRay选项，如图2-80所示。面板中包含了VRay自带的一些对象，方便日常的制作。

图2-80

本节工具介绍

工具名称	工具作用	重要程度
VRay毛皮	生成毛发模型	高
VRay平面	创建无限延伸的平面模型	中

2.3.1 VRay毛皮

演示视频 027-VRay 毛皮

"VRay毛皮"工具 VR-毛皮 用于模拟毛发、地毯和草坪等效果。选中需要添加毛发的模型后，单击"VRay毛皮"按钮 VR-毛皮 ，就能自动在模型上生成毛发。其参数如图2-81所示。

图2-81

长度：设置毛发的长度。

厚度：设置毛发的粗细。

重力：负值时毛发会向下弯曲。

弯曲：设置毛发的弯曲效果，取值为0~1。

锥度：设置发根与发梢间的过渡效果。

结数：当数值越大时，毛发弯曲的弧度越圆滑。

方向参量/长度参量/厚度参量/重力参量/卷曲变化：设置毛发在对应参数的随机变化效果。

每个面/每区域：设置毛发的密度，数值越大，毛发数量越多。

用VRay毛皮制作毛巾

案例文件	案例文件>CH02>课堂案例：用VRay毛皮制作毛巾
视频名称	课堂案例：用VRay毛皮制作毛巾.mp4
学习目标	学习VRay毛皮的用法

"VRay毛皮"工具 VR-毛皮 可以用来模拟毛发、草地等模型，是一款常用的毛发类效果生成工具。本案例需要用"VRay毛皮"工具 VR-毛皮 模拟毛巾，效果如图2-82所示。

图2-82

01 打开本书学习资源"案例文件>CH02>课堂案例：用VRay毛皮制作毛巾"文件夹中的"练习.max"文件，如图2-83所示。场景中的毛巾模型没有绒毛效果，需要用"VRay毛皮"工具 VR-毛皮 进行模拟。

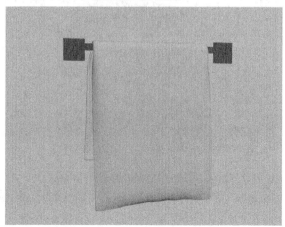

图2-83

02 选中毛巾模型，在"创建"面板中切换到VRay选项，单击"VRay毛皮"按钮 VR-毛皮 ，就可以在毛巾模型上生成毛发，如图2-84所示。效果如图2-85所示。

图2-84　　　　　　　　　　　　　　图2-85

03 在"修改"面板的"参数"卷展栏中设置"长度"为0.5mm，"厚度"为0.03mm，就可以将毛发的长度缩短，密集度也降低，如图2-86所示。

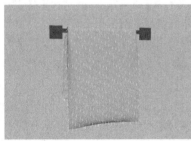 

图2-86

04 按F9键渲染当前场景，效果如图2-87所示。只有通过渲染，才能观察毛发的实际情况。

图2-87

技巧与提示

在默认情况下，场景中是没有灯光的，渲染的效果也为纯黑色。本案例的练习场景已经添加了环境灯光，因此只需要渲染就能直接观察效果。关于添加环境灯光的方法，请参阅"7.3.8 VRay位图"的内容。

05 毛发的颜色不符合毛巾模型的颜色。按M键打开"材质编辑器"，然后选中图2-88所示的材质球拖曳到"VRay毛皮"生成的毛发模型上，松开鼠标，就可以将材质赋予该模型，如图2-89所示。

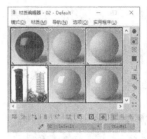 

图2-88　　　　　　　　　　　　　　图2-89

2.3.2 VRay平面

▶ 演示视频 028-VRay 平面

"VRay平面"工具 VR-平面 是一种无限延伸、没有边界的平面。VRay平面不仅可以被赋予材质，也可以进行渲染，在实际工作中常用作背景板、地面和水面等。只需要单击"VRay平面"按钮 VR-平面 ，然后在场景中单击即可在场景中创建该模型，如图2-90所示。

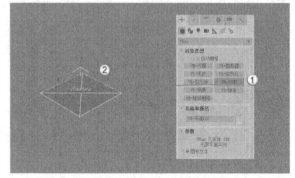

图2-90

2.4　常用样条线

样条线是由顶点和线段组成的，所以只需要调整顶点及线段的参数就可以生成复杂的二维图形，利用这些二维图形又可以生成三维模型。在"创建"面板中单击"图形"按钮，就可以创建不同的样条线类型，如图2-91所示。

图2-91

本节工具介绍

工具名称	工具作用	重要程度
线	绘制任意形状的样条线	高
矩形	绘制矩形样条线	高
圆	绘制圆形样条线	中
弧	绘制弧形样条线	中
多边形	创建多边形样条线	高
文本	创建文字样条线	高

2.4.1 线

演示视频 029- 线

"线"工具 线 在建模中是最常用的样条线之一。该工具的使用方法非常灵活,形状也不受约束,可以封闭也可以不封闭,拐角处可以是尖锐的也可以是平滑的。线的参数如图2-92所示。

在渲染中启用:勾选该选项才能渲染出样条线;若不勾选,将不能渲染出样条线。

在视口中启用:勾选该选项后,样条线会以网格的形式显示在视图中。

使用视口设置:该选项只有在勾选了"在视口中启用"选项时才可用,主要用于设置不同的渲染参数。

生成贴图坐标:控制是否应用贴图坐标。

图2-92

真实世界贴图大小:控制应用于对象的纹理贴图材质所使用的缩放方法。

视口/渲染:当勾选"在视口中启用"选项时,样条线将显示在视图中;当同时选中"在视口中启用"和"渲染"选项时,样条线在视图中和渲染中都可以显示出来。

径向:将三维网格显示为圆柱形对象,其参数包含"厚度""边""角度"。

厚度:用于指定视图或渲染样条线网格的直径。

边:用于在视图或渲染器中为样条线网格设置边数或面数。

角度:用于调整视图或渲染器中的横截面的旋转位置。

矩形:将三维网格显示为矩形对象,其参数包含"长度""宽度""角度""纵横比"。

» **长度**:该选项用于设置矩形横截面的长度。

» **宽度**:该选项用于设置矩形横截面的宽度。

» **角度**:该选项用于调整视图或渲染器中横截面的旋转位置。

» **纵横比**:该选项用于设置矩形横截面的纵横比。

自动平滑:勾选该选项可以激活下面的"阈值"选项,调整"阈值"数值可以自动平滑样条线。

步数:手动设置每条样条线的步数。

优化:勾选该选项后,可以从样条线的直线线段中删除不需要的步数。

课堂案例

用线制作铁艺提篮

案例文件	案例文件>CH02>课堂案例:用线制作铁艺提篮
视频名称	课堂案例:用线制作铁艺提篮.mp4
学习目标	学习线的用法,了解矩形的用法

"线"工具 线 是一个非常灵活的工具,可以创建出不同形态的二维线条,通过修改器或自身属性转换为三维模型。本案例使用"线"工具 线 创建一个铁艺提篮模型,效果如图2-93所示。

图2-93

01 在"创建"面板中切换到"图形"面板,使用"矩形"工具 矩形 在顶视图中绘制一个圆角矩形样条线,设置"长度"为80mm,"宽度"为140mm,"角半径"为10mm,如图2-94所示。

图2-94

02 此时的圆角矩形只是样条线,并没有厚度和体积。在"修改"面板中展开"渲染"卷展栏,勾选"在视口中启用"和"在渲染中启用"选项,设置"厚度"为2mm,就会将样条线变成有体积的模型,如图2-95所示。

图2-95

⑬ 切换到前视图，将创建的矩形向上复制一份，如图2-96所示。

⑭ 使用"线"工具 线 在两个矩形之间绘制一条垂直线段，绘制完成后按Esc键取消绘制，如图2-97所示。

图2-96　　　　　　　　图2-97

📝 **技巧与提示**

前面绘制圆角矩形时，在"修改"面板中勾选了"在视口中启用"和"在渲染中启用"选项，并设置了"厚度"数值，因此使用"线"工具 线 绘制时，也默认保持相同的设置。如果读者在绘制时，仍呈现样条线的状态，需要手动勾选这两个选项。

⑮ 将上一步创建的模型复制多份，并围绕整个圆角矩形排列，如图2-98所示。

⑯ 在前视图中绘制把手的样条线，按住Shift键可绘制直线段，效果如图2-99所示。

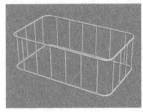
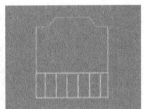

图2-98　　　　　　　　图2-99

📝 **技巧与提示**

读者在绘制把手的样条线时，如果缺少点，可以在"选择"卷展栏中单击"顶点"按钮，然后在下方的"几何体"卷展栏中单击"优化"按钮 优化 ，并在把手线条上的任意位置添加需要的点。

⑰ 在"选择"卷展栏中单击"顶点"按钮，会切换到样条线的"顶点"层级，然后选中图2-100所示的顶点，在下方的"几何体"卷展栏中单击"圆角"按钮 圆角 ，并在视口中拖曳鼠标，就能将选中的顶点转换为圆角效果，如图2-101所示。

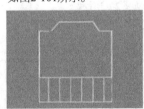
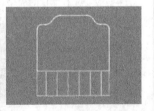

图2-100　　　　　　　　图2-101

📝 **技巧与提示**

在"圆角"按钮 圆角 后的输入框内也可以输入数值控制圆角的大小。

⑱ 使用"切角圆柱体"工具 切角圆柱体 在把手模型上创建一个切角圆柱体模型，具体参数及效果如图2-102所示。读者需要注意，提供的参数仅作为参考，需要根据实际绘制的把手模型灵活调整参数。

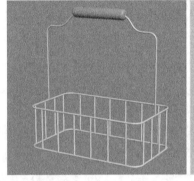

图2-102

⑲ 使用"线"工具 线 在篮子底部绘制几条直线，最终效果如图2-103所示。

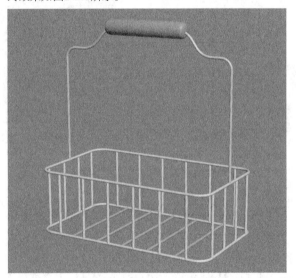

图2-103

2.4.2　矩形

▶️ 演示视频 030- 矩形

"矩形"工具 矩形 在实际建模中较为常用，可以生成大小不等的矩形样条线，为后续转为三维模型打好基础，参数如图2-104所示。

图2-104

长度/宽度：设置矩形的长度和宽度数值。

角半径：设置矩形样条线的圆角大小，如图2-105所示。

图2-105

2.4.3 圆

▶️ 演示视频 031- 圆

"圆"工具 圆 可以绘制圆形的样条线，其参数很简单，只有"半径"一个数值，如图2-106所示。

半径：设置圆形的半径大小，从而控制整个圆形样条线的大小。

图2-106

2.4.4 弧

▶️ 演示视频 032- 弧

"弧"工具 弧 用来绘制弧线样条线，或饼状样条线，其参数如图2-107所示。

半径：设置弧线的半径。

从/到：设置弧线的起始和结束位置，两者的差值是弧线的长度，图2-108和图2-109所示为对比效果。

图2-107

图2-108   图2-109

饼形切片：勾选该选项后，会将弧形样条线的首尾两端进行连接，形成饼状样条线，如图2-110所示。

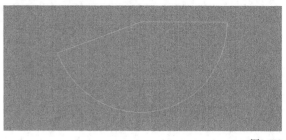

图2-110

2.4.5 多边形

▶️ 演示视频 033- 多边形

"多边形"工具 多边形 能生成三角形、六边形和八边形等不同边数的样条线，其参数如图2-111所示。

半径：设置多边形的半径，数值越大，多边形就越大。

图2-111

内接/外接：不同的半径判断依据，图2-112所示为内接和外接的对比效果。

图2-112

边数：设置多边形的边数，最小为3。

角半径：设置多边形的圆角大小。

圆形：勾选该选项后，多边形会切换为圆形。

2.4.6 文本

▶️ 演示视频 034- 文本

"文本"工具 文本 能生成文本样条线，通过添加"挤压"修改器就能生成立体文字。文本的参数如图2-113所示。

图2-113

字体：在下拉列表中可以加载本机安装的字体类型。

斜体 ☑：单击该按钮，会让文字样条线变成斜体效果，如图2-114所示。

下画线 ☑：单击该按钮，会在文字下方添加下画线效果，如图2-115所示。

图2-114　　　　　　　　　　图2-115

大小：设置文字样条线的大小。

字间距：设置文字之间的距离。

行间距：设置多行文字间的距离。

文本：在输入框内输入需要生成样条线的文字内容。

知识点：加强型文本

　　与"文本"工具 文本 相似，几何体中的"加强型文本"工具 加强型文本 也可以创建文字。与"文本"工具 文本 不同的是，"加强型文本"工具 加强型文本 可以直接创建立体文字，不需要加载其他修改器，如图2-116所示。

图2-116

　　"加强型文本"工具 加强型文本 虽然很强大，但有一个致命缺陷——不能识别中文字体。如果要创建中文字体的模型，就必须要使用"文本"工具 文本 和"挤出"修改器才能实现。

📋 课堂案例

用文本制作霓虹灯牌

案例文件	案例文件>CH02>课堂案例：用文本制作霓虹灯牌
视频名称	课堂案例：用文本制作霓虹灯牌.mp4
学习目标	学习文本的用法

　　本案例使用"文本"工具 文本 制作文本模型轮廓，并使用"线"工具 线 制作文字的路径，效果如图2-117所示。

图2-117

01 使用"文本"工具 文本 在前视图中创建一个文本样条线，在"修改"面板的"参数"卷展栏中设置"字体"为Brush Script MT Italic，并设置"文本"为CyberPunk，如图2-118所示。

图2-118

📝 技巧与提示

　　若读者的计算机上没有安装该字体，也可以选择其他带连笔效果的手写字体。

02 使用"线"工具 线 按照文本的路径绘制样条线，如图2-119所示。在绘制交叉处的路径时，需要注意将样条线错开，以免造成模型重叠。

图2-119

03 选中上一步绘制的样条线，在"渲染器"卷展栏中勾选"在视口中启用"和"在渲染中启用"选项，设置"厚度"为2mm，就能将样条线变成有体积的文字模型，如图2-120所示。

图2-120

04 使用"切角长方体"工具 切角长方体 在后方创建一个切角长方体模型作为背板，具体参数及效果如图2-121所示。

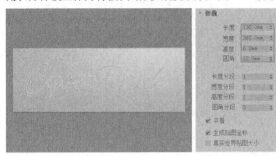

图2-121

05 调整模型间的位置，案例最终效果如图2-122所示。

图2-122

📑 课堂练习

用常用样条线制作装饰背板

案例文件　案例文件>CH02>课堂练习：用常用样条线制作装饰背板
视频名称　课堂练习：用常用样条线制作装饰背板.mp4
学习目标　练习常用的样条线

本案例用常用的样条线组成装饰背板，效果如图2-123所示。

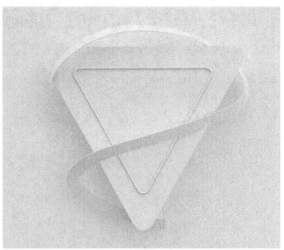
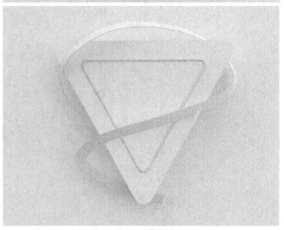

图2-123

2.5 本章小结

本章主要讲解了3ds Max的基础建模技术，包括几何体建模、VRay毛皮和样条线建模。掌握这些建模技术，可以为后续多边形建模的学习打下坚实的基础。在掌握建模工具的同时，读者也需要了解建模的思路，这样就能举一反三，制作更多、更复杂的模型。本章虽然基础，但是却非常重要，希望读者对这些建模工具勤加练习。

2.6 课后习题

本节安排了两个课后习题供读者练习。这两个习题将本章的知识进行了综合运用。如果读者在练习时有疑难问题，可以一边观看教学视频，一边学习模型创建方法。

2.6.1 课后习题：用建模工具制作发光灯管

案例文件　案例文件>CH02>课后习题：用建模工具制作发光灯管
视频名称　课后习题：用建模工具制作发光灯管.mp4
学习目标　练习几何体建模和样条线建模

　　本案例用几何体和样条线制作发光灯管，效果如图2-124所示。

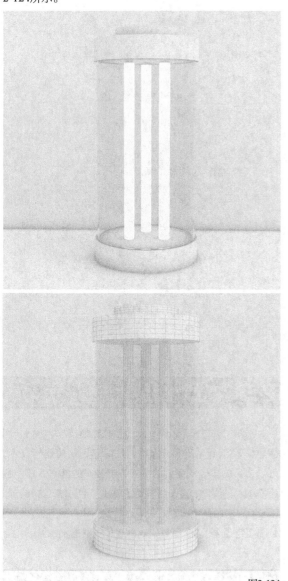

图2-124

2.6.2 课后习题：用建模工具制作雕花窗

案例文件　案例文件>CH02>课后习题：用建模工具制作雕花窗
视频名称　课后习题：用建模工具制作雕花窗.mp4
学习目标　练习样条线建模

　　本案例用不同种类的样条线制作一个雕花窗，效果如图2-125所示。

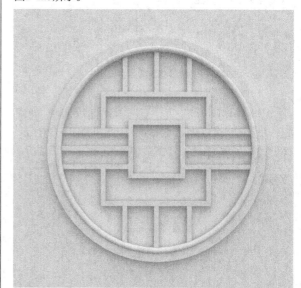

图2-125

3

第　　章

高级建模技术

　　本章在上一章的基础上讲解更深层次的建模技术，包括修改器建模和多边形建模。修改器建模可以让样条线和实体模型生成灵活多变的形状；多边形建模则更加灵活且复杂，能创建出绝大多数模型，是建模部分需要重点掌握的内容。

学习目标

◇ 掌握常用修改器

◇ 掌握多边形建模的相关知识

3.1 常用修改器

修改器是3ds Max非常重要的功能之一，它可以快速对基础模型或样条线进行变形，形成更为复杂的模型形态。3ds Max将这些修改器分为"选择修改器""世界空间修改器""对象空间修改器"3种类型，如图3-1所示。

图3-1

本节工具介绍

工具名称	工具作用	重要程度
挤出修改器	为二维图形添加深度	高
车削修改器	绕轴旋转一个图形或NURBS曲线来创建三维对象	高
弯曲修改器	在任意轴上控制物体的弯曲角度和方向	高
扫描修改器	将二维图形沿着路径进行移动生成模型	高
FFD修改器	自由变形物体的外形	高
平滑类修改器	平滑几何体	高
对称修改器	实例镜像复制多边形	中
噪波修改器	使对象表面的顶点随机变动	中
壳修改器	为单面模型加强内部或外部厚度	中
Hair和Fur（WSM）修改器	3ds Max自带的毛发修改器	中
Cloth修改器	用于模拟布料碰撞效果	中

3.1.1 挤出修改器

▶ 演示视频 035- 挤出修改器

"挤出"修改器可以将深度添加到二维图形中，并且可以将对象转换成一个参数化对象，其参数设置面板如图3-2所示。

数量：设置挤出的深度。

分段：指定要在挤出对象中创建的线段数目。

封口：用来设置挤出对象的封口，共有以下4个选项。

» 封口始端：在挤出对象的初始端生成一个平面。

» 封口末端：在挤出对象的末端生成一个平面。

图3-2

» 变形：以可预测、可重复的方式排列封口面，这是创建变形目标所必需的操作。

» 栅格：在图形边界的方形上修剪栅格中安排的封口面。

输出：指定挤出对象的输出方式，共有以下3个选项。

» 面片：产生一个可以折叠到面片对象中的对象。

» 网格：产生一个可以折叠到网格对象中的对象。

» NURBS：产生一个可以折叠到NURBS对象中的对象。

📋 课堂案例

用挤出修改器制作台阶

案例文件	案例文件>CH03>课堂案例：用挤出修改器制作台阶
视频名称	课堂案例：用挤出修改器制作台阶.mp4
学习目标	学习"挤出"修改器的使用方法

台阶模型除了用多个立方体拼合外，还可以绘制台阶的剖面样条线，然后使用"挤出"修改器挤出成模型，效果如图3-3所示。

图3-3

01 使用"线"工具 线 在左视图绘制楼梯的剖面样条线，如图3-4所示。在绘制完毕时一定要闭合样条线。

图3-4

📝 技巧与提示

如果绘制完的楼梯剖面样条线存在类似图3-5所示的斜线，可以在"顶点"层级选择点，然后使用"选择并均匀缩放"工具 沿着y轴拖曳，将斜线变为直线。需要注意的是，在缩放之前，一定要将坐标中心设置为"使用选择中心" 。

图3-5

02 选中上一步绘制的样条线，在"修改"面板中展开修改器列表，选择"挤出"选项，如图3-6所示。

图3-6

03 在"修改"面板的"参数"卷展栏中设置"数量"为100mm，楼梯模型如图3-7所示。

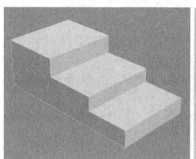

图3-7

04 将楼梯模型复制一份，旋转90°后摆放在右侧，如图3-8所示。

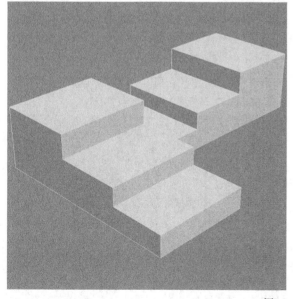

图3-8

05 在前视图中选中复制得到的楼梯模型，然后在"修改"面板中返回Line层级，调整顶点的高度，模型效果如图3-9所示。

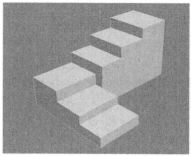

图3-9

06 调整左侧楼梯样条线的宽度，使两个楼梯模型完全拼合，案例最终效果如图3-10所示。

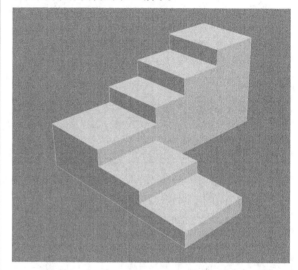

图3-10

3.1.2 车削修改器

▶ 演示视频 036- 车削修改器

"车削"修改器可以通过围绕坐标轴旋转一个图形或NURBS曲线来生成三维对象，其参数设置面板如图3-11所示。

度数：设置对象围绕坐标轴旋转的角度，其范围为0°~360°，默认值为360°。

焊接内核：通过焊接旋转轴中的顶点来简化网格。

翻转法线：使物体的法线翻转，翻转后物体的内部会外翻。

分段：设置旋转的分段数，数值越大，所生成的模型越圆滑。

图3-11

封口：如果设置的车削对象的"度数"小于360°，该选项用来控制是否在车削对象的内部创建封口。

» 封口始端：车削的起点，用来设置封口的最大程度。

» 封口末端：车削的终点，用来设置封口的最大程度。

» 变形：按照创建变形目标所需的可预见且可重复的模式来排列封口面。

» 栅格：在图形边界的方形上修剪栅格中排列的封口面。

方向：设置轴的旋转方向，共有x、y和z这3个轴可供选择。

对齐：设置对齐的方式，共有"最小""中心""最大"3种方式可供选择。

输出：指定车削对象的输出方式，共有以下3种。

» 面片：产生一个可以折叠到面片对象中的对象。

» 网格：产生一个可以折叠到网格对象中的对象。

» NURBS：产生一个可以折叠到NURBS对象中的对象。

📖 课堂案例

用车削修改器制作茶杯

案例文件	案例文件>CH03>课堂案例：用车削修改器制作茶杯.max
视频名称	课堂案例：用车削修改器制作茶杯.mp4
学习目标	学习"车削"修改器的用法

本案例制作一个茶杯模型，使用"车削"修改器能快速制作出茶杯的杯身部分，效果如图3-12所示。

图3-12

① 使用"线"工具 线 在前视图中绘制杯身的剖面样条线，如图3-13所示。

② 切换到"样条线"层级，然后单击"轮廓"按钮 轮廓 并拖曳鼠标，为样条线创建轮廓，如图3-14所示。

图3-13　　　　　　　图3-14

💬 **技巧与提示**

在"轮廓"按钮后的输入框中输入数值，能精确控制轮廓的宽度。

③ 在修改器列表中选择"车削"选项，在"参数"卷展栏中勾选"焊接内核"选项，设置"分段"为64，"对齐"为"最大"，如图3-15所示。

图3-15

④ 在前视图中使用"线"工具 线 绘制茶杯的把手样条线，如图3-16所示。

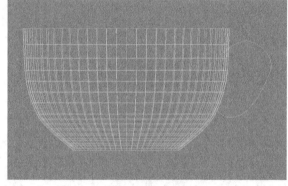

图3-16

⑤ 选中上一步绘制的样条线，在"渲染"卷展栏中勾选"在渲染中启用"和"在视口中启用"选项，并设置"厚度"为8mm，茶杯最终效果如图3-17所示。

图3-17

3.1.3 弯曲修改器

▶ 演示视频 037- 弯曲修改器

"弯曲"修改器可以使物体在任意轴上控制弯曲的角度和方向，也可以对几何体的某一段限制弯曲效果，其参数设置面板如图3-18所示。

角度：从顶点平面设置要弯曲的角度，范围为-999999~999999。

方向：设置弯曲相对于水平面的方向，范围为-999999~999999。

X/Y/Z：指定弯曲的轴向，默认轴为z轴。

限制效果：将约束应用于弯曲效果。

上限：以世界单位设置上部边界，该边界位于弯曲中心点的上方，超出该边界弯曲不再影响几何体，其范围为0~999999。

下限：以世界单位设置下部边界，该边界位于弯曲中心点的下方，超出该边界弯曲不再影响几何体，其范围为-999999~0。

图3-18

3.1.4 扫描修改器

▶ 演示视频 038- 扫描修改器

"扫描"修改器是将截面图形按照路径样条线进行扫描，从而形成模型，具体参数设置面板如图3-19所示。

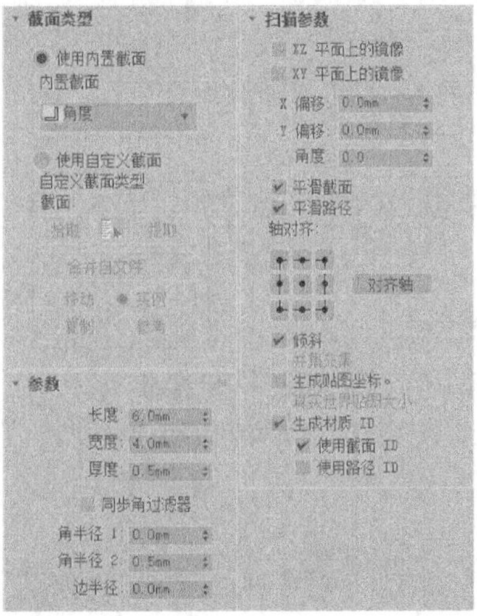

使用内置截面：在下拉列表中可以选择系统提供的内置截面，如图3-20所示。

图3-19　　图3-20

使用自定义截面：选择该选项后，就可以在视口中拾取用户自行绘制的样条线截面。

长度/宽度/厚度：设置内置截面的大小，不同内置截面所呈现的参数不尽相同。

XZ平面上的镜像：勾选该选项后，扫描的模型会在xz平面上镜像翻转。

XY平面上的镜像：勾选该选项后，扫描的模型会在xy平面上镜像翻转。

X偏移/Y偏移：将扫描后的对象在x轴或y轴上移动。

角度：调整截面的角度。

轴对齐：单击9个按钮，可以选择不同的位置作为中心点，从而生成大小不同的扫描模型。

▣ 课堂案例

用扫描修改器制作抽象线条

案例文件	案例文件>CH03>课堂案例：用扫描修改器制作抽象线条.max
视频名称	课堂案例：用扫描修改器制作抽象线条.mp4
学习目标	学习扫描修改器的用法

本案例对一个变形后的星形样条线进行扫描，生成一个抽象的线条模型，效果如图3-21所示。

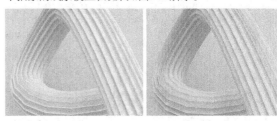

图3-21

01 使用"星形"工具 星形 在前视图中创建一个星形样条线，具体参数及效果如图3-22所示。

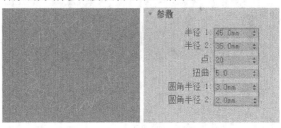

图3-22

02 使用"线"工具 线 绘制扫描所需要的路径样条线，如图3-23所示。读者也可以按照自己喜欢的样式绘制样条线。

图3-23

03 选中上一步绘制的样条线，在修改器列表中选择"扫描"选项，如图3-24所示。

04 在"截面类型"卷展栏中选择"使用自定义截面"选项，然后单击"拾取"按钮 拾取 选择星形样条线，如图3-25所示。

图3-24

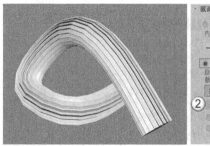

图3-25

05 旋转模型找到一个好看的角度，案例最终效果如图3-26所示。

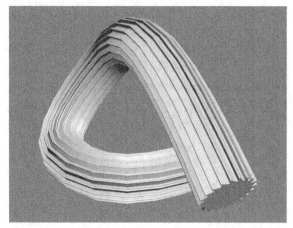

图3-26

3.1.5 FFD修改器

▷ 演示视频 039-FFD 修改器

FFD是"自由变形"的意思，FFD修改器即"自由变形"修改器。FFD修改器包含5种类型，分别是FFD 2×2×2修改器、FFD 3×3×3修改器、FFD 4×4×4修改器、FFD（长方体）修改器和FFD（圆柱体）修改器，如图3-27所示。这种修改器是使用晶格框包围住选中的几何体，然后通过调整晶格的控制点来改变封闭几何体的形状。

FFD 2x2x2
FFD 3x3x3
FFD 4x4x4
FFD（长方体）
FFD（圆柱体）

图3-27

FFD修改器的使用方法基本相同，这里选择FFD（长方体）修改器来进行讲解，其参数如图3-28所示。

图3-28

设置点数 设置点数 ：单击该按钮可以打开"设置FFD尺寸"对话框，在该对话框中可以设置晶格中所需控制点的数目，如图3-29所示。

图3-29

晶格：控制是否使连接控制点的线条形成栅格。

源体积：勾选该选项可以将控制点和晶格以未修改的状态显示出来。

仅在体内：只有位于源体积内的顶点会变形。

所有顶点：所有顶点都会变形。

张力/连续性：调整变形样条线的张力和连续性。虽然无法看到FFD中的样条线，但晶格和控制点代表着控制样条线的结构。

重置 重置 ：将所有控制点恢复到原始位置。

▣ 课堂案例

用FFD修改器制作抱枕

案例文件	案例文件>CH03>课堂案例：用FFD修改器制作抱枕.max
视频名称	课堂案例：用FFD修改器制作抱枕.mp4
学习目标	学习FFD修改器的用法

抱枕模型类似于长方体，通过FFD修改器就能将其局部变形，生成更接近真实抱枕的效果，如图3-30所示。

图3-30

01 使用"切角长方体"工具 切角长方体 在场景中创建一个模型，具体参数及效果如图3-31所示。

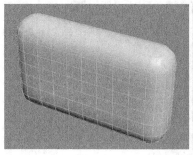

图3-31

02 在"修改"面板中展开修改器列表，选择FFD 4×4×4选项，如图3-32所示。添加修改器后，会在模型的边缘出现一个橘黄色的晶格，如图3-33所示。

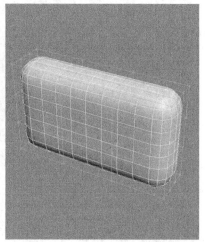

图3-32　　　　　　图3-33

03 此时的修改器无法进行编辑，需要在"修改"面板中展开FFD 4×4×4选项，选中"控制点"层级，如图3-34所示。

04 选中图3-35所示的控制点，会显示为浅黄色。向下移动选中的控制点，就能改变模型的形状，如图3-36所示。

图3-34

图3-35　　　　　　图3-36

05 按照步骤04的方法，继续调整其他的控制点，从而改变模型的形状，如图3-37所示。

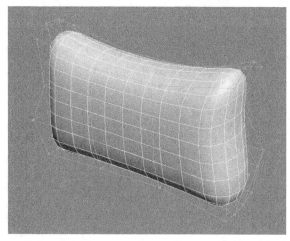

图3-37

06 返回FFD 4×4×4选项取消编辑，案例最终效果如图3-38所示。

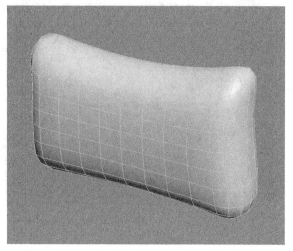

图3-38

3.1.6 平滑类修改器

▶️ 演示视频 040- 平滑类修改器

　　"平滑"修改器、"网格平滑"修改器和"涡轮平滑"修改器都可以用来平滑几何体，但是在效果和可调性上有差异。简单地说，对于相同的物体，"平滑"修改器的参数比另外两种修改器要简单一些，但是平滑的强度不高；"网格平滑"修改器与"涡轮平滑"修改器的使用方法相似，但是后者能够更快并更有效率地利用内存，不过在运算时容易发生错误。因此，在实际工作中，"网格平滑"修改器是最常用的一种。下面就对"网格平滑"修改器进行讲解。

"网格平滑"修改器可以通过多种方法来平滑场景中的几何体，它允许细分几何体，同时可以使角和边变得平滑，其参数如图3-39所示。

细分方法：选择细分的方法，有经典、NURMS和四边形输出3种方法。

» 经典：生成三边面和四边面的多面体，如图3-40所示。

图3-39   图3-40

» NURMS：生成的对象与可以为每个控制顶点设置不同权重的NURBS对象相似，这是默认设置，如图3-41所示。

图3-41

» 四边形输出：仅生成四边面多面体，如图3-42所示。

图3-42

应用于整个网格：勾选该选项后，平滑效果将应用于整个对象。

迭代次数：设置网格细分的次数，数值越大平滑效果越好，取值范围为0~10，对比效果如图3-43所示。

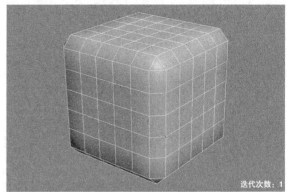

迭代次数：1

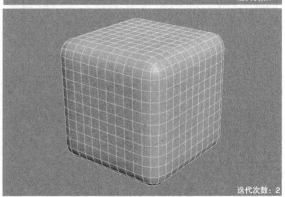

迭代次数：2

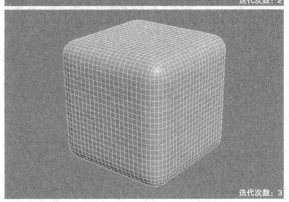

迭代次数：3

图3-43

📝 **技巧与提示**

"网格平滑"修改器的参数虽然有7个卷展栏，但是基本上只会用到"细分方法"和"细分量"卷展栏下的参数，特别是"细分量"卷展栏下的"迭代次数"最常用。

▣ **课堂案例**

用网格平滑修改器制作糖果

案例文件	案例文件>CH03>课堂案例：用网格平滑修改器制作糖果.max
视频名称	课堂案例：用网格平滑修改器制作糖果.mp4
学习目标	学习网格平滑修改器的用法

本案例通过"网格平滑"修改器将一个立方体进行平滑，再通过FFD修改器将其变形，效果如图3-44所示。

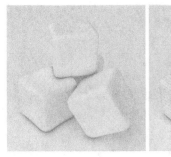

图3-44

01 使用"长方体"工具 长方体 在视口中创建一个长方体模型，具体参数及效果如图3-45所示。

图3-45

02 在修改器列表中选择"网格平滑"选项，设置"细分方法"为NURMS，"迭代次数"为2，具体参数及效果如图3-46所示。

图3-46

03 继续添加FFD 4×4×4修改器，然后调整控制点的位置，效果如图3-47所示。

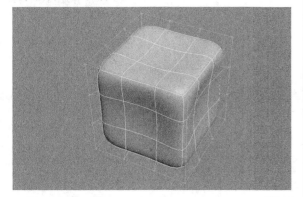

图3-47

04 将模型复制3个并调整它们的位置和角度，案例最终效果如图3-48所示。

图3-48

知识点：平滑效果不理想的处理方法

使用平滑类修改器后，模型的效果可能会不理想，遇到这种情况就需要根据平滑后的效果修改原模型的布线。图3-49所示是由于立方体转角处的边距过大，造成平滑后的模型的转角处过于圆滑。

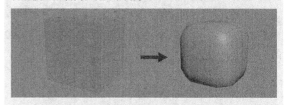

图3-49

增加立方体的分段线，使转角处的边距离减小，平滑后的模型的转角处就会锐利一些，如图3-50所示。

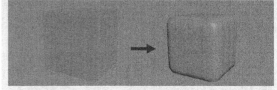

图3-50

通过以上两张图的对比，我们可以观察到模型转角处的边距离越小，平滑后的模型的转角处就越锐利。

3.1.7 对称修改器

▶ 演示视频 041- 对称修改器

"对称"修改器可以复制模型并镜像。在修改原有模型时，对称的模型也会同时发生相应的改变，其参数如图3-51所示。

图3-51

平面：设置镜像对称的方式为平面。还可以选择径向。图3-52所示是两种对称方式的效果。

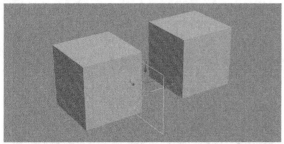

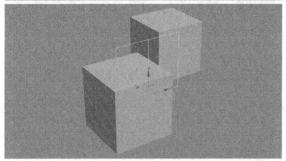

图3-52

镜像轴：在下方单击3个轴向的按钮，可以选择镜像的方向，也可以选择两个轴向，按平面进行镜像。

与面对齐：选择用于对齐Gizmo轴的面。

拾取对象：选择场景中的对象作为镜像的轴向。

知识点：调节Gizmo轴的位置

添加"对称"修改器后，会在模型上显示橘黄色的控制器，代表镜像轴的位置，如图3-53所示。此时的控制器无法移动，需要切换到Gizmo轴，当控制器变成浅黄色时就可以移动，如图3-54所示。

图3-53　　　　　图3-54

切换Gizmo轴的方法是在"修改"面板中展开"对称"选项，在下方选中"镜像"选项，就可以将控制器变成浅黄色，如图3-55所示。需要注意的是，如果读者用的是其他版本的3ds Max软件，此处显示的文字内容可能不太一样，但用法是一样的。

图3-55

3.1.8 噪波修改器

▶ 演示视频 042- 噪波修改器

"噪波"修改器可以使对象表面的顶点随机变动，从而让表面变得起伏不规则，常用于制作复杂的地形、地面和水面效果，并且"噪波"修改器可以应用在任何类型的对象上，其参数如图3-56所示。

图3-56

种子：从设置的数值中生成一个随机起始点。该参数在创建地形时非常有用，因为每种设置都可以生成不同的效果。

比例：设置噪波影响的大小（不是强度）。较大的值可以产生较平滑的噪波，较小的值可以产生锯齿现象非常严重的噪波。

分形：控制是否产生分形效果。只有勾选该选项以后，下面的"粗糙度"和"迭代次数"选项才可用。

粗糙度：决定分形变化的程度。

迭代次数：控制分形功能所使用的迭代数目。

X/Y/Z：设置噪波在 x/y/z 坐标轴上的强度（至少为其中一个坐标轴输入强度数值）。

3.1.9 壳修改器

▶ 演示视频 043- 壳修改器

"壳"修改器可以在模型内侧或外侧增加厚度，特别适合用在单面模型上，其参数如图3-57所示。

图3-57

内部量/外部量：设置在模型内部或外部所增加的模型厚度，如图3-58所示。

内部量：10mm

外部量：10mm

图3-58

分段：在增加厚度的模型上的分段数量，如图3-59所示。

图3-59

3.1.10 Hair和Fur（WSM）修改器

演示视频044- Hair 和 Fur（WSM）修改器

Hair和Fur（WSM）修改器是3ds Max自带的毛发编辑工具，在模型上加载生成毛发效果，如图3-60所示。

图3-60

毛发数量：控制对象上生成的毛发总数，不同数值的对比效果如图3-61所示。

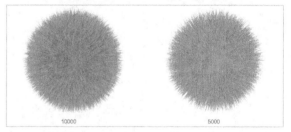

图3-61

毛发段：控制毛发弯曲的平滑度。

毛发过程数：控制毛发从根部到梢部的透明情况。

密度：控制毛发的密度。

随机比例：控制毛发随机生成的比例，不同比例的对比效果如图3-62所示。

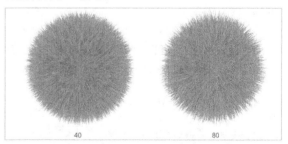

图3-62

根厚度/梢厚度：控制发根和发梢的粗细。

技巧与提示

"VRay毛皮"与"Hair和Fur（WSM）"一样都是创建毛发效果的工具。这两个工具各有优势，读者选择自己喜欢的使用即可。

3.1.11 Cloth修改器

▶️ 演示视频 045-Cloth 修改器

Cloth修改器是专门用于模拟布料效果的工具，软件通过计算可以模拟出布料与物体碰撞的效果，其参数如图3-63所示。

对象属性 对象属性 ：单击此按钮，系统会弹出相应的对话框，如图3-64所示。

图3-63　　　　　　　　图3-64

» 添加对象 添加对象 ：单击此按钮，会弹出对话框以选择需要添加的对象。

» 布料：选中此选项的模型会附带布料的属性。

» 冲突对象：选中此选项的模型会附带碰撞体的属性，与布料模型产生碰撞。

模拟 模拟 ：单击此按钮，系统就可以模拟出布料的效果。

消除模拟 消除模拟 ：单击此按钮，会将模拟的效果清除，恢复原始效果。

💡 **知识点：Cloth修改器模拟不成功的处理方法**

用Cloth修改器制作布料效果时，布料模型有时会直接穿过碰撞模型。遇到这种情况时，需要重新设定布料模型和碰撞模型的属性。修改布料模型的个别参数后再解算布料效果，有时会出现问题，需要再次设定。

该修改器的解算效果不是很稳定，需要读者耐心制作。第11章中讲解的布料动力学工具的解算效果更加稳定，制作方法也更加简单。

💻 **课堂练习**

用常用修改器制作卡通树模型

案例文件	案例文件>CH03>课堂练习：用常用修改器制作卡通树模型
视频名称	课堂练习：用常用修改器制作卡通树模型.mp4
学习目标	练习常用的修改器

本案例用常用修改器制作卡通树模型，模型和线框效果如图3-65所示。

图3-65

💻 **课堂练习**

用常用修改器制作星星

案例文件	案例文件>CH03>课堂练习：用常用修改器制作星星
视频名称	课堂练习：用常用修改器制作星星.mp4
学习目标	练习常用的修改器

本案例用常用修改器制作星星模型，模型和线框效果如图3-66所示。

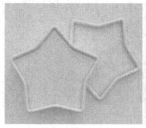

图3-66

3.2 转换多边形对象

▶️ 演示视频 046- 转换多边形对象

多边形对象无法直接创建，需要根据之前学习的基础建模的模型进行转换。下面介绍3种转换方法。

3.2.1 通过右键菜单转换

在模型上单击鼠标右键，在弹出的快捷菜单中选择"转换为>转换为可编辑多边形"命令，如图3-67所示。这种方法在日常工作中的使用频率最高，缺点是转换后的对象无法还原为参数对象。

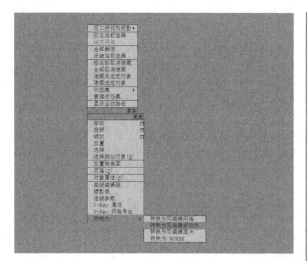

图3-67

3.2.2 编辑多边形修改器

为模型加载"编辑多边形"修改器,如图3-68所示。这种方法的好处是保留了对象之前的参数,同时还可以进行多边形编辑。

图3-68

3.2.3 修改器堆栈(WSM)

在修改器堆栈中选中对象,然后单击鼠标右键,在弹出的快捷菜单中选择"可编辑多边形"命令,如图3-69所示。这种方法的使用频率不高,读者了解即可。

图3-69

> **技巧与提示**
>
> 转换多边形对象在有些书中被称为塌陷多边形对象。除了3.2.1小节的方法外,后面两种方法都可以返回模型的参数层级。

3.3 编辑多边形对象

将对象转换为可编辑多边形对象后,我们就可以对可编辑多边形对象的顶点、边、边界、面和连续多边形分别进行编辑。日常制作中,使用频率较高的工具是"选择""编辑几何体""编辑顶点""编辑边""编辑多边形"。图3-70所示是一些比较优秀的多边形建模作品。

图3-70

本节工具介绍

工具名称	工具作用	重要程度
选择	熟悉多边形的不同层级	中
编辑几何体	掌握卷展栏中常用的工具	中
编辑顶点	掌握顶点层级的编辑方法	高
编辑边	掌握边层级的编辑方法	高
编辑多边形	掌握多边形层级的编辑方法	高

3.3.1 选择

▶ 演示视频 047- 选择

将物体转换为可编辑多边形对象后,就可以对可编辑多边形对象的顶点、边、边界、面和连续多边形分别进行编辑。在"选择"卷展栏中可以选择对象的编辑层级,如图3-71所示。

顶点:单击此按钮后,对模型的点进行编辑。

图3-71

边:单击此按钮后,对模型的边进行编辑。

边界:单击此按钮后,对模型的边界进行编辑,如图3-72所示。

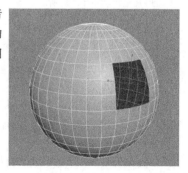

图3-72

多边形：单击此按钮后，对模型的面进行编辑。

元素：单击此按钮后，对连续的多边形进行编辑。

忽略背面：勾选该选项后，只能选中法线指向当前视图的子对象。

收缩：单击一次该按钮，可以在当前选择范围中向内减少一圈对象。

扩大：与"收缩"按钮相反，单击一次该按钮，可以在当前选择范围中向外增加一圈对象。

环形：该工具只能在"边"和"边界"级别中使用。在选中一部分子对象后，单击该按钮可以自动选择环形的边。

循环：该工具同样只能在"边"和"边界"级别中使用。在选中一部分子对象后，单击该按钮可以自动选择与当前对象在同一曲线上的其他对象。

> 💬 **技巧与提示**
>
> 读者肯定会疑惑，选择循环的点或多边形该如何操作？选中点或多边形后，按住Shift键，将鼠标指针移动到旁边的点或多边形上，循环点或多边形会显示为黄色高亮效果；如果觉得没有问题，单击鼠标左键即可，如图3-73所示。

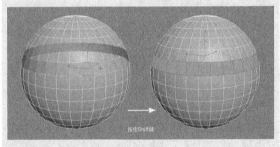

图3-73

3.3.2 编辑几何体

▶️ 演示视频 048- 编辑几何体

"编辑几何体"卷展栏下的工具适用于所有层级，主要用于全局修改多边形几何体，如图3-74所示。

重复上一个：单击该按钮可以重复使用上一次使用的命令。

创建：创建新的几何体。

附加：使用该工具可以将场景中的其他对象附加到选定的可编辑多边形中。

分离：将选定的子对象作为单独的对象或元素分离出来。

图3-74

切片平面：使用该工具可以沿某一平面分开网格对象。

切片：可以在切片平面位置执行切割操作。

重置平面：将执行过"切片"的平面恢复到之前的状态。

快速切片：可以将对象进行快速切片，切片线沿着对象表面，所以可以更加准确地进行切片。

网格平滑：使选定的对象产生平滑效果。

细化：增加局部网格的密度，从而方便处理对象的细节。

3.3.3 编辑顶点

▶️ 演示视频 049- 编辑顶点

在"选择"卷展栏中单击"顶点"按钮，就会在下方生成"编辑顶点"卷展栏，如图3-75所示。该卷展栏中的工具都用于编辑点。

图3-75

移除：选中一个或多个顶点以后，单击该按钮可以将其移除，然后接合使用它们的多边形。

▪ 知识点：移除顶点与删除顶点

这里详细介绍一下移除顶点与删除顶点的区别。

移除顶点：选中一个或多个顶点以后，单击"移除"按钮或按Backspace键即可移除顶点，但这只能移除顶点，面仍然存在，如图3-76所示。注意，移除顶点可能导致网格发生严重变形。

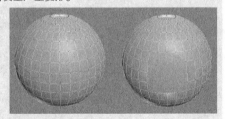

图3-76

删除顶点：选中一个或多个顶点以后，按Delete键可以删除顶点，同时也会删除连接到这些顶点的面，如图3-77所示。

图3-77

断开 断开 ：选中顶点以后，单击该按钮可以在与选定顶点相连的每个多边形上都创建一个新顶点，这可以使多边形的转角相互分开，使它们不再相连于原来的顶点。

挤出 挤出 ：直接使用这个工具可以手动在视图中挤出顶点，如图3-78所示。如果要精确设置挤出的高度和宽度，可以单击后面的"设置"按钮 ，然后在视图中的"挤出顶点"对话框中输入数值，如图3-79所示。

图3-78　　　　　　　　　　　图3-79

焊接 焊接 ：对"焊接顶点"对话框中指定的"焊接阈值"范围之内选中的连续顶点进行合并，合并后所有边都会与产生的单个顶点连接。单击后面的"设置"按钮 可以设置"焊接阈值"。

切角 切角 ：选中顶点以后，使用该工具在视图中拖曳鼠标指针，可以手动为顶点切角，如图3-80所示。单击后面的"设置"按钮 ，在弹出的"切角"对话框中可以设置精确的"顶点切角量"数值。

图3-80

目标焊接 目标焊接 ：选择一个顶点后，使用该工具可以将其焊接到相邻的目标顶点。

> **技巧与提示**
>
> "目标焊接"工具 目标焊接 只能焊接成对的连续顶点。也就是说，选择的顶点与目标顶点有一个边相连。

连接 连接 ：在选中的对角顶点之间创建新的边，如图3-81所示。

图3-81

3.3.4 编辑边

演示视频 050- 编辑边

单击"边"按钮 以后，在"修改"面板中会增加一个"编辑边"卷展栏，如图3-82所示。这个卷展栏下的工具全部是用来编辑边的。

图3-82

插入顶点 插入顶点 ：使用该工具在任意边上单击，可以添加新的顶点。

挤出 挤出 ：直接使用这个工具可以在视图中手动挤出边。如果要精确设置挤出的高度和宽度，可以单击后面的"设置"按钮 ，然后在视图中的"挤出边"对话框中输入数值，如图3-83所示。

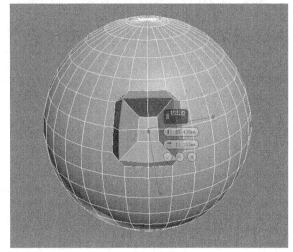

图3-83

切角 切角 ：这是多边形建模中使用频率较高的工具之一，可以为选定边做切角（圆角）处理，从而生成平滑的棱角，如图3-84所示。

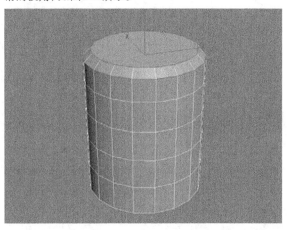

图3-84

连接 连接 ：可以在每对选定边之间创建新边，对于创建或细化边循环特别有用，如图3-85所示。

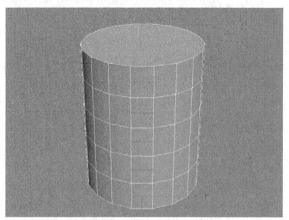

图3-85

利用所选内容创建图形 利用所选内容创建图形 ：可以将选定的边创建为样条线图形。生成的样条线有两种形式，选择"平滑"会生成平滑后的样条线，如图3-86所示；选择"线性"会生成与原模型的布线完全相同的样条线，如图3-87所示。

图3-86　　　　　　　　图3-87

3.3.5 编辑多边形

▶ 演示视频 051- 编辑多边形

单击"多边形"按钮 以后，在"修改"面板中会增加"编辑多边形"卷展栏，如图3-88所示。这个卷展栏下的工具全部是用来编辑多边形的。

图3-88

挤出 挤出 ："多边形"层级中的"挤出"工具是用来挤出多边形的。如果要精确设置挤出的高度，可以单击后面的"设置"按钮 ，然后在视图中的"挤出多边形"对话框中输入数值。挤出多边形时，"高度"为正值时可向外挤出多边形，为负值时可向内挤出多边形，如图3-89所示。

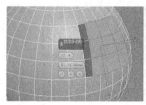 

图3-89

轮廓 轮廓 ：用于增加或减少每组连续的选定多边形的外边。

插入 插入 ：执行没有高度的倒角操作，即在选定多边形的平面内执行该操作，如图3-90所示。

图3-90

翻转 翻转 ：反转选定多边形的法线方向，从而使其正面面向用户。

▣ 课堂案例

用多边形建模制作唇膏

案例文件	案例文件>CH03>课堂案例：用多边形建模制作唇膏
视频名称	课堂案例：用多边形建模制作唇膏.mp4
学习目标	学习多边形建模的方法

唇膏是生活中常见的物品，外观近似长方体。本案例的唇膏模型是在长方体的基础上，通过多边形建模制作而成，效果如图3-91所示。

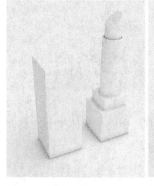 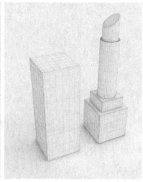

图3-91

01 使用"长方体"工具 长方体 新建一个长方体模型，具体参数及效果如图3-92所示。

图3-92

02 选中模型，单击鼠标右键，在弹出的菜单中选择"转换为可编辑多边形"命令，如图3-93所示。

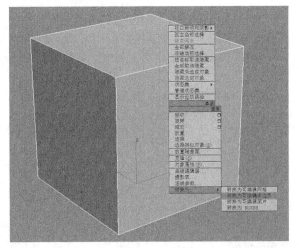

图3-93

03 在"选择"卷展栏中单击"多边形"按钮 进入该层级，然后选中图3-94所示的多边形。

04 在"编辑多边形"卷展栏中单击"插入"按钮 插入 后的"设置"按钮 ，在弹出的对话框中设置"数量"为4mm，如图3-95所示。

图3-94　　　　　　　　　　　　图3-95

05 保持选中的多边形不变，单击"挤出"按钮 挤出 后的"设置"按钮 ，设置"高度"为10mm，如图3-96所示。

06 将挤出的多边形使用"插入"工具 插入 向内插入2mm，如图3-97所示。

图3-96　　　　　　　　　　　　图3-97

07 切换到"边"层级，在"编辑几何体"卷展栏中单击"切片平面"按钮 切片平面 ，将显示的控制器旋转90°，如图3-98所示。

08 在"编辑几何体"卷展栏中单击"切片"按钮 切片 ，就能在显示红色线段的位置添加一圈循环的边，如图3-99所示。

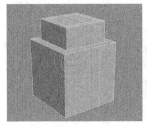 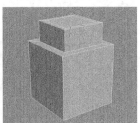

图3-98　　　　　　　　　　　　图3-99

09 按照同样的方法，继续添加一圈循环的边，如图3-100所示。

图3-100

10 切换到"顶点"层级，选中图3-101所示的4个点，然后使用"选择并均匀缩放"工具 向内收缩这些点，形成大致为圆形的效果，如图3-102所示。

图3-101　　　　　　　　　　　图3-102

11 切换到"多边形"层级，选中图3-103所示的多边形，然后单击"挤出"按钮 挤出 后的"设置"按钮 ，向上挤出50mm，如图3-104所示。

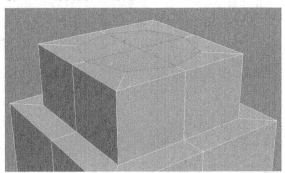

图3-103

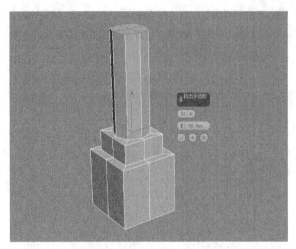

图3-104

⑫ 保持选中的多边形不变，使用"插入"工具 插入 向内插入1mm，然后使用"挤出"工具 挤出 向下挤出-50mm，如图3-105和图3-106所示。

图3-105　　　　　　　　　图3-106

⑬ 使用"插入"工具 插入 将选中的多边形向内插入0.5mm，然后使用"挤出"工具 挤出 向上挤出70mm，如图3-107和图3-108所示。

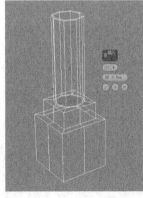
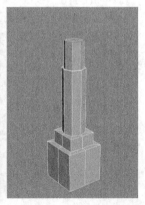

图3-107　　　　　　　　　图3-108

⑭ 切换到"顶点"层级，调整顶部点的高度，使其成为斜面，如图3-109所示。

⑮ 给模型添加"网格平滑"修改器 网格平滑 ，会发现模型产生了很大的变化，如图3-110所示。造成这种情况的原因是在模型的转角处缺少距离相近的边，导致平滑后转角弧度太大。

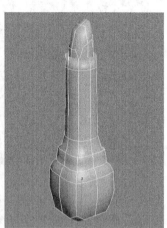

图3-109　　　　　　　　　图3-110

⑯ 选中图3-111所示的边，然后单击"切角"按钮 切角 后的"设置"按钮 ，设置"边切角量"为0.5mm，如图3-112所示。

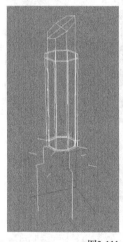

图3-111　　　　　　　　　图3-112

⑰ 返回"网格平滑"层级，此时模型的效果如图3-113所示。可以观察到，切角后的模型的平滑的效果较为合适。

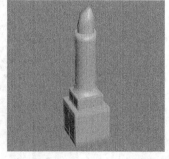

图3-113

⓲ 按照上面的方法，继续为其他的边切角，平滑后的效果如图3-114所示。

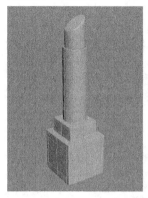

图3-114

📝 **技巧与提示**

除了使用"切角"工具 切角 增加转角处的边以外，还可以使用"切片平面"工具 切片平面 在转角处添加新的循环边。

⓳ 使用"长方体"工具 长方体 创建一个长方体模型，具体参数如图3-115所示。

图3-115

⓴ 将上一步创建的模型转换为可编辑多边形，然后在"多边形"层级选中图3-116所示的多边形。

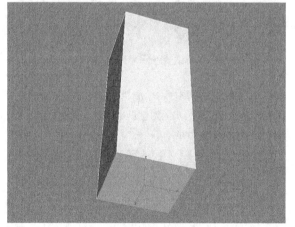

图3-116

📝 **技巧与提示**

按快捷键Alt+Q，可以将选中的对象孤立显示。

㉑ 使用"插入"工具 插入 将选中的多边形向内插入1mm，然后使用"挤出"工具 挤出 向内挤出79mm，如图3-117和图3-118所示。

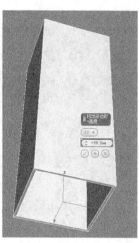

图3-117 图3-118

㉒ 在"边"层级选中所有的边，使用"切角"工具 切角 切角0.5mm，如图3-119和图3-120所示。

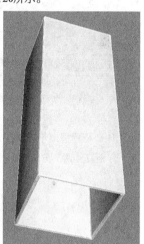

图3-119 图3-120

㉓ 为模型添加"网格平滑"修改器，设置"迭代次数"为2，效果如图3-121所示。

图3-121

㉔ 摆放模型的造型，案例最终效果如图3-122所示。

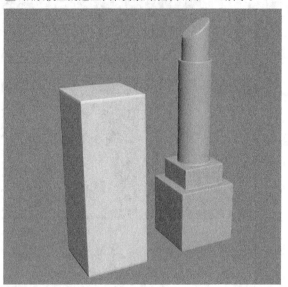

图3-122

用多边形建模制作床头柜

案例文件	案例文件>CH03>课堂案例：用多边形建模制作床头柜
视频名称	课堂案例：用多边形建模制作床头柜.mp4
学习目标	学习多边形建模的方法

床头柜模型由箱体和支架两部分组成，通过多边形建模，分别制作两部分再拼合而成，效果如图3-123所示。

图3-123

㉑ 使用"长方体"工具 长方体 在视口中创建一个长方体模型，具体参数及效果如图3-124所示。

图3-124

㉒ 选中上一步创建的模型，单击鼠标右键，在弹出的菜单中选择"转换为>转换为可编辑多边形"命令，如图3-125所示。

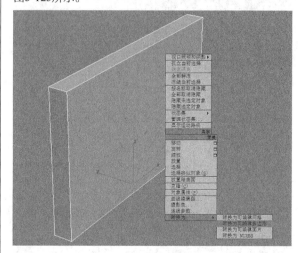

图3-125

㉓ 在"选择"卷展栏中单击"边"按钮 进入"边"层级，然后选中图3-126所示的边。

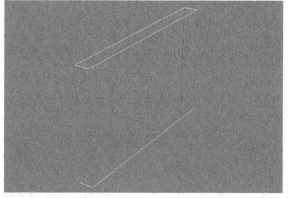

图3-126

㉔ 在"编辑边"卷展栏中单击"连接"按钮 连接 后的"设置"按钮 ，在弹出的对话框中设置"分段"为2、"收缩"为70，如图3-127所示。

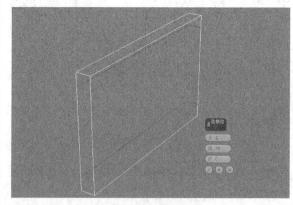

图3-127

05 单击"多边形"按钮■切换到"多边形"层级，选中图3-128所示的多边形。

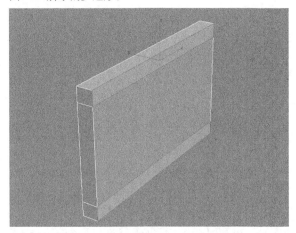

图3-128

06 保持选中的多边形不变，单击"挤出"按钮 挤出 后的"设置"按钮■，在弹出来的对话框中设置"高度"为55mm，如图3-129所示。

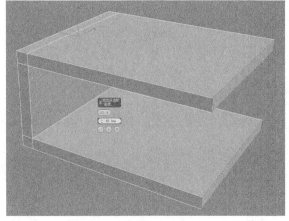

图3-129

07 单击"边"按钮☑进入"边"层级，然后选中图3-130所示的边，单击"切角"按钮 切角 后的"设置"按钮■，在弹出的对话框中设置"边切角量"为0.5mm，如图3-131所示。

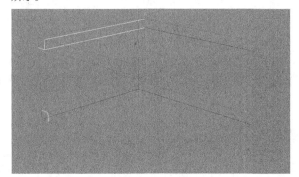

图3-130

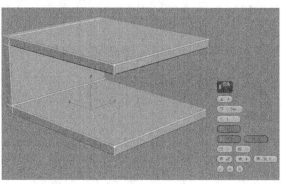

图3-131

08 使用"长方体"工具 长方体 创建一个长方体模型，具体参数及效果如图3-132所示。

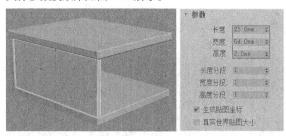

图3-132

09 将上一步创建的模型转换为可编辑多边形，在"多边形"层级中选中图3-133所示的多边形，使用"插入"工具 插入 向内插入1mm，如图3-134所示。

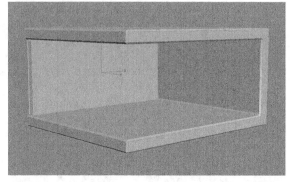

图3-133

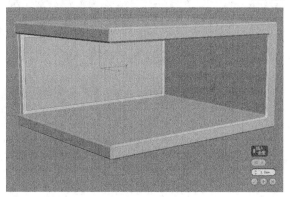

图3-134

❿ 保持选中的多边形不变, 使用"挤出"工具 挤出 向外挤出47mm, 如图3-135所示。

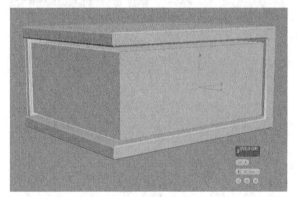

图3-135

⓫ 切换到"边"层级, 选中图3-136所示的边, 然后使用"切角"工具 切角 切角0.5mm, 如图3-137所示。

图3-136

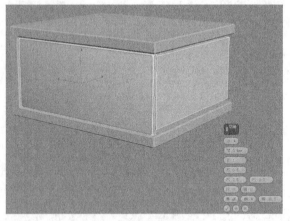

图3-137

⓬ 使用"长方体"工具 长方体 在下方创建一个长方体模型, 具体参数及效果如图3-138所示。

图3-138

⓭ 将上一步创建的长方体转换为可编辑多边形, 在"多边形"层级中选中图3-139所示的多边形, 使用"挤出"工具 挤出 向下挤出2mm, 如图3-140所示。

图3-139   图3-140

⓮ 保持选中的多边形不变, 使用"轮廓"工具 轮廓 向外扩大10mm, 然后使用"挤出"工具 挤出 向下挤出2mm, 如图3-141和图3-142所示。

图3-141

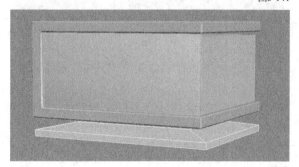

图3-142

⓯ 使用"长方体"工具 长方体 在下方创建一个长方体模型作为支架, 具体参数及效果如图3-143所示。

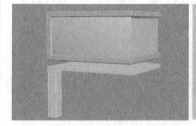

图3-143

⑯ 将上一步创建的模型转换为可编辑多边形，然后在"顶点"层级中调整造型，如图3-144所示。

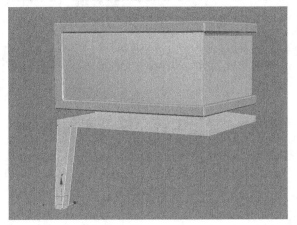

图3-144

⑰ 切换到"边"层级并选中支架的所有边，使用"切角"工具 切角 切角0.5mm，如图3-145所示。

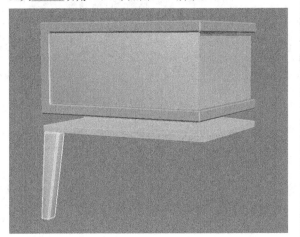

图3-145

⑱ 将支架模型复制3份，分别移动到其余3个边角处，如图3-146所示。

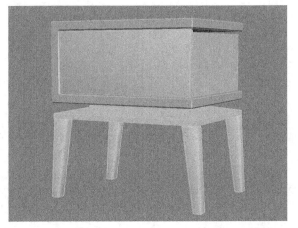

图3-146

⑲ 调整模型整体的大小结构，使其更加和谐，并为没有切角的模型切角，案例最终效果如图3-147所示。

图3-147

📖 课堂练习

用多边形建模制作浴缸

案例文件　案例文件>CH03>课堂练习：用多边形建模制作浴缸
视频名称　课堂练习：用多边形建模制作浴缸.mp4
学习目标　练习多边形建模的方法

　　浴缸整体形状接近圆柱体，需要在圆柱体的基础上，通过多边形建模的方式进行编辑，效果如图3-148所示。

图3-148

📝 课堂练习

用多边形建模制作转盘指针

案例文件　案例文件>CH03>课堂练习：用多边形建模制作转盘指针
视频名称　课堂练习：用多边形建模制作转盘指针.mp4
学习目标　练习多边形建模的方法

本案例使用多边形建模制作转盘指针，模型效果如图3-149所示。

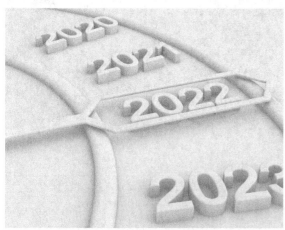

图3-149

3.4　本章小结

本章主要讲解了3ds Max的高级建模技术，包括修改器建模和多边形建模两部分。掌握这些建模技术，就可以创建出丰富多样的模型，打造不同的场景。无论是做静帧渲染还是做动画，都需要有模型作为基础，掌握建模技术是每个三维设计师必备的技能。希望读者能多多练习，思考总结出适合自己的建模方法。

3.5　课后习题

本节安排了两个课后习题供读者练习。这两个习题将本章的知识进行了综合运用。如果读者在练习时有疑难问题，可以一边观看教学视频，一边学习模型创建方法。

3.6.1　课后习题：用建模工具制作立体背景

案例文件　案例文件>CH03>课后习题：用建模工具制作立体背景
视频名称　课后习题：用建模工具制作立体背景.mp4
学习目标　练习"挤出"修改器

本案例用样条线绘制背景的轮廓，然后使用"挤出"修改器将其挤压成模型，效果如图3-150所示。

图3-150

3.6.2　课后习题：用建模工具制作卡通萝卜

案例文件　案例文件>CH03>课后习题：用建模工具制作卡通萝卜
视频名称　课后习题：用建模工具制作卡通萝卜.mp4
学习目标　练习多边形建模

本案例用圆锥体和长方体制作一个卡通萝卜模型，效果如图3-151所示。

图3-151

第 **4** 章

建模技术的
商业运用

3ds Max常用于制作建筑场景模型和CG场景模型。近年来，由于电商设计三维化，3ds Max也被用来制作电商场景模型。本章就通过3个简单的案例，为读者讲解这3类场景模型的制作过程。

学习目标

◇ 掌握电商场景建模

◇ 掌握建筑室内场景建模

◇ 掌握CG场景建模

4.1 综合实例：制作电商场景模型

案例文件 案例文件>CH04>综合实例：制作电商场景模型
视频名称 综合实例：制作电商场景模型.mp4
学习目标 学习电商场景的建模方法

本案例制作一个简单的电商场景模型，需要用到之前学过的几何体建模、样条线建模、修改器建模和多边形建模，效果如图4-1所示。

图4-1

4.1.1 主体模型

01 ▶ 使用"圆柱体"工具 圆柱体 在场景中创建一个圆柱体模型，具体参数及效果如图4-2所示。

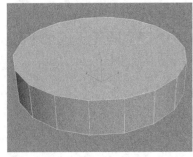

图4-2

02 ▶ 选中上一步创建的圆柱体模型，将其转换为可编辑多边形，然后在"边"层级中选中图4-3所示的边，使用"切角"工具 切角 切角1mm，如图4-4所示。

图4-3   图4-4

03 ▶ 为模型添加"网格平滑"修改器，具体参数及效果如图4-5所示。

图4-5

04 ▶ 将创建的圆柱体模型向上复制一份，然后将其缩小，效果如图4-6所示。

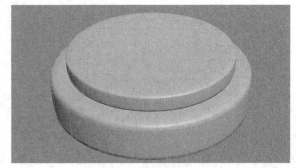

图4-6

05 ▶ 使用"长方体"工具 长方体 在右侧创建一个长方体模型，具体参数及效果如图4-7所示。

图4-7

06 ▶ 将上一步创建的长方体模型转换为可编辑多边形，选中其所有的边并使用"切角"工具 切角 切角0.5mm，效果如图4-8所示。

图4-8

07 为长方体模型添加"网格平滑"修改器，效果如图4-9所示。

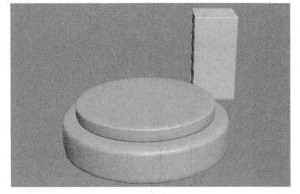

图4-9

08 使用"圆"工具 ▭ 圆 ▭ 在长方体上绘制一个"半径"为15mm的圆形样条线，如图4-10所示。

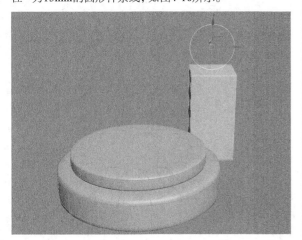

图4-10

09 在"渲染"卷展栏中勾选"在渲染中启用"和"在视口中启用"选项，设置"厚度"为0.5mm，具体参数及效果如图4-11所示。

图4-11

📝 **技巧与提示**

　　读者若是觉得圆环模型不够圆滑，可以在"插值"卷展栏中增大"步数"的数值，如图4-12所示。

图4-12

10 使用"球体"工具 ▭ 球体 ▭ 在圆环内创建一个球体模型，设置"半径"为7mm，具体参数及效果如图4-13所示。

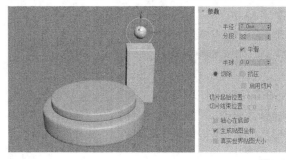

图4-13

11 使用"平面"工具 ▭ 平面 ▭ 创建一个平面模型，具体参数及效果如图4-14所示。

图4-14

12 在平面模型上添加"晶格"修改器，具体参数及效果如图4-15所示。

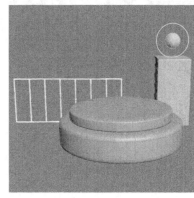

图4-15

13 使用"球体"工具 ▭ 球体 ▭ 新建两个大小不等的球体模型，效果如图4-16所示。

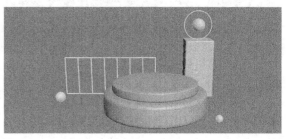

图4-16

4.1.2 背景模型

01 使用"矩形"工具 矩形 在前视图中绘制一个矩形样条线，具体参数及效果如图4-17所示。

图4-17

02 使用"圆"工具 圆 在矩形内绘制一个圆形样条线，具体参数及效果如图4-18所示。

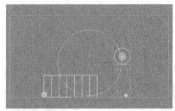

图4-18

03 选中矩形样条线，单击鼠标右键，在弹出的菜单中选择"转换为>转换为可编辑样条线"命令，如图4-19所示。

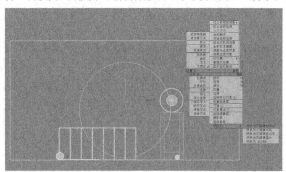

图4-19

04 在"几何体"卷展栏中单击"附加"按钮 附加 ，然后单击圆形样条线，将两个样条线合并为一个，如图4-20所示。

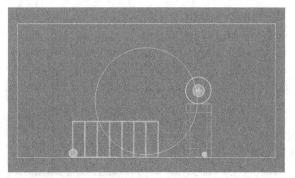

图4-20

05 为修改完的样条线添加"挤出"修改器，设置"数量"为10mm，如图4-21所示。

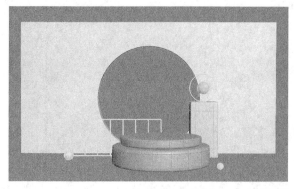

图4-21

技巧与提示

除了上面的方法外，也可以用"布尔"工具 布尔 实现该模型效果。

06 使用"平面"工具 平面 在模型后方创建一个平面模型，具体参数及效果如图4-22所示。

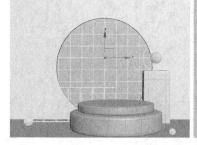

图4-22

07 将上一步创建的平面模型转换为可编辑多边形，然后在"多边形"层级中选中所有多边形，如图4-23所示。

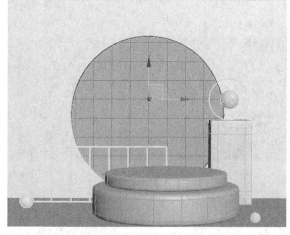

图4-23

08 单击"插入"按钮 插入 后的"设置"按钮，设置"插入"为"按多边形"，"数量"为0.5mm，如图4-24所示。

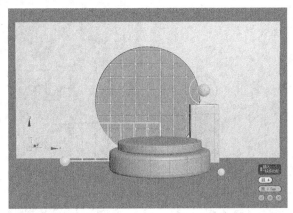

图4-24

09 保持选中的多边形不变，然后使用"挤出"工具 挤出
挤出1mm，如图4-25所示。

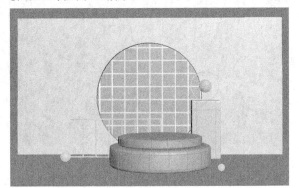

图4-25

10 使用"平面"工具 平面 创建一个平面模型，具体
参数及效果如图4-26所示。

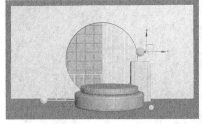

图4-26

11 将上一步创建的平面模型转换为可编辑多边形，然后
在"边"层级中间隔选择边，如图4-27所示。

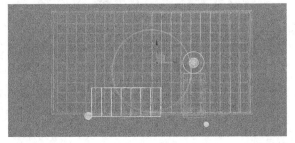

图4-27

12 将选中的边向前稍微移动一段距离，使模型生成波浪
形状，如图4-28所示。

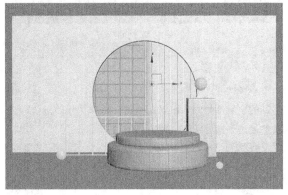

图4-28

13 使用"平面"工具 平面 创建一个平面作为地面，
如图4-29所示。

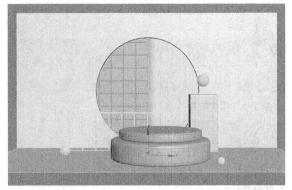

图4-29

14 移动模型的位置，使画面更加美观，案例最终效果如
图4-30所示。

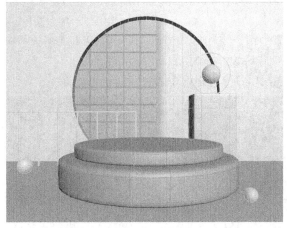

图4-30

📝 **技巧与提示**

在调整场景模型的位置时，为了使画面更加美观，可
以灵活修改模型的大小。

4.2 综合实例：制作休闲室模型

案例文件	案例文件>CH04>综合案例：制作休闲室模型
视频名称	综合案例：制作休闲室模型.mp4
学习目标	学习建筑场景的建模方法

本案例通过多边形建模制作一个休闲室模型，只制作房间的硬装部分，剩余的家具和摆件等模型只需要导入已有的模型并摆放即可，效果如图4-31所示。

图4-31

4.2.1 房间模型

01 使用"长方体"工具 长方体 在场景中创建一个长方体模型，具体参数及效果如图4-32所示。

参数
长度 3000.0mm
宽度 5000.0mm
高度 2800.0mm

长度分段 1
宽度分段 1
高度分段 1

☑ 生成贴图坐标
真实世界贴图大小

图4-32

02 将上一步创建的长方体转换为可编辑多边形，然后在"边"层级中添加两条边，如图4-33所示。

03 移动两条新加的边的位置，效果如图4-34所示。

图4-33   图4-34

04 在"多边形"层级中选中图4-35所示的多边形，然后使用"挤出"工具 挤出 向外挤出240mm，如图4-36所示。

图4-35   图4-36

05 在"元素"层级中选中整个模型，效果如图4-37所示。

图4-37

06 在"编辑元素"卷展栏中单击"翻转"按钮 翻转 ，使模型的法线向内，如图4-38所示。

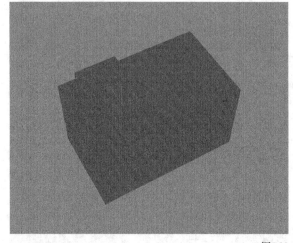

图4-38

📝 **技巧与提示**

法线的方向会影响材质和灯光的效果。只有让法线的方向向外，才能得到正确的材质和灯光效果。家具和装饰模型都在长方体内部，因此需要翻转法线。

07 使用"长方体"工具 长方体 在内侧创建一个长方体模型，具体参数及效果如图4-39所示。

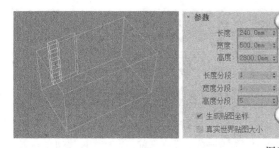

图4-39

08 将上一步创建的模型转换为可编辑多边形，在"多边形"层级中选中图4-40所示的多边形，然后使用"插入"工具 插入 向内插入20mm，如图4-41所示。

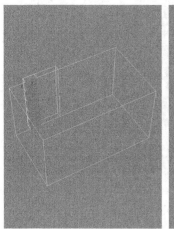

图4-40　　　　　　图4-41

09 保持选中的多边形不变，使用"挤出"工具 挤出 向内挤出-200mm，如图4-42所示。这样就做好了展示柜的大致形状。

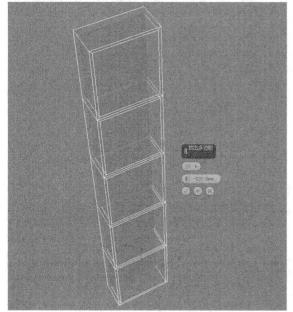

图4-42

10 在"边"层级中选中图4-43所示的边，然后使用"切角"工具 切角 切角4mm，并设置"链接边分段"为0，如图4-44所示。

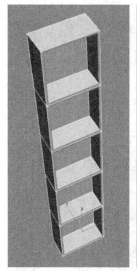

图4-43　　　　　　　　　　图4-44

11 使用"平面"工具 平面 在展示柜模型旁边新建一个平面模型，具体参数及效果如图4-45所示。

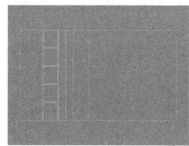

图4-45

12 将上一步创建的平面模型转换为可编辑多边形，然后在"顶点"层级中调整模型的造型，如图4-46所示。

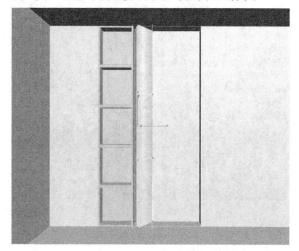

图4-46

⓭ 为模型添加"壳"修改器，设置"内部量"为20mm，使平面模型变成带厚度的模型，具体参数及效果如图4-47所示。

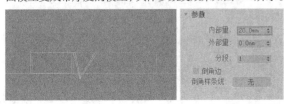

图4-47

⓮ 将添加厚度的模型再次转换为可编辑多边形，调整模型的细节，如图4-48所示。

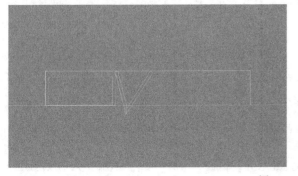

图4-48

⓯ 在"多边形"层级中选中图4-49所示的多边形，然后使用"插入"工具 插入 向内插入40mm，如图4-50所示。

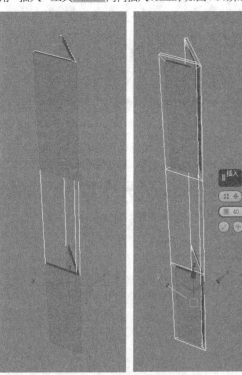

图4-49   图4-50

⓰ 使用"挤出"工具 挤出 将选中的多边形向内挤出 -8mm，效果如图4-51所示。

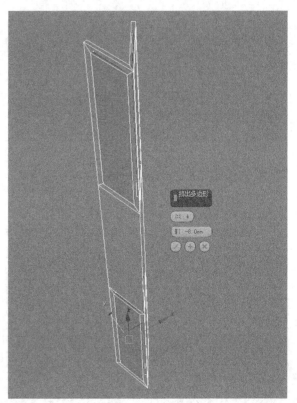

图4-51

⓱ 在"边"层级选中图4-52所示的边，然后使用"切角"工具 切角 切角10mm，如图4-53所示。

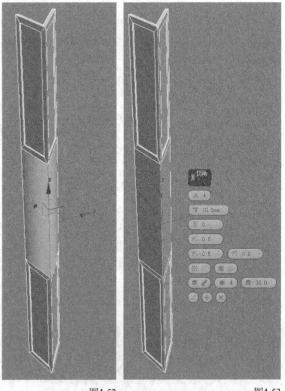

图4-52   图4-53

⑱ 将该模型复制一份, 放在右侧并镜像摆放, 如图4-54所示。

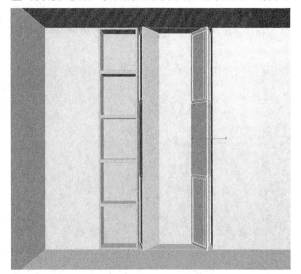

图4-54

⑲ 使用"线"工具 ▢▢▢线 沿着墙角的位置绘制踢脚线的路径样条线, 如图4-55所示。

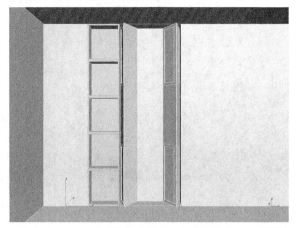

图4-55

⑳ 为上一步绘制的样条线添加"扫描"修改器, 设置"内置截面"为"条", "长度"为100mm, "宽度"为10mm, 具体参数及效果如图4-56所示。

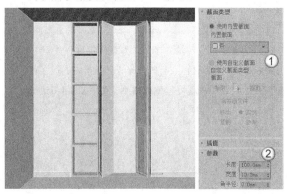

图4-56

4.2.2 家具装饰模型

① 选择"文件>导入>合并"菜单命令, 在打开的对话框中选择案例文件夹中的"家具1.max"文件, 然后单击"打开"按钮 打开(O), 如图4-57所示。

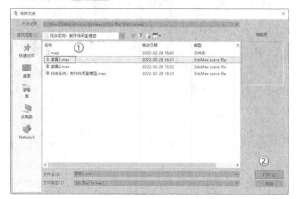

图4-57

② 在弹出的对话框中选中所有的文件, 单击"确定"按钮 确定, 如图4-58所示。

图4-58

▢ 技巧与提示

单击"确定"按钮 确定 后, 会弹出图4-59所示的窗口, 这是3ds Max 2021版本新增的窗口, 读者不需要在意, 直接关闭即可。

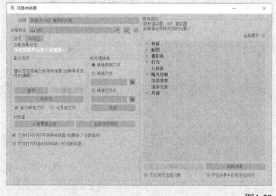

图4-59

03 此时会发现导入的文件在房间模型内看不到。切换到顶视图，按Z键将所有对象最大化显示，就可以观察到导入的家具模型在房间模型的外侧，如图4-60所示。

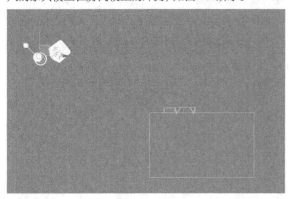

图4-60

04 将家具模型移动到房间模型内进行摆放，效果如图4-61所示。摆放的样式仅供参考，读者可按照自己的想法改变。

图4-61

05 选择"文件>导入>合并"菜单命令，导入案例文件中的"家具2.max"文件，如图4-62所示。

图4-62

06 将导入的装饰品模型摆放在置物架上，效果如图4-63所示。

图4-63

07 调整画面，使模型呈现的构图更加协调，案例最终效果如图4-64所示。

图4-64

4.3 综合实例：制作CG空间场景模型

案例文件	案例文件>CH04>综合实例：制作CG空间场景模型
视频名称	综合实例：制作CG空间场景模型.mp4
学习目标	学习CG场景的建模方法

CG场景的内容较为丰富，本案例制作一个科幻空间场景。虽然场景看起来有些复杂，但场景内的很多模型是相同的，只需要通过复制就能得到，效果如图4-65所示。

图4-65

4.3.1 主体模型

01 使用"圆柱体"工具 ▨▨圆柱体 在场景中创建一个圆柱体模型，具体参数及效果如图4-66所示。

图4-66

02 将上一步创建的模型转换为可编辑多边形，然后在"边"层级中选中图4-67所示的边，然后使用"选择并均匀缩放"工具▨向内收缩并移动位置，如图4-68所示。

图4-67　　　　　　　　　图4-68

03 在"多边形"层级中选中图4-69所示的多边形，然后使用"挤出"工具 挤出 向内挤出-10mm，挤出方式选择"局部法线"，如图4-70所示。

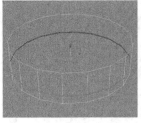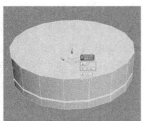

图4-69　　　　　　　　　图4-70

04 选中图4-71所示的多边形，然后使用"插入"工具 插入 向内插入15mm，如图4-72所示。

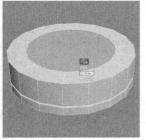

图4-71　　　　　　　　　图4-72

05 保持选中的多边形不变，继续使用"插入"工具 插入 向内插入5mm两次，如图4-73和图4-74所示。

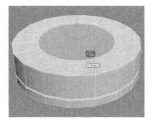

图4-73　　　　　　　　　图4-74

06 继续使用"插入"工具 插入 向内插入2mm，效果如图4-75所示。

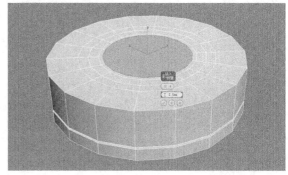

图4-75

07 选中图4-76所示的多边形，使用"挤出"工具 挤出 向下挤出-6mm，如图4-77所示。

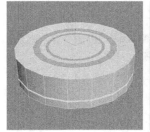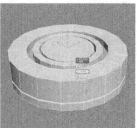

图4-76　　　　　　　　　图4-77

08 切换到"边"层级，使用"连接"工具 连接 添加两条边，如图4-78所示。

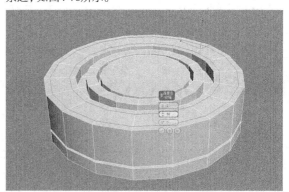

图4-78

⑨ 在"多边形"层级中选中图4-79所示的多边形，然后使用"挤出"工具 挤出 向上挤出2mm，如图4-80所示。

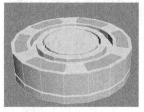 

图4-79　　　　　　　　　　　图4-80

⑩ 切换到"边"层级，使用"切角"工具 切角 为模型的边缘切角，效果如图4-81所示。

图4-81

📝 技巧与提示

　　模型边缘切角的量根据实际情况灵活处理，这里不列出具体数值。

⑪ 给模型添加"网格平滑"修改器，就能将模型变得圆滑，具体参数及效果如图4-82所示。

图4-82

⑫ 使用"球体"工具 球体 在模型上创建一个半球体模型，具体参数及效果如图4-83所示。

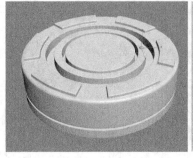 

图4-83

⑬ 将上一步创建的半球体模型复制多个，均匀放在中间的圆环上，如图4-84所示。

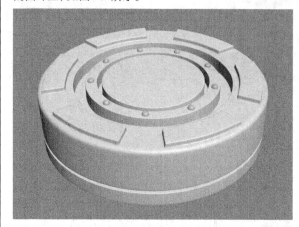

图4-84

⑭ 使用"矩形"工具 矩形 在模型右侧绘制一个矩形样条线，具体参数及效果如图4-85所示。

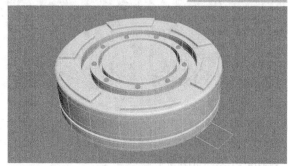

图4-85

⑮ 将上一步绘制的样条线转换为可编辑样条线，使用"优化"工具 优化 在样条线的左侧添加4个点，如图4-86所示。

图4-86

⑯ 调整顶点的位置，使样条线成为图4-87所示的形状。

图4-87

⑰ 为调整后的样条线添加"挤出"修改器，设置"数量"为25mm，"分段"为3，具体参数及效果如图4-88所示。

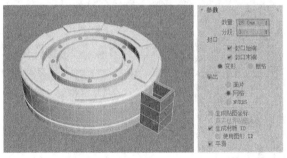

图4-88

⑱ 将上一步创建的模型转换为可编辑多边形，在"顶点"层级中调整模型点的位置，然后在"多边形"层级中挤出多边形，如图4-89和图4-90所示。

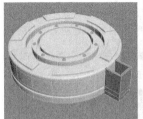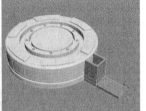

图4-89　　　　　　　图4-90

⑲ 在"边"层级中移动模型上的边到图4-91所示的位置，然后选中模型边缘的边切角0.2mm，效果如图4-92所示。

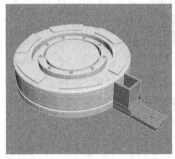

图4-91　　　　　　　图4-92

⑳ 使用"切角长方体"工具 切角长方体 在模型内部的空隙创建一个切角长方体模型，具体参数及效果如图4-93所示。

图4-93

㉑ 将上一步创建的模型复制多份，均匀放置于空隙内，如图4-94所示。

图4-94

㉒ 使用"圆柱体"工具 圆柱体 在模型上新建一个六棱柱模型，具体参数及效果如图4-95所示。

图4-95

㉓ 将六棱柱模型转换为可编辑多边形，选中图4-96所示的多边形，使用"插入"工具 插入 向内插入0.3mm，如图4-97所示。

图4-96

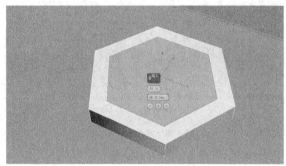

图4-97

㉔ 使用"挤出"工具 挤出 将中间的多边形向上挤出1mm，如图4-98所示。

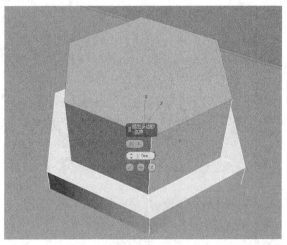

图4-98

㉕ 切换到"边"层级，使用"切角"工具 切角 为模型切角，效果如图4-99所示。

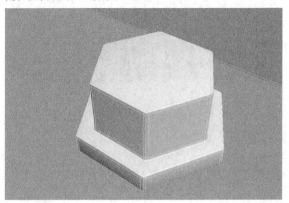

图4-99

㉖ 将上一步创建的模型复制一份，移动到另一侧，如图4-100所示。

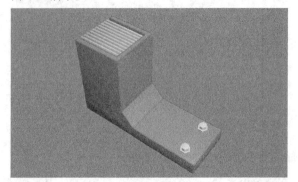

图4-100

㉗ 选中立方体模型，然后选择"组>组"菜单命令，将其合并为一个组，复制5个放在圆柱体模型的周围，如图4-101所示。

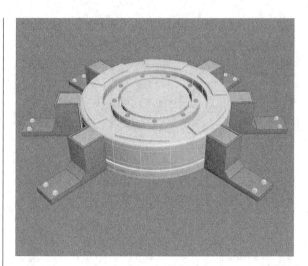

图4-101

4.3.2 背景模型

① 使用"圆柱体"工具 圆柱体 创建一个圆柱体模型，具体参数及效果如图4-102所示。

图4-102

② 将圆柱体转换为可编辑多边形，在"元素"层级中选中模型，然后使用"翻转"工具 翻转 将模型的整体法线翻转，如图4-103所示。

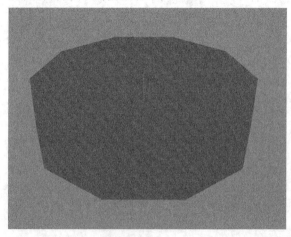

图4-103

03 在"多边形"层级中选中图4-104所示的多边形，使用"插入"工具 插入 向内插入100mm，如图4-105所示。

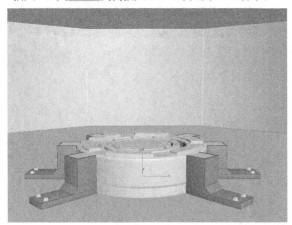

图4-104

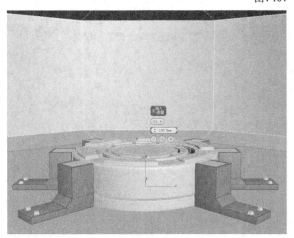

图4-105

04 选中图4-106所示的多边形，使用"挤出"工具 挤出 向上挤出15mm，如图4-107所示。

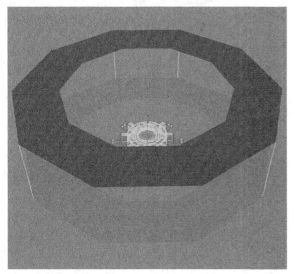

图4-106

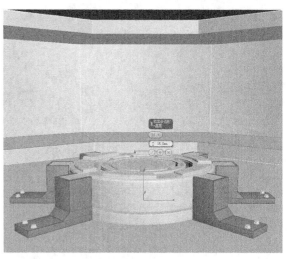

图4-107

05 选中图4-108所示的多边形，使用"插入"工具 插入 向内插入50mm，如图4-109所示。

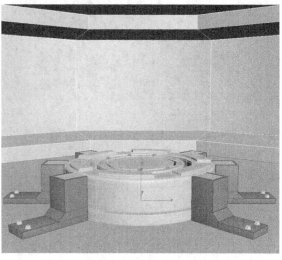

图4-108

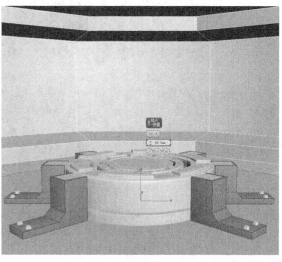

图4-109

06 选中图4-110所示的多边形,使用"挤出"工具 挤出 向下挤出-5mm,如图4-111所示。

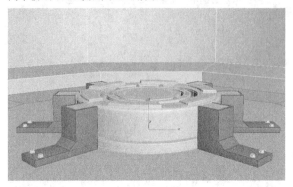

图4-110

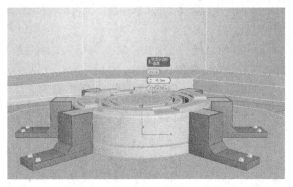

图4-111

07 选中图4-112所示的多边形,使用"插入"工具向内插入15mm,如图4-113所示。

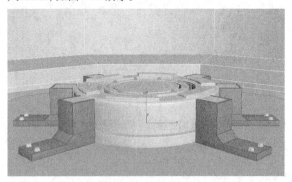

图4-112

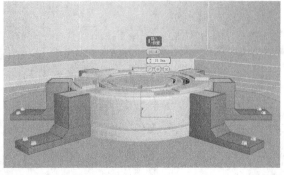

图4-113

08 选中图4-114所示的多边形,使用"挤出"工具 挤出 向上挤出3mm,如图4-115所示。

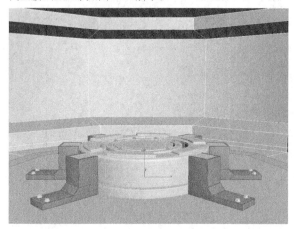

图4-114

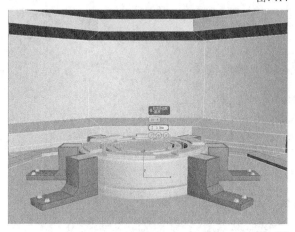

图4-115

09 在"边"层级中使用"切角"工具 切角 为模型切角,效果如图4-116所示。

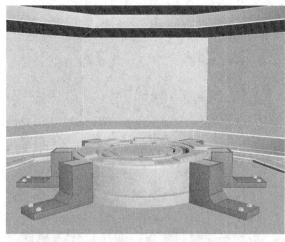

图4-116

10 使用"长方体"工具 长方体 在墙面新建一个长方体模型,具体参数及效果如图4-117所示。

图4-117

⓫ 将上一步创建的长方体转换为可编辑多边形，在"边"层级中添加4条边，如图4-118所示。

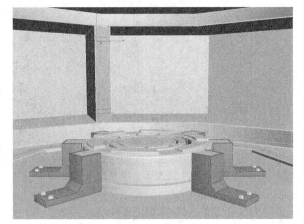

图4-118

　　长方体整体有旋转角度，使用默认的"视图"参考坐标系进行编辑不是很方便，将"视图"切换为"局部"，就能更方便地进行编辑。

⓬ 切换到"多边形"层级，调整多边形的位置，使模型变成图4-119所示的形状。

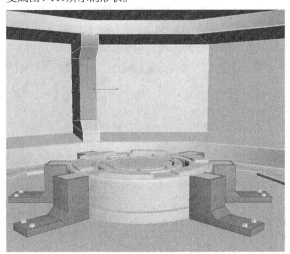

图4-119

⓭ 使用"插入"工具 插入 将前方的面向内插入2mm，然后使用"挤出"工具 挤出 将中间的多边形向外挤出3mm，如图4-120和图4-121所示。

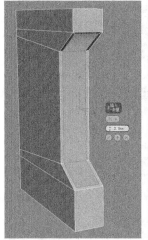

图4-120　　　　　　　　　　　　图4-121

⓮ 保持选中的多边形不变，继续使用"插入"工具 插入 向内插入2mm，使用"挤出"工具 挤出 向内挤出-2mm，如图4-122和图4-123所示。

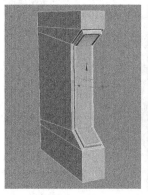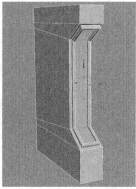

图4-122　　　　　　　　　　　　图4-123

⓯ 切换到"边"层级，使用"切角"工具 切角 为模型切角，效果如图4-124所示。

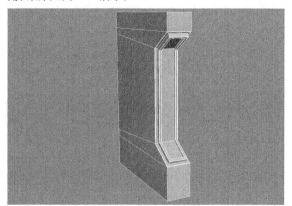

图4-124

⓰ 将制作好的长方体模型复制3个，摆放在画面前方的墙体拐角处，如图4-125所示。

图4-125

⓱ 使用"圆柱体"工具 圆柱体 在场景中创建一个圆柱体模型，具体参数及效果如图4-126所示。

图4-126

⓲ 将圆柱体转换为可编辑多边形，在"多边形"层级中选中图4-127所示的多边形，然后向内收缩，如图4-128所示。

图4-127 　　　　　图4-128

⓳ 保持选中的多边形不变，使用"插入"工具 插入 向内插入1mm，然后使用"挤出"工具 挤出 向下挤出-1mm，如图4-129和图4-130所示。

图4-129 　　　　　图4-130

⓴ 切换到"边"层级，选中图4-131所示的边，使用"切角"工具 切角 进行切角，如图4-132所示。

图4-131 　　　　　图4-132

㉑ 添加"网格平滑"修改器，模型效果及具体参数如图4-133所示。

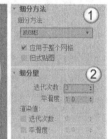

图4-133

㉒ 将上一步创建的模型进行复制，把复制得到的模型放在两个长方体模型的中间位置，案例最终效果如图4-134所示。

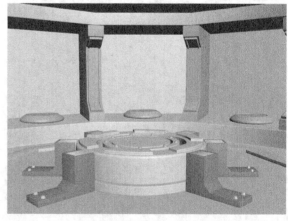

图4-134

第 5 章

摄影机技术

摄影机可以为制作完成的场景模型取景，让画面产生一个好的构图，从而确定哪些部分是需要最终被渲染出来的。本章学习常用的摄影机工具、画面的比例和构图以及特殊的镜头效果。

学习目标

◇ 掌握常用摄影机

◇ 掌握画面比例的调整方法

◇ 熟悉不同的画面构图

◇ 掌握常见的镜头效果

5.1 常用摄影机

3ds Max中的摄影机在制作效果图和动画时非常有用。常用的摄影机包括3ds Max中的"物理"和"目标"两种，以及V-Ray渲染器自带的"VRay物理摄影机"，如图5-1所示。

图5-1

本节内容介绍

名称	作用	重要程度
物理摄影机	对场景进行"拍照"	高
目标摄影机	查看所放置的目标周围的区域	高
VRay物理摄影机	对场景进行"拍照"	高

5.1.1 物理摄影机

▶️ 演示视频 052– 物理摄影机

物理摄影机是3ds Max 2016"标准"摄影机中新加入的摄影机。其特点与VRay物理摄影机类似，使用"物理"工具 物理 在视图中拖曳鼠标指针可以创建一台物理摄影机，可以观察到物理摄影机包含摄影机和目标点两个部件，如图5-2所示。物理摄影机包含8个卷展栏，如图5-3所示。

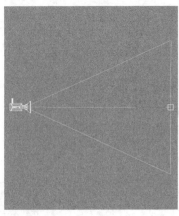

图5-2　　　　　图5-3

1.基本

展开"基本"卷展栏，如图5-4所示。

目标：勾选后摄影机有目标点。

目标距离：设置目标点离摄影机的距离。

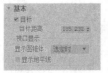

图5-4

显示圆锥体：有"选定时""始终""从不"3个选项，如图5-5所示。用来控制摄影机圆锥体的显示方式。

图5-5

显示地平线：勾选后可在摄影机视口显示地平线。

2.物理摄影机

展开"物理摄影机"卷展栏，如图5-6所示。

图5-6

预设值：系统设定的镜头类型，如图5-7所示。

图5-7

宽度：手动调节镜头范围的大小。

焦距：设置摄影机的焦距，不同焦距的对比效果如图5-8所示。

焦距：40mm

焦距：28mm

图5-8

指定视野：勾选后可以手动调节视野大小。

缩放：缩放场景，不同缩放比例的对比效果如图5-9所示。

缩放：1

缩放：2

图5-9

光圈：设置摄影机的光圈大小，用来控制渲染图像的亮度和景深，不同光圈的对比效果如图5-10所示。

光圈：8

图5-10

光圈：4

图5-10（续）

使用目标距离：使用目标点的距离。

自定义：手动调节距离。

镜头呼吸：基于焦距更改视野。镜头必须移动，才能在不同的距离聚焦。当聚焦更近时变得更窄。值为0时禁用此效果。

启用景深：勾选后开启景深效果。

类型：按不同的时间单位控制进光时间，如图5-11所示。

图5-11

持续时间：控制进光时间，不同持续时间的对比效果如图5-12所示。

持续时间：0.5f

持续时间：1f

图5-12

偏移：勾选后启用快门偏移。

启用运动模糊：勾选后启用运动模糊效果。

3.曝光

展开"曝光"卷展栏，如图5-13所示。

手动：传统胶片曝光，选择后调整ISO数值，不同ISO数值的对比效果如图5-14所示。

图5-13

800ISO

1200ISO

图5-14

目标：摄影机默认曝光方式，选择后调节EV值，不同EV值的对比效果如图5-15所示。

8EV

图5-15

6EV

图5-15（续）

光源：用光源类型控制白平衡，如图5-16所示。

图5-16

温度：用色温控制白平衡，不同色温的对比效果如图5-17所示。

温度：4500

图5-17

图5-17（续）

📝 **技巧与提示**

曝光的温度与实际渲染所呈现的画面温度是相反的。

自定义：自定义颜色控制白平衡。

启用渐晕：开启后镜头有渐晕效果，如图5-18所示。

图5-18

4.透视控制

展开"透视控制"卷展栏，如图5-19所示。

图5-19

镜头移动：水平或垂直移动胶片平面，用于使摄影机向上或向下环视，而不必倾斜，如图5-20所示。

水平

垂直

图5-20

倾斜校正：垂直或水平倾斜镜头，用于更正摄影机向上或向下倾斜的透视。

自动垂直倾斜校正：勾选后自动调整垂直倾斜，以便沿z轴对齐透视。

📇 课堂案例

创建物理摄影机

案例文件	案例文件>CH05>课堂案例：创建物理摄影机
视频名称	课堂案例：创建物理摄影机.mp4
学习目标	学习如何在场景中创建物理摄影机

本案例在制作好的场景中创建一台物理摄影机，案例效果如图5-21所示。

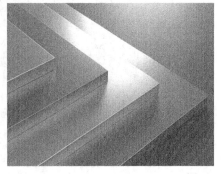

图5-21

01 打开本书学习资源中的"案例文件>CH05>课堂案例：创建物理摄影机>练习.max"文件，如图5-22所示。场景中只有简单的长方体模型，需要通过摄影机取景进行表现。

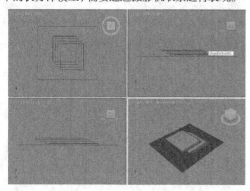

图5-22

02 在"创建"面板中单击"摄影机"按钮，然后单击"物理"按钮 物理 ，如图5-23所示。

图5-23

03 切换到顶视图，从左下往右上拖曳鼠标创建一台物理摄影机，如图5-24所示。

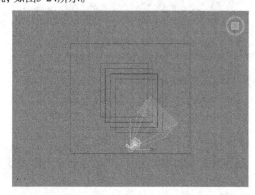

图5-24

04 切换到左视图调整摄影机的高度，效果如图5-25所示。

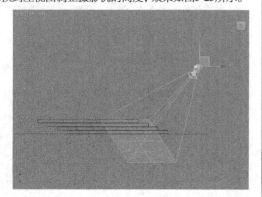

图5-25

技巧与提示

在透视视图中按快捷键Ctrl+C可以快速根据当前视图创建物理摄影机。

05 按C键切换到摄影机视口，效果如图5-26所示。

图5-26

06 选中摄影机，在"修改"面板中设置"焦距"为42毫米，画面效果及具体参数如图5-27所示。

图5-27

07 在"曝光"卷展栏中设置"曝光增益"为"手动"，"手动"值为1000ISO，如图5-28所示。

技巧与提示

物理摄影机默认曝光方式为"目标"，通常情况下会出现曝光效果。调整为"手动"后再降低ISO的数值就可以得到比较合适的画面亮度。

图5-28

08 按F9键渲染当前场景，最终效果如图5-29所示。

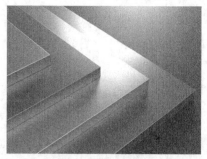

图5-29

5.1.2 目标摄影机

▶ 演示视频 053- 目标摄影机

目标摄影机可以查看所放置的目标周围的区域,它比自由摄影机更容易定向,因为只需将目标对象定位在所需位置的中心即可。使用"目标"工具 目标 在场景中拖曳可以创建一台目标摄影机,可以观察到目标摄影机包含目标点和摄影机两个部件,如图5-30所示。

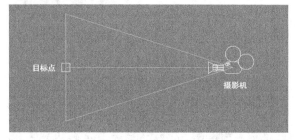

图5-30

在默认情况下,目标摄影机的参数包含"参数"和"景深参数"两个卷展栏,如图5-31所示。当在"参数"卷展栏下设置"多过程效果"为"运动模糊"时,目标摄影机的参数就变成了"参数"和"运动模糊参数"两个卷展栏,如图5-32所示。

图5-31   图5-32

实际工作中常用的只有"参数"卷展栏,展开"参数"卷展栏,如图5-33所示。

镜头:以mm为单位来设置摄影机的焦距。

视野:设置摄影机查看区域的宽度视野,有"水平" ↔ 、"垂直" ↕ 和"对角线" ⟋ 3种方式。

正交投影:勾选该选项后,摄影机视口为用户视图;取消勾选该选项后,摄影机视口为标准的透视视图。

备用镜头:系统预置的摄影机焦距镜头包含15mm、20mm、24mm、28mm、35mm、50mm、85mm、135mm和200mm。

类型:切换摄影机的类型,包含目标摄影机和自由摄影机两种。

显示圆锥体:显示摄影机视野定义的锥形光线(实际

图5-33

上是一个四棱锥)。锥形光线出现在其他视口,但是显示在摄影机视口中。

显示地平线:在摄影机视口中的地平线上显示一条深灰色的线条。

显示:显示出在摄影机锥形光线内的矩形。

近距范围/远距范围:设置大气效果的近距范围和远距范围。

手动剪切:勾选该选项可以定义剪切的平面。

近距剪切/远距剪切:设置近距和远距平面。对于摄影机,比"近距剪切"平面近或比"远距剪切"平面远的对象是不可见的。

启用:勾选该选项后,可以预览渲染效果。

预览 预览 :单击该按钮可以在活动摄影机视口中预览效果。

多过程效果:有"景深"和"运动模糊"两个选项,系统默认为"景深"。

渲染每过程效果:勾选该选项后,系统会将渲染效果应用于多重过滤效果的每个过程(景深或运动模糊)。

目标距离:当使用"目标摄影机"时,该选项用来设置摄影机与其目标之间的距离。

5.1.3 VRay物理摄影机

▶ 演示视频 054-VRay 物理摄影机

VRay物理摄影机相当于一台真实的摄影机,有光圈、快门、曝光、ISO等调节功能,它可以对场景进行"拍摄"。使用"VRay物理摄影机"工具 VR-物理摄影机 在视图中拖曳可以创建一台VRay物理摄影机,可以观察到VRay物理摄影机同样包含摄影机和目标点两个部件,如图5-34所示。

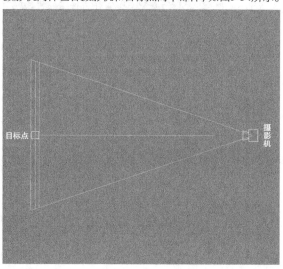

图5-34

VRay物理摄影机的参数包含10个卷展栏，如图5-35所示。下面只介绍常用的5个卷展栏。

图5-35

1.传感器和镜头

展开"传感器和镜头"卷展栏，如图5-36所示。

视野：勾选该选项后，可以调整摄影机的可视区域。

图5-36

胶片规格（毫米）：控制摄影机所看到的景象范围。值越大，看到的景象就越多。

焦距（毫米）：设置摄影机的焦距，同时也会影响到画面的感光强度。较大的数值产生的效果类似于长焦效果，且感光材料（胶片）会变暗，特别是在胶片的边缘区域；较小数值产生的效果类似于广角效果，其透视感比较强，当然胶片也会变亮，不同焦距的对比效果如图5-37所示。

焦距（毫米）：40

焦距（毫米）：28

图5-37

缩放因子：控制摄影机视口的缩放。值越大，摄影机视口拉得越近。

2.光圈

展开"光圈"卷展栏，如图5-38所示。

图5-38

胶片速度（ISO）：控制渲染画面的曝光的时长。其数值越大，画面越亮，不同胶片速度的对比效果如图5-39所示。

胶片速度（ISO）：1000

胶片速度（ISO）：2000

图5-39

光圈数：控制"VRay物理摄影机"的曝光和景深。其数值越大，画面亮度越低，景深效果也越弱，不同光圈数的对比效果如图5-40所示。只有勾选了"景深"选项才能渲染带景深效果的画面。

光圈数：8

光圈数：4

图5-40

快门速度（s^-1）：控制"**VRay**物理摄影机"的快门速度。其数值越大，画面亮度越低，不同快门速度的对比效果如图5-41所示。

快门速度（s^-1）：200

快门速度（s^-1）：100

图5-41

3.景深和运动模糊

这个卷展栏下只有"景深"和"运动模糊"两个选项，勾选后会形成相应的镜头效果，如图5-42所示。

图5-42

4.颜色和曝光

展开"颜色和曝光"卷展栏，如图5-43所示。

曝光：控制摄影机的曝光方式，默认为"物理曝光"。展开下拉列表，可以选择其他两种曝光方式，如图5-44所示。

图5-43 　　　　图5-44

光晕：勾选该选项后，渲染图会带有渐晕效果，如图5-45所示。

图5-45

白平衡：控制镜头的颜色。展开下拉列表，可以选择白平衡模式，如图5-46所示。各种白平衡模式的渲染效果如图5-47所示。一般情况下选择"中性"模式，此时的镜头白平衡是纯白色，渲染的图片不会有色差。

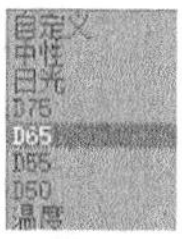

图5-46

图5-47

图5-47（续）

自定义平衡：自行设置白平衡的颜色。

5.倾斜和移动

展开"倾斜和移动"卷展栏，如图5-48所示。

自动垂直倾斜：勾选该选项后，系统会自动校正摄影机的畸变。

倾斜/移动：手动设定数值，以调整摄影机的角度。

图5-48

垂直倾斜校正/水平倾斜校正：单击按钮，会在垂直或水平方向校正畸变。

课堂案例

创建VRay物理摄影机

案例文件	案例文件>CH05>课堂案例：创建VRay物理摄影机
视频名称	课堂案例：创建VRay物理摄影机.mp4
学习目标	学习如何在场景中创建VRay物理摄影机

本案例需要在制作好的场景中创建一台VRay物理摄影机，效果如图5-49所示。

图5-49

01 打开本书学习资源"案例文件>CH05>课堂案例：创建VRay物理摄影机"文件夹中的"练习.max"文件，这是一个制作好的场景，如图5-50所示。

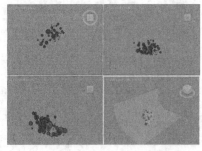

图5-50

02 在"创建"面板单击"摄影机"按钮，然后选择VRay选项，单击"VRay物理摄影机"按钮，如图5-51所示。

图5-51

03 在顶视图中从下向上拖曳，创建一台摄影机，如图5-52所示。

04 切换到左视图，调整摄影机的高度，如图5-53所示。

图5-52   图5-53

05 按C键切换到摄影机视口，效果如图5-54所示。

图5-54

06 选中摄影机，在"修改"面板的"传感器和镜头"卷展栏中设置"焦距（毫米）"为36，如图5-55所示。

图5-55

07 在"光圈"卷展栏中设置"胶片速度（ISO）"为3000，如图5-56所示。

08 按F10键渲染摄影机视口，案例最终效果如图5-57所示。

图5-56

图5-57

5.2 调整画面比例

画面比例可以直观地展示视口中需要渲染的元素，同时确定渲染画面的显示范围。不同的展示要求，会用不同的画面比例。

本节内容介绍

名称	作用	重要程度
调整图像的长宽	确定渲染图像的大小	高
渲染安全框	在视口中观察渲染区域	高
调整倾斜的摄影机	校正透视畸变	中

5.2.1 调整图像的长宽

▶ 演示视频 055- 调整图像的长宽

调整图像的长宽是设置画面最终输出的大小，其参数如图5-58所示。具体设置方法如下。

第1步：按F10键打开"渲染设置"窗口。

第2步：在"公用"选项卡中找到"输出大小"选项组。

第3步：设置"宽度"和"高度"数值。

图5-58

除了直接设置画面的"宽度"和"高度"数值外，还可以在"输出大小"的下拉列表中选择预设的画面比例，如图5-59所示。这些预设可以快速设定固定的画面比例，方便用户确定画面构图。

图5-59

📖 知识点：图像纵横比与构图的关系

设置"图像纵横比"的数值，可以控制渲染图像是横构图还是竖构图。当"宽度"与"高度"数值相同时，"图像纵横比"为1；当"宽度"大于"高度"呈现横构图时，"图像纵横比"大于1；当"宽度"小于"高度"呈现竖构图时，"图像纵横比"小于1。单击图5-58中右边的"锁定"按钮后，修改"宽度"和"高度"中任意一个的数值，另一个的数值也会随着比例而改变。

构图的相关知识点，在"5.3 不同的构图类型"中会详细讲解。

5.2.2 渲染安全框

▶ 演示视频 056- 渲染安全框

调整了图像的长宽之后，我们并不能在视图中直观地观察到摄影机的显示效果，这就需要添加"渲染安全框"。"渲染安全框"类似于相框，添加后不仅框内显示的对象最终都会在渲染的图像中呈现，我们还能直接在视图中观察到图像的长宽比例。添加前后的对比效果如图5-60和图5-61所示。

图5-60

图5-61

"渲染安全框"的添加方法有以下两种。

第1种：在视图左上角的名称上单击鼠标右键，弹出快捷菜单，选择"显示安全框"命令，如图5-62所示。

图5-62

第2种：按快捷键Shift＋F添加安全框，这也是最常用的一种方法。

5.2.3 调整倾斜的摄影机

▶ 演示视频 057－ 调整倾斜的摄影机

在创建摄影机时，可能会出现墙体不直的问题，如图5-63所示。要想调整摄影机让墙体看起来垂直，可能需要的时间较长，这时就可以使用快速调整倾斜摄影机的方法。

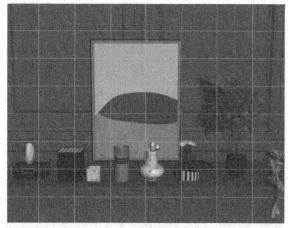

图5-63

下面以"VRay物理摄影机"为例，为读者讲解快速调整的方法。

第1步：选中摄影机，切换到"修改"面板，展开"倾斜和移动"卷展栏，如图5-64所示。

图5-64

第2步：勾选"自动垂直倾斜"选项，就可以将倾斜的墙面变得垂直，如图5-65所示。

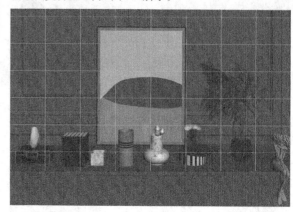

图5-65

📋 **技巧与提示**

在"物理"摄影机和"目标"摄影机中也存在相同功能的组件，读者可自行尝试使用。

5.3 不同的构图类型

▶ 演示视频 058－ 不同的构图类型

场景构图是指在二维平面中体现三维的透视关系，控制元素之间所占比例的大小关系。具体包括场景给人总的视觉感受，主体与陪体、环境的处理，被摄对象之间相互关系的处理，空间关系处理，影像的虚实控制，光线、影调、色调的配置，气氛的渲染等。

本节内容介绍

名称	作用	重要程度
横构图	横向构图	高
竖构图	纵向构图	高
近焦构图	近处清晰，远处模糊的构图	中
远焦构图	近处模糊，远处清晰的构图	中
其他构图方式	不同形态的构图方式	中

5.3.1 横构图

横构图是最常用的构图类型，包括4：3、16：9和16：10等比例。横构图与人的本能视野有关，宽阔的地平线上，事物依次展开横向排列，各种水平、横向的联系向两边产生辐射的趋势，特别能满足双眼"左顾右盼"的开阔视野。横构图还有利于表现物体的运动趋势，包括使静止的景物产生流动的节奏美，如图5-66所示。

图5-66

📇 **课堂案例**

创建横构图画幅

案例文件	案例文件>CH05>课堂案例：创建横构图画幅
视频名称	课堂案例：创建横构图画幅.mp4
学习目标	学习横构图的创建方法

本案例需要在场景中创建一台摄影机，同时调整画幅为横构图，效果如图5-67所示。

图5-67

01 打开本书学习资源"案例文件>CH05>课堂案例：创建横构图画幅"文件夹中的"练习.max"文件，如图5-68所示。

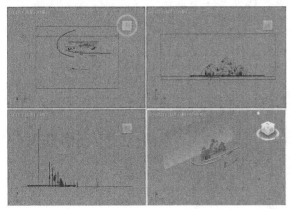

图5-68

02 使用"VRay物理摄影机"工具 VR-物理摄影机 在场景中创建一台摄影机，效果如图5-69所示。

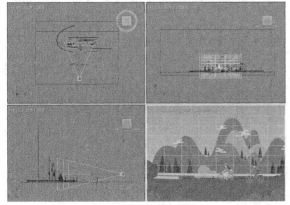

图5-69

03 选中摄影机，设置"焦距（毫米）"为36，然后调整摄影机的位置，效果如图5-70所示。

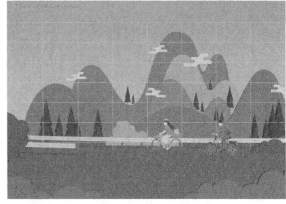

图5-70

📝 **技巧与提示**

"焦距"的数值越小，镜头所能包含的元素就越多。如果数值设置过小，会造成镜头边缘的畸变。

04 按F10键打开"渲染设置"窗口，设置"宽度"为1280，"高度"为720，如图5-71所示。

图5-71

05 返回摄影机视口，按快捷键Shift+F，就可以观察到视口中出现渲染安全框，如图5-72所示。

图5-72

06 渲染安全框遮挡了下方的模型，将摄影机向后移动一点并平移，效果如图5-73所示。

图5-73

07 选中摄影机，设置"胶片速度（ISO）"为1000，然后按F9键渲染场景，如图5-74和图5-75所示。

图5-74

图5-75

5.3.2 竖构图

竖构图也叫纵向构图，适用于表现高度较高或者纵深较大的空间，如别墅中庭、会议室、走廊等。竖构图不仅有利于展示垂直高大的事物特征，还能够表现人们向上的运动向往，与人类向上开拓的能力和意志有关。

竖构图一方面可以表现树木、建筑、高塔等高大垂直的物体，另一方面，在画面的上下方安排一些构成对角线的物体，就会给人带来高亢、上升的感受，如图5-76所示。

图5-76

📖 课堂案例

创建竖构图画幅

案例文件	案例文件>CH05>课堂案例：创建竖构图画幅
视频名称	课堂案例：创建竖构图画幅.mp4
学习目标	学习竖构图的创建方法

本案例需要创建一台摄影机，并调整画幅为竖构图，效果如图5-77所示。

图5-77

01 打开本书学习资源"案例文件>CH05>课堂案例：创建竖构图画幅"文件夹中的"练习.max"文件，如图5-78所示。

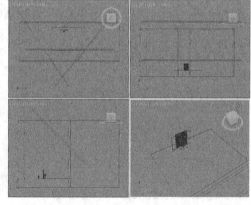

图5-78

02 使用"VRay物理摄影机"工具 VR—物理摄影机 在场景中创建一台摄影机，如图5-79所示。

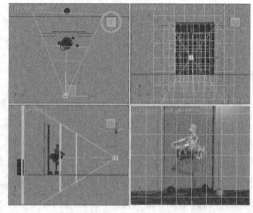

图5-79

03 按F10键打开"渲染设置"窗口,设置"宽度"为600,"高度"为800,如图5-80所示。

图5-80

04 在摄影机视口中按快捷键Shift+F添加渲染安全框,效果如图5-81所示。

图5-81

05 观察画面,顶部和地面留出的部分过多,将摄影机向前推一段距离,突出主体模型,效果如图5-82所示。

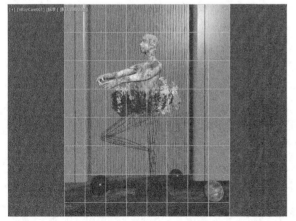

图5-82

06 选中摄影机,设置"胶片速度(ISO)"为1000,然后按F9键渲染场景,如图5-83和图5-84所示。

图5-83　　　　　　　　图5-84

5.3.3 近焦构图

近焦构图是指画面的焦点在近处的主体对象上,超出目标前后一定范围的对象都会被虚化,如图5-85所示。近焦构图适合特写类镜头,着重表现焦点物体。制作近焦构图的场景时一定要开启景深,且摄影机的目标点要放在近处的物体上,这样远处的物体才能在渲染时显示出模糊的景深效果。

图5-85

5.3.4 远焦构图

远焦构图与近焦构图相反,是指画面的焦点在远处的主体对象上,近处的对象会被虚化,如图5-86所示。远焦构图让场景看起来更加宽阔,让画面更有纵深感。制作远焦构图的场景时,摄影机距离目标物体的距离较远,且必须开启景深。

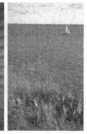

图5-86

5.3.5 其他构图方式

除了以上4种常见的构图方式，还有一些其他构图方式。

1.全景构图

将场景的内容360°展示在画面中。全景构图便于后期制作三维的VR视觉世界，如图5-87所示。

图5-87

2.黄金分割构图

在画面中画两条间距相等的竖线，将画面纵向分割成3部分，再画两条横线将画面横向分成间距相等的3部分，这4条线为黄金分割线，4个交点就是黄金分割点。将视觉中心或主体放在黄金分割线上或附近，特别是放在黄金分割点上，会得到很好的构图效果，如图5-88所示。

3.三角构图

画面主体放在三角形中或画面主体本身形成三角形态势的构图。三角构图能够使画面产生稳定感，如图5-89所示。

图5-88　　　　　　　图5-89

4.S形构图

物体以S形从前景向中景和后景延伸，画面给人纵深方向的视觉感受，一般以河流、道路、铁轨等事物最为常见，如图5-90所示。

图5-90

5.4 摄影机的特殊镜头效果

摄影机除了简单地拍摄画面外，还可以产生一些特殊的镜头效果，带给画面不一样的感觉。

本节内容介绍

名称	作用	重要程度
画面的景深效果	远离目标点的对象呈现模糊效果	高
灯光的散景效果	灯光在景深位置呈现的特殊效果	中
物体的运动模糊效果	摄影机拍摄运动的物体，画面会出现模糊	高

5.4.1 画面的景深效果

演示视频 059- 画面的景深效果

景深是指用摄影机拍摄某景物时，可保持该景物前后的其他景物成像清晰的范围。摄像机镜头聚焦完成后，焦点前后的一定范围内会呈现清晰的图像，这一前一后的距离范围便叫作景深。

光圈、焦距、摄影机的距离是影响景深的重要因素。光圈越大，景深越浅；光圈越小，景深越深。镜头焦距越长，景深越浅；反之，景深越深。物体离摄影机的距离越近，景深越浅；物体离摄影机的距离越远，景深越深，如图5-91所示。在3ds Max中，不同的摄影机设置景深的方法也不同。

图5-91

1.目标摄影机

目标摄影机需要在"渲染设置"窗口的"摄影机"卷展栏中勾选"景深"选项，如图5-92所示。其下方的"光圈"选项控制景深效果的强弱，数值越大，景深效果越强。勾选"从摄影机获得焦点距离"选项，目标摄影机的目标点所在的位置将作为镜头的焦点，所渲染的对象是最清晰的。不勾选该选项，焦点的位置则由下方"焦点距离"的数值决定。

图5-92

2.物理摄影机

物理摄影机需要在"物理摄影机"卷展栏中勾选"启用景深"选项，如图5-93所示。镜头景深的强弱由"光圈"的数值决定，数值越小，景深效果越强，画面也越亮。镜头焦点的位置默认为目标点的位置。

3.VRay物理摄影机

VRay物理摄影机与物理摄影机的操作类似，也需要在"修改"面板中勾选"景深"选项，如图5-94所示。

图5-93

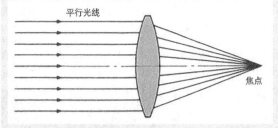

图5-94

知识点：景深形成的原理

景深形成的原理有两点。

第1点：焦点。与光轴平行的光线射入凸透镜时，理想的镜头应该是所有的光线聚集在一点后，再以锥状的形式扩散开，这个聚集所有光线的点就称为"焦点"，如图5-95所示。

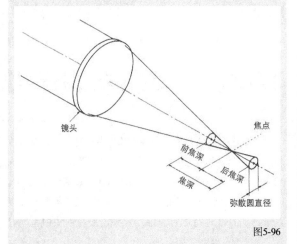

平行光线

焦点

图5-95

第2点：弥散圆。在焦点前后，光线开始聚集和扩散，点的影像会变得模糊，从而形成一个扩大的圆，这个圆就称为"弥散圆"，如图5-96所示。

镜头

焦点

前焦深

后焦深

焦深

弥散圆直径

图5-96

每张照片都有主体和背景之分，景深和光圈、焦距、摄影机的距离之间存在着以下3种关系。

第1种：光圈数值越大，景深越浅；光圈数值越小，景深越深。

第2种：镜头焦距越长，景深越浅；镜头焦距越短，景深越深。

第3种：摄影机的距离越远，景深越深；摄影机的距离越近，景深越浅。

课堂案例

用VRay物理摄影机制作景深效果

案例文件	案例文件>CH05>用VRay物理摄影机制作景深效果
视频名称	用VRay物理摄影机制作景深效果.mp4
学习目标	学习用VRay物理摄影机制作景深效果的方法

本案例需要为场景添加一台VRay物理摄影机，并制作景深效果，如图5-97所示。

图5-97

01 打开本书学习资源"案例文件>CH05>用VRay物理摄影机制作景深效果"文件夹中的"练习.max"文件，如图5-98所示。

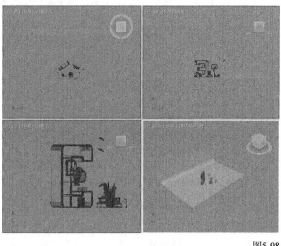

图5-98

02 使用"VRay物理摄影机"工具 [VR-物理摄影机]，在顶视图中创建一台摄影机，如图5-99所示。

03 切换到左视图，调整摄影机的高度，如图5-100所示。

 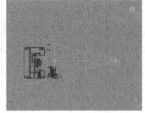

图5-99　　　　　　　　　　　　　　　　图5-100

04 按C键切换到摄影机视口，继续调整摄影机的位置，如图5-101所示。

图5-101

05 在顶视图中调整摄影机的目标点，让其落在笔筒模型上，这样笔筒模型会成为画面的焦点，如图5-102所示。

图5-102

06 在"光圈"卷展栏中设置"胶片速度（ISO）"为800，然后设置按F9键渲染场景效果，如图5-103所示。图5-104所示为没有添加景深前的效果。

图5-103　　　　　　　　　　　　　　　图5-104

07 选中摄影机，在"景深和运动模糊"卷展栏中勾选"景深"选项，如图5-105所示。按F9键渲染场景，可以观察到场景中几乎不存在景深效果，如图5-106所示。

图5-105　　　　　　　　　　　　　　　图5-106

08 在"光圈"卷展栏中设置"光圈数"为0.5，"胶片速度（ISO）"为3，如图5-107所示。

09 按F9键渲染场景，可以明显地观察到远处的模型出现模糊的效果，只有近处的物体仍然保持清晰，如图5-108所示。

图5-107　　　　　　　　　　　　　　　图5-108

5.4.2　灯光的散景效果

▶ 演示视频 060- 灯光的散景效果

　　散景效果是指在景深较浅的摄影成像中，落在景深以外的画面会逐渐产生松散模糊的效果。散景效果会因为光圈孔形状的不同，而产生不同的效果，如图5-109所示。散景效果是在景深效果的基础上呈现的，因此需要按照设置景深的方法进行设置。散景效果需要在镜头中呈现灯光，且灯光需要在焦距以外。

图5-109

5.4.3 物体的运动模糊效果

▶ 演示视频 061- 物体的运动模糊效果

摄影机拍摄高速运动的物体时，画面会出现模糊，这种现象被称为运动模糊，如图5-110所示。运动模糊与物体运动的速度和摄影机的快门有关。我们想拍出运动物体的静止状态，就需要将快门速度设置得比物体运动的速度快得多，这样就能拍出图中奔跑的小鹿呈清晰状态而周围呈模糊状态的效果。我们想要表现运动的物体产生的模糊效果，就要将快门速度设置得比物体运动的速度慢一些，这样就能拍出图中奔跑的小女孩所呈现的模糊效果。

图5-110

▣ 课堂案例

用VRay物理摄影机制作运动模糊效果

案例文件	案例文件>CH05>课堂案例：用VRay物理摄影机制作运动模糊效果
视频名称	课堂案例：用VRay物理摄影机制作运动模糊效果.mp4
学习目标	学习用VRay物理摄影机制作运动模糊效果的方法

本案例为一个已经制作好动画的场景创建摄影机，渲染出带有运动模糊效果的图片，效果如图5-111所示。

图5-111

01 打开本书学习资源"案例文件>CH05>课堂案例：用VRay物理摄影机制作运动模糊效果"文件夹中的"练习.max"文件，如图5-112所示。

02 使用"VRay物理摄影机"工具  在场景中创建一台摄影机，如图5-113所示。

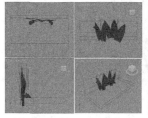
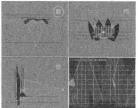

图5-112　　　　　　　图5-113

03 选中摄影机，设置"胶片速度（ISO）"为800，然后按F9键渲染场景，如图5-114所示。此时画面中没有出现运动模糊的效果。

图5-114

04 在"景深和运动模糊"卷展栏中勾选"运动模糊"选项，并渲染场景，如图5-115所示。

图5-115

05 移动时间线滑块到30帧的位置，然后渲染场景，效果如图5-116所示。可以观察到画面中运动的模型出现模糊的效果。

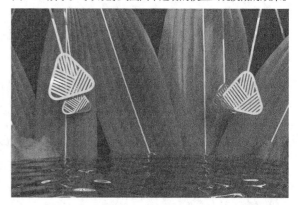

图5-116

06 将"快门速度(s^-1)"设置为50，然后渲染场景，如图5-117所示。可以观察到运动的模型模糊程度加大，且画面亮度也增加了。

图5-117

07 设置"胶片速度(ISO)"为200，然后渲染场景，如图5-118所示。

图5-118

08 在时间线上任意选择4帧进行渲染，案例最终效果如图5-119所示。

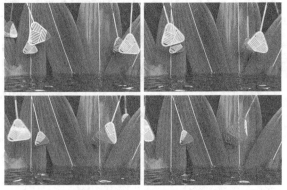

图5-119

5.5 本章小结

摄影机是渲染场景必不可少的工具。本章为读者讲解了常用的摄影机工具，以及调整画幅、构图和特殊镜头效果的方法。对于介绍的3种摄影机工具，读者只需要选择自己用得顺手的即可，每种工具各有优势，没有好坏之分。调整画面比例和构图是必须要掌握的知识点。3种摄影机镜头效果，读者只需熟悉即可，一些后期处理软件也可以达到相同的效果。

5.6 课后习题

本节安排了两个课后习题供读者练习。这两个习题将本章学习的知识进行了综合运用。如果读者在练习时有疑难问题，可以一边观看教学视频，一边学习摄影机的创建方法。

5.6.1 课后习题：为场景创建VRay物理摄影机

案例文件	案例文件>CH05>课后习题：为场景创建VRay物理摄影机
视频名称	课后习题：为场景创建VRay物理摄影机.mp4
学习目标	练习创建VRay物理摄影机的方法

本案例需要使用"VRay物理摄影机"工具 VR-物理摄影机，为场景创建一台摄影机，效果如图5-120所示。

图5-120

5.6.2 课后习题：用物理摄影机制作景深效果

案例文件	案例文件>CH05>课后习题：用物理摄影机制作景深效果
视频名称	课后习题：用物理摄影机制作景深效果.mp4
学习目标	练习用物理摄影机制作景深效果

本案例需要使用物理摄影机为场景制作景深效果，如图5-121所示。

图5-121

灯光技术

　　灯光可以为场景增加亮度和颜色，不仅能使画面产生立体感，还能带给画面不同的氛围感。本章讲解3ds Max 2022的灯光技术，除了常用的灯光工具外，还会讲解打光的要素和不同场景的打光方法。

学习目标

◇ 熟悉灯光的相关知识

◇ 掌握常用的各种灯光工具

◇ 掌握灯光的要素

◇ 掌握不同空间的布光方式

6.1 灯光的相关知识

在学习灯光工具和一些打光方法之前，首先需要了解灯光的作用，以及现实中光源的类型。

本节内容介绍

名称	作用	重要程度
灯光的作用	将场景照亮、上色、产生氛围感	中
光源的类型	区分自然光源和人工光源	中

6.1.1 灯光的作用

在3ds Max软件中不存在默认的灯光，因此创建好的场景必须添加不同形式的灯光才能通过渲染呈现图像。灯光除了照亮场景，还有以下3个作用。

第1个：灯光照亮场景的同时，会为模型投下阴影，画面也会因此产生立体感，如图6-1所示。

图6-1

第2个：不同的灯光颜色，能为场景进行基础上色。不同的灯光颜色组合能形成不同时间段的光照效果，如图6-2所示。

夜晚　　　　中午　　　　傍晚

图6-2

第3个：在同一时间段中，不同的灯光颜色能打造不同的环境氛围，如图6-3所示。

阴暗　　　　温馨　　　　清冷

图6-3

6.1.2 光源的类型

在现实生活中，光源一般分为自然光源和人工光源两大类。自然光源指太阳光、月光和天空的环境光，如图6-4所示；人工光源指各式各样的灯具、蜡烛、发光的屏幕等，如图6-5所示。

图6-4　　　　　　　　　　　　图6-5

在一个场景中，根据场景的结构需要用不同的灯光工具模拟自然光源和人工光源。例如，在窗外用"VRay灯光"工具 VR-灯光 模拟环境光，用"VRay太阳" VR-太阳 模拟日光，在灯具模型里用"VRay灯光"工具 VR-灯光 模拟发光灯泡。同一种工具可以模拟不同情况下的灯光，具体使用哪种工具，需要根据实际情况灵活选择。

6.2 3ds Max灯光

3ds Max软件自带的灯光工具能与V-Ray渲染器兼容，如图6-6所示。

图6-6

本节内容介绍

名称	作用	重要程度
目标灯光	模拟筒灯、射灯、壁灯等	高
目标聚光灯	模拟吊灯、手电筒等	中
目标平行光	模拟日光和月光	高

6.2.1 目标灯光

▶️ 演示视频 062- 目标灯光

目标灯光带有一个目标点，用于指向被照明物体，如图6-7所示。目标灯光主要用来模拟现实中的筒灯、射灯和壁灯等，其默认参数包含8个卷展栏，如图6-8所示。

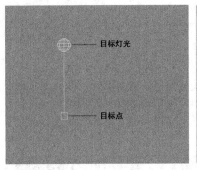

图6-7　　　　　　　图6-8

下面主要针对目标灯光的一些常用卷展栏进行讲解。

1.常规参数

展开"常规参数"卷展栏，如图6-9所示。

启用：控制是否开启灯光。

目标：勾选该选项后，目标灯光才有目标点；如果不勾选该选项，目标灯光没有目标点，将变成自由灯光，如图6-10所示。

图6-9

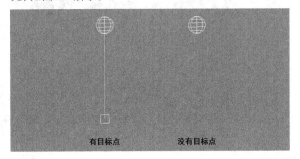

有目标点　　　　　　没有目标点

图6-10

目标灯光的目标点并不是固定不可调节的，可以对它进行移动、旋转等操作。

"阴影"选项组中的"启用"：控制是否开启灯光的阴影效果。

使用全局设置：如果勾选该选项，该灯光投射的阴影将影响整个场景的阴影效果；如果取消勾选该选项，则必须通过选择渲染器来决定使用哪种方式生成特定的灯光阴影。

阴影类型列表：设置渲染器渲染场景时使用的阴影类型，包括"高级光线跟踪""区域阴影""阴影贴图""光线跟踪阴影""VRay阴影"5种类型，如图6-11所示。

图6-11

排除 ：将选定的对象排除于灯光效果之外。单击该按钮可以打开"排除/包含"对话框，如图6-12所示。

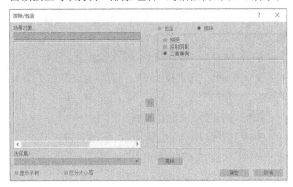

图6-12

灯光分布类型列表：设置灯光的分布类型，包含"光度学Web""聚光灯""统一漫反射""统一球形"4种类型，如图6-13所示。

图6-13

2.强度/颜色/衰减

展开"强度/颜色/衰减"卷展栏，如图6-14所示。

灯光下拉列表：挑选公用灯光，以近似灯光的光谱特征。

开尔文：通过调整色温微调器来设置灯光的颜色。

图6-14

色温可以精准地控制灯光的颜色，使其更加符合现实生活中的灯光颜色效果。下面简单列举一些日常生活中常见的灯光色温。

烛光：1000K

钨丝灯：2000K

白炽灯/暖黄光：3000K

清晨日出/暖白光：4000K

正午日光：5500K

冷白光：6000K

晴朗日光：6500K

阴天日光：7500K

蓝天：9000K

过滤颜色：使用颜色过滤器来模拟置于灯光上的过滤色效果。

lm（流明）：测量整个灯光（光通量）的输出功率。100W的通用灯泡约有1750 lm的光通量。

cd（坎德拉）：用于测量灯光的最大发光强度，通常瞄准发射。100W通用灯泡的发光强度约为139 cd。

lx（lux）：测量由灯光引起的照度，该灯光以一定距离照射在曲面上，并面向灯光的方向。

结果强度：用于显示暗淡所产生的强度。

暗淡百分比：勾选该选项后，该值会指定用于降低灯光强度的"倍增"。

使用：启用灯光的远距衰减。

显示：在视口中显示远距衰减的范围设置。

开始：设置灯光开始淡出的距离。

结束：设置灯光减为0时的距离。

3.图形/区域阴影

展开"图形/区域阴影"卷展栏，如图6-15所示。

从（图形）发射光线：选择阴影生成的图形类型，包括"点光源""线""矩形""圆形""球体""圆柱体"6种类型。

灯光图形在渲染中可见：勾选该选项后，如果灯光对象位于视野之内，那么灯光图形在渲染中会显示为自供照明（发光）的图形。

图6-15

4.阴影参数

展开"阴影参数"卷展栏，如图6-16所示。

图6-16

颜色：设置灯光阴影的颜色，默认为黑色。

密度：调整阴影的密度。

贴图：勾选该选项，可以使用贴图来作为灯光的阴影。

无贴图 无贴图 ：单击该按钮可以选择贴图作为灯光的阴影。

灯光影响阴影颜色：勾选该选项后，可以将灯光颜色与阴影颜色（如果阴影已设置贴图）混合起来。

启用：勾选该选项后，大气效果如灯光穿过它们一样投射阴影。

不透明度：调整阴影的不透明度百分比。

颜色量：调整大气颜色与阴影颜色混合的量。

🔲 课堂案例

用目标灯光制作射灯

案例文件	案例文件>CH06>课堂案例：用目标灯光制作射灯
视频名称	课堂案例：用目标灯光制作射灯.mp4
学习目标	学习目标灯光的使用方法

"目标灯光"工具 目标灯光 常用于模拟射灯、筒灯等带有方向性的灯光。本案例使用该工具模拟射灯效果，如图6-17所示。

图6-17

01▸ 打开本书学习资源"案例文件>CH06>课堂案例：用目标灯光制作射灯"文件夹中的"练习.max"文件，如图6-18所示。

图6-18

02▸ 使用"目标灯光"工具 目标灯光 在场景中拖曳，创建一个光源，位置如图6-19所示。

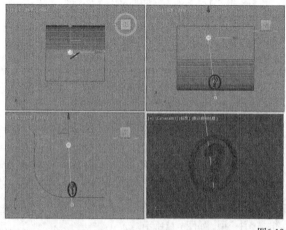

图6-19

03 选中灯光，在"修改"面板中设置"阴影"为"VRay阴影"，"灯光分布（类型）"为"光度学Web"，在"分布（光度学Web）"中添加学习资源文件夹中的18.ies文件，然后设置"过滤颜色"为白色，"强度"为50000，如图6-20所示。

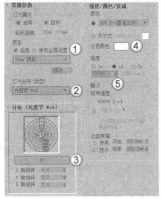

图6-20

04 在摄影机视口按F9键渲染场景，效果如图6-21所示。

图6-21

6.2.2 目标聚光灯

📹 演示视频 063- 目标聚光灯

目标聚光灯可以产生一个锥形的照射区域，区域以外的对象不会受到灯光的影响，主要用来模拟吊灯、手电筒等发出的灯光。目标聚光灯由透射点和目标点组成，其方向性非常好，对阴影的塑造能力也很强，其参数如图6-22所示。

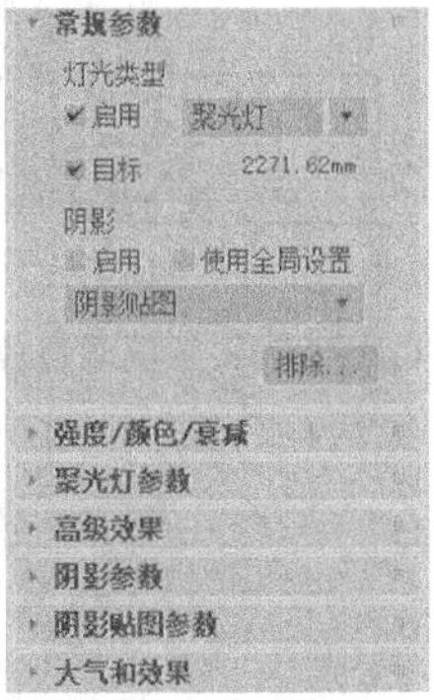

图6-22

1.常规参数

展开"常规参数"卷展栏，如图6-23所示。

图6-23

启用：控制是否开启灯光。

"阴影"选项组中的"启用"：控制是否开启灯光阴影。

使用全局设置：如果勾选该选项，该灯光投射的阴影将影响整个场景的阴影效果；如果取消勾选该选项，则必须通过选择渲染器来决定使用哪种方式生成特定的灯光阴影。

阴影类型：切换阴影的类型来得到不同的阴影效果，如图6-24所示。

排除 ：将选定的对象排除于灯光效果之外。

图6-24

2.强度/颜色/衰减

展开"强度/颜色/衰减"卷展栏，如图6-25所示。

倍增：控制灯光的强弱程度。

颜色：用来设置灯光的颜色。

类型：指定灯光的衰退方式。"无"为不衰退；"倒数"为反向衰退；"平方反比"是以平方反比的方式进行衰退。

图6-25

> 📝 **技巧与提示**
>
> 如果"平方反比"衰退方式使场景太暗，可以按大键盘上的8键打开"环境和效果"窗口，然后在"全局照明"选项组下适当增大"级别"值来提高场景亮度。

开始：设置灯光开始衰退的距离。

显示：在视口中显示灯光衰退的效果。

近距衰减：该选项组用来设置灯光近距离衰退的参数。

» 使用：启用灯光近距离衰退。

» 显示：在视口中显示近距离衰退的范围。

» 开始：设置灯光开始淡出的距离。

» 结束：设置灯光达到衰退最远处的距离。

远距衰减：该选项组用来设置灯光远距离衰退的参数。

» 使用：启用灯光的远距离衰退。

» 显示：在视口中显示远距离衰退的范围。

» 开始：设置灯光开始淡出的距离。

» 结束：设置灯光衰退为0的距离。

3.聚光灯参数

展开"聚光灯参数"卷展栏，如图6-26所示。

图6-26

显示光锥：控制是否在视图中开启聚光灯的圆锥显示效果，如图6-27所示。

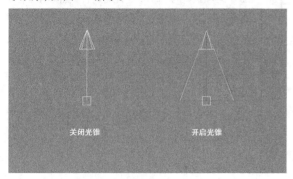

图6-27

泛光化：勾选该选项后，灯光将在各个方向投射光线。

聚光区/光束：用来调整灯光圆锥体的角度。

衰减区/区域：设置灯光衰减区的角度，图6-28所示是不同"聚光区/光束"和"衰减区/区域"的光锥对比。

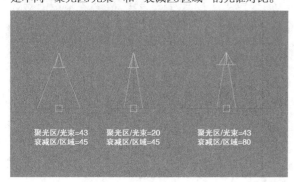

图6-28

圆/矩形：选择聚光区和衰减区的形状。

纵横比：设置矩形光束的纵横比。

位图拟合 位图拟合 ：如果灯光的投影纵横比为矩形，应设置纵横比以匹配特定的位图。

4.高级效果

展开"高级效果"卷展栏，如图6-29所示。

对比度：调整漫反射区域和环境光区域的对比度。

柔化漫反射边：增加该选项的数值可以柔化曲面的漫反射区域和环境光区域的边缘。

图6-29

漫反射：勾选该选项后，灯光将影响曲面的漫反射属性。

高光反射：勾选该选项后，灯光将影响曲面的高光属性。

仅环境光：勾选该选项后，灯光仅影响照明的环境光。

贴图：为投影加载贴图。

无 无 ：单击该按钮可以为投影加载贴图。

6.2.3 目标平行光

▶ 演示视频 064- 目标平行光

目标平行光可以产生一个照射区域，主要用来模拟自然光线的照射效果，其参数面板如图6-30所示。如果将目标平行光作为体积光来使用的话，那么可以用它模拟出激光束等效果。

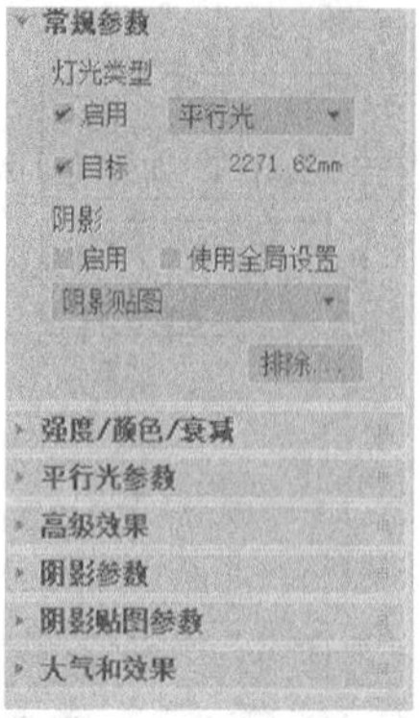

💬 **技巧与提示**

"目标平行光"与"目标聚光灯"的参数一致，这里不再赘述。

图6-30

📎 课堂案例

用目标平行光制作日光

案例文件	案例文件>CH06>课堂案例：用目标平行光制作日光
视频名称	课堂案例：用目标平行光制作日光.mp4
学习目标	学习目标平行光的使用方法

"目标平行光"工具 目标平行光 常用于模拟日光和月光等类型的自然光。本案例使用该工具模拟日光，效果如图6-31所示。

图6-31

01 打开本书学习资源"课堂案例：用目标平行光制作日光"文件夹中的"练习.max"文件，如图6-32所示。

图6-32

02 使用"目标平行光"工具 目标平行光 在视口中拖曳创建一个光源, 位置如图6-33所示。

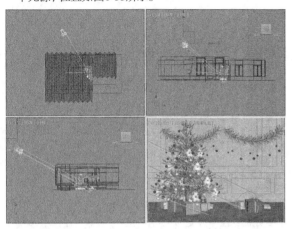

图6-33

技巧与提示

灯光的位置不是固定的, 需要根据渲染的效果灵活调整。

03 选中创建的灯光, 在"修改"面板中设置"阴影"为"VRay阴影","倍增"为3,"颜色"为浅黄色,"聚光区/光束"为686cm,"衰减区/区域"为822cm, 然后勾选"区域阴影"选项, 如图6-34所示。

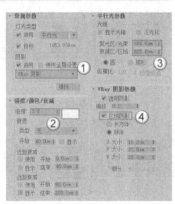

图6-34

04 在摄影机视口中按F9键渲染场景, 效果如图6-35所示。

图6-35

用目标平行光制作月光

案例文件　案例文件>CH06>课堂练习: 用目标平行光制作月光
视频名称　课堂练习: 用目标平行光制作月光.mp4
学习目标　练习目标平行光的使用方法

本案例使用"目标平行光"工具 目标平行光 模拟月光效果, 如图6-36所示。

图6-36

6.3 常见的VRay灯光

安装好V-Ray渲染器后, 在"灯光"创建面板中就可以选择VRay灯光。VRay灯光包含4种类型, 分别是"VRay灯光""VRay光域网""VRay环境灯光"和"VRay太阳", 如图6-37所示。

图6-37

本节内容介绍

名称	作用	重要程度
VRay灯光	模拟室内外环境的任何灯光	高
VRay太阳	模拟真实的室外太阳光	高

6.3.1 VRay灯光

演示视频 065-VRay 灯光

"VRay灯光"工具 VR-灯光 是日常工作中使用频率较高的一种灯光, 可以模拟多种状态的灯光效果, 其参数如图6-38所示。

图6-38

1. "常规"卷展栏

展开"常规"卷展栏,如图6-39所示。

开:控制是否开启VRay灯光。

类型:设置VRay灯光的类型,有"平面""穹顶""球体""网格""圆形"5种类型,如图6-40所示。

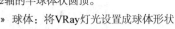

图6-39

» 平面:将VRay灯光设置成方形平面形状。

» 穹顶:将VRay灯光设置成穹顶状,类似于3ds Max的天光,光线来自位于灯光z轴的半球体状圆顶。

图6-40

» 球体:将VRay灯光设置成球体形状。

» 网格:这种灯光是一种以网格为基础的灯光。

» 圆形:将VRay灯光设置成圆形平面形状。

> 📝 **技巧与提示**
>
> "平面""穹顶""球体""网格""圆形"灯光的形状各不相同,因此它们可以运用在不同的场景中,如图6-41所示。

图6-41

目标:勾选该选项后会在灯光下方生成目标点,类似于"目标灯光"。

长度/宽度:设置平面灯光的长和宽。

半径:设置球体灯光和圆形灯光的半径。

单位:指定VRay灯光的发光单位,有"默认(图像)""光通量(lm)""发光强度(lm/m²/sr)""辐射量(W)""辐射强度(W/m²/sr)"5种。

» 默认(图像):VRay默认单位,依靠灯光的颜色和亮度来控制灯光的最终强弱,如果忽略曝光类型的因素,灯光色彩将是物体表面受光的最终色彩。

» 光通量(lm):当选择这个单位时,灯光的亮度将和灯光的大小无关(100W的亮度大约等于1500lm)。

» 发光强度(lm/m²/sr):当选择这个单位时,灯光的亮度和它的大小有关系。

» 辐射量(W):当选择这个单位时,灯光的亮度和灯光的大小无关。注意,这里的W(瓦特)和物理上的W(瓦特)不一样,例如这里的100W大约等于物理上的2~3W。

» 辐射强度(W/m²/sr):当选择这个单位时,灯光的亮度和它的大小有关系。

倍增:设置灯光的强度。

模式:设置VRay灯光的颜色模式,有"颜色"和"色温"两种。

颜色:指定灯光的颜色。

温度:通过色温数值控制颜色。

2. "矩形/圆形灯光"卷展栏

展开"矩形/圆形灯光"卷展栏,其参数如图6-42所示。需要注意的是,只有"平面"和"圆形"两种模式的灯光才会生成该卷展栏。

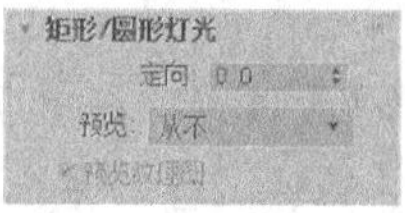

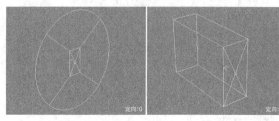

图6-42

定向:控制灯光的照射范围。当设置"定向"为0时,灯光是180°照射效果;当设置"定向"为1时,灯光以本身大小进行照射,如图6-43所示。

图6-43

预览:控制是否显示定向效果,可以在下拉列表中选择状态,如图6-44所示。

图6-44

3. "选项"卷展栏

展开"选项"卷展栏,如图6-45所示。

排除：单击此按钮,可以设置不接受灯光照射的对象。

双面:用来控制是否让灯光的双面都产生照明效果(当灯光类型设置为"平面"和"圆形"时有效,其他灯光类型无效),对比效果如图6-46所示。

图6-45

图6-46

不可见：这个选项用来控制最终渲染时是否显示VRay灯光的形状，对比效果如图6-47所示。

图6-47

影响漫反射：该选项决定灯光是否影响物体材质属性的漫反射，如图6-48所示。

图6-48

影响高光：该选项决定灯光是否影响物体材质属性的高光，如图6-49所示。

图6-49

影响反射：该选项决定灯光是否影响物体材质显示反射效果，如图6-50所示。

图6-50

> 📝 **技巧与提示**
>
> 在V-Ray5.0以后的版本中已经取消了"细分"这个参数。如果读者使用较早的V-Ray版本，则会出现该参数，该参数用来控制灯光的细腻程度，可以减少画面的噪点。

📖 **课堂案例**

用VRay灯光制作场景灯光

案例文件　案例文件>CH06>课堂案例：用VRay灯光制作场景灯光
视频名称　课堂案例：用VRay灯光制作场景灯光.mp4
学习目标　学习VRay灯光的使用方法

"VRay灯光"工具 [VR—灯光] 非常灵活，可以模拟绝大多数灯光效果。本案例使用该工具模拟室外的环境光，效果如图6-51所示。

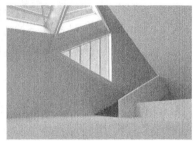

图6-51

01 打开本书学习资源"案例文件>CH06>课堂案例：用VRay灯光制作场景灯光"文件夹中的"练习.max"文件，如图6-52所示。

图6-52

02 使用"VRay灯光"工具 [VR—灯光] 在窗外创建一个平面VRay灯光，位置如图6-53所示。

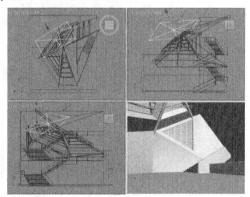

图6-53

> 📝 **技巧与提示**
>
> 创建的灯光一定要将灯光上的箭头标记朝向窗户内部，这样才能得到正确的光照效果。

03 选中创建的灯光，在"修改"面板中设置"长度"为883.026cm，"宽度"为1409.63cm，"倍增"为5，"颜色"为白色，并勾选"不可见"选项，如图6-54所示。

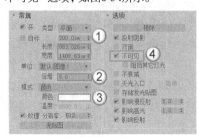

图6-54

技巧与提示

灯光的"长度"和"宽度"数值不用太精确，只要灯片的大小与窗户差不多大即可。

04 在摄影机视口中按F9键渲染场景，效果如图6-55所示。

图6-55

05 将灯光复制到其他窗户外部，并根据窗户的大小灵活调整"长度"和"宽度"的数值，如图6-56所示。

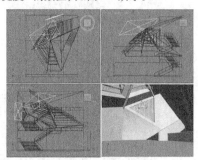

图6-56

06 在摄影机视口按F9键渲染场景，案例最终效果如图6-57所示。

图6-57

课堂练习

用VRay灯光制作环境光

案例文件　案例文件>CH06>课堂练习：用VRay灯光制作环境光

视频名称　课堂练习：用VRay灯光制作环境光.mp4

学习目标　练习VRay灯光的使用方法

本案例使用"VRay灯光"工具 VR-灯光 创建两个球体灯光作为环境光，如图6-58所示。

图6-58

6.3.2 VRay太阳

▶ 演示视频 066-VRay 太阳

"VRay太阳"工具 VR-太阳 主要用来模拟真实的室外太阳光。VRay太阳的参数比较简单，包含4个卷展栏，如图6-59所示。

图6-59

启用：阳光开关。

强度倍增：控制阳光的强弱，如图6-60所示。

强度倍增：0.03

强度倍增：0.1

图6-60

大小倍增：控制阳光范围的大小，阳光范围越大，投影的边缘会越模糊，如图6-61所示。

大小倍增：1　　大小倍增：5

图6-61

过滤颜色：设置阳光的颜色。默认的颜色会根据阳光与地面的不同角度而产生变化，如图6-62所示。

与地面夹角小　　与地面夹角大

图6-62

天空模型：提供了5种天空效果，每种天空模型渲染的画面颜色会有些差异，如图6-63和图6-64所示。

图6-63

完善型　　Preetham et al.

CIE晴天　　CIE阴天

Hosek et al.

图6-64

📝 **技巧与提示**

选择"CIE晴天"和"CIE阴天"两种天空模型时，会激活"间接水平照明"参数，该参数用于控制画面的亮度。

浊度：决定了加载的"VRay天空"环境贴图的冷暖。数值越小，阳光颜色越冷，如图6-65所示。

浊度：5　　浊度：2.5

图6-65

臭氧：控制空气中臭氧的含量，当阳光角度不变时，"臭氧"数值越小，阳光颜色越偏黄，如图6-66所示。

臭氧：1　　臭氧：0.35

图6-66

📝 **技巧与提示**

当选择"完善型"天空模型时，无法使用"浊度"和"臭氧"两个参数，其余天空模型则可以设置这两个参数。

排除 ▢▢▢▢ 排除 ：单击此按钮，在弹出的对话框中选择不需要被VRay太阳照射的对象。

📖 **课堂案例**

用VRay太阳制作阳光

案例文件	案例文件>CH06>课堂案例：用VRay太阳制作阳光
视频名称	课堂案例：用VRay太阳制作阳光.mp4
学习目标	学习"VRay太阳"的使用方法

本案例需要创建一台摄影机，并调整画幅为竖构图，效果如图6-67所示。

图6-67

① 打开本书学习资源"案例文件>CH06>课堂案例：用VRay太阳制作阳光"文件夹中的"练习.max"文件，如图6-68所示。

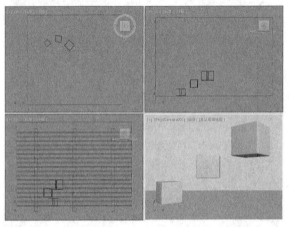

图6-68

② 使用"VRay太阳"工具 VR-太阳 在场景左侧创建一个光源，位置如图6-69所示。

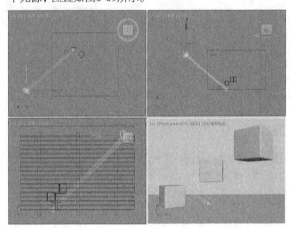

图6-69

> 📄 **技巧与提示**
>
> 在创建灯光后，会弹出图6-70所示的对话框，单击"是"按钮，就可以添加"VRay天空"贴图作为环境光。

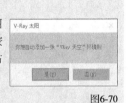

图6-70

③ 选中创建的灯光，在"修改"面板中设置"强度倍增"为0.03，"大小倍增"为5，如图6-71所示。

图6-71

④ 在摄影机视口中按F9键进行渲染，效果如图6-72所示。

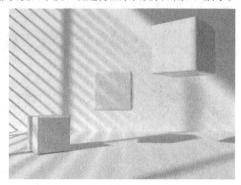

图6-72

6.4 灯光的要素

单纯用灯光工具将场景点亮，还不能得到一个很好的效果。需要配合灯光的氛围、层次和阴影的虚实这些要素，才能进一步提升画面的观赏性。

本节内容介绍

名称	作用	重要程度
灯光的氛围	模拟不同氛围下的灯光效果	高
灯光的层次	增加画面的空间感	高
阴影的虚实	增加画面的立体感	高

6.4.1 灯光的氛围

▶️ 演示视频 067- 灯光的氛围

"6.1.1 灯光的作用"中提到了灯光可以产生不同的氛围。常见的氛围有清冷、温馨和阴暗这3种。

1.清冷的氛围

清冷的灯光氛围多出现在清晨时段，不论是环境光还是主光的颜色都偏白，如图6-73所示。浅青色的环境光是场景的主光源，烘托整个场景清冷的气氛，浅黄色的人工光源颜色偏淡且强度不高，更加适合该场景。

图6-73

2.温馨的氛围

暖色的灯光能带给人温馨的感受，因此要表现温馨的灯光氛围就要以暖色光源作为场景的主光源。温馨的灯光氛围既可以表现白天，也可以表现晚上。

在白天场景中，使用"VRay太阳"工具 [VR-太阳] 模拟太阳光，同时加载配套的"VRay天空"环境贴图，效果如图6-74所示。场景中的主光源为偏暖色的灯光时，场景呈现温馨的灯光氛围。当环境光的亮度增加后，场景空间的通透感会增加，灯光氛围会更加温馨。需要注意的是，环境光的亮度不要高于太阳光的亮度。

图6-74

如果是表现夜晚的场景，环境光的颜色应偏冷、偏暗，大多数情况使用深蓝色，室内的人工光源需要选用亮度较高且偏暖的灯光，如图6-75所示。

图6-75

3.阴暗氛围

阴暗的灯光氛围常出现在CG场景中，偏灰的蓝色或绿色是场景的主色调，白色或其他浅色点缀在画面中。场景的环境光为亮度不高的白色或偏灰的青色，整个场景给人一种压抑、阴郁的感觉，符合阴暗的灯光氛围。虽然阴暗氛围与清冷氛围的场景中都使用了青色，但偏灰的青色与纯青色相比饱和度低、亮度也低，会产生压抑的感觉。

如果要在场景中增加人工光源，灯光的亮度不宜过高，且使用面积不能太大。无论使用浅色还是深色的暖色灯光，都能起到点缀画面的作用，如图6-76所示。

图6-76

课堂案例

用灯光工具制作温馨氛围的餐厅

案例文件	案例文件>CH06>课堂案例：用灯光工具制作温馨氛围的餐厅
视频名称	课堂案例：用灯光工具制作温馨氛围的餐厅.mp4
学习目标	学习温馨氛围灯光的创建方法

本案例是为一个餐厅场景创建温馨的灯光氛围，需要用到"VRay太阳" [VR-太阳] 和"VRay灯光" [VR-灯光] 两个工具，如图6-77所示。

图6-77

01 打开本书学习资源"案例文件>CH06>课堂案例：用灯光工具制作温馨氛围的餐厅"文件夹中的"练习.max"文件，如图6-78所示。

图6-78

02 使用"VRay太阳"工具 VR-太阳 ，在左侧的窗外创建一个光源，位置如图6-79所示。

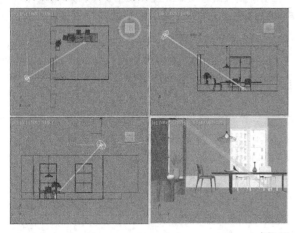

图6-79

创建"VRay太阳" VR-太阳 后，会在视口中弹出图6-80所示的对话框，单击"是"按钮。

图6-80

03 选中灯光，设置"强度倍增"为0.2，"大小倍增"为5，"天空模型"为"完善型"，如图6-81所示。

图6-81

04 按C键切换到摄影机视口，按F9键渲染，效果如图6-82所示。在渲染的画面中，阳光的强度合适，但房间内部的亮度仍然有些不足。

图6-82

05 使用"VRay灯光"工具 VR-灯光 在左侧的窗外创建一个平面光源，位置如图6-83所示。

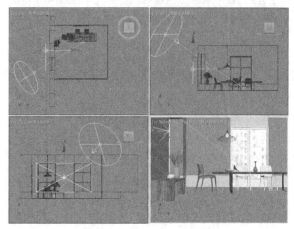

图6-83

06 选中上一步创建的灯光，在"修改"面板中设置"倍增"为10，"颜色"为白色，并勾选"不可见"选项，如图6-84所示。

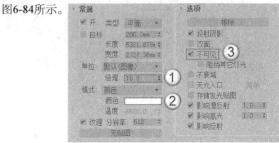

图6-84

07 切换到摄影机视口对场景进行渲染，案例最终效果如图6-85所示。

图6-85

🖿 课堂练习

用灯光工具制作清冷氛围的卧室

案例文件	案例文件>CH06>课堂案例：用灯光工具制作清冷氛围的卧室
视频名称	课堂案例：用灯光工具制作清冷氛围的卧室.mp4
学习目标	学习清冷氛围灯光的创建方法

本案例使用"VRay灯光"工具 VR-灯光 制作清冷氛围的卧室场景，效果如图6-86所示。

图6-86

6.4.2 灯光的层次

▶ 演示视频 068- 灯光的层次

层次感是灯光表现中很重要的一项。好的层次感不仅可以让画面更加立体，还可以用很少的灯光完成不错的效果。要掌握灯光的层次感，我们就一定要明确场景中灯光的主次区分。

1.亮度层次

使灯光亮度不同是区分画面层次的最直接办法，通过亮度的衰减，就能打造画面的立体感，如图6-87所示。该图左侧的亮度明显高于右侧，形成从左到右的灯光衰减，从而使得整个画面产生空间感和立体感。

图6-87

图6-88所示则是只有"VRay天空"灯光的画面效果，可以观察到画面中各区域灯光强度一致，没有亮度的区分，因此整个画面的立体感就差了很多。

图6-88

2.冷暖对比

冷暖对比是通过灯光的颜色对画面进行区分。常见的冷暖对比灯光的颜色是蓝色系和黄色系，将其中一种颜色的灯光作为主光源，另一种颜色的灯光作为辅助光源。冷暖对比多数使用橙色和蓝色，也有使用黄色和青色的，当然其他明显的对比色如青色和洋红色、红色和绿色也可以作为场景的灯光色，如图6-89所示。

图6-89

6.4.3 阴影的虚实

▶ 演示视频 069- 阴影的虚实

画面有了氛围和层次感，就需要关注阴影的细节部分。阴影的虚实能增加画面的细节，让画面显得更加真实。

实阴影是由面积小的光源产生的，光源面积越小，所产生的阴影边缘越清晰。实阴影可以增加物体的立体感，让画面看起来更加真实，如图6-90所示。使用"目标灯光"工具 目标灯光 、"VRay太阳"工具 VR-太阳 或是小面积的"VRay灯光"工具 VR-灯光 都能形成实阴影。

图6-90

与实阴影相对的是虚阴影,它是由面积大的光源产生的,光源面积越大,所产生的阴影边缘越模糊。虚阴影可以增加画面的细节,与实阴影形成对比,如图6-91所示。使用大面积的"VRay灯光"工具 VR-灯光 、"VRay天空"贴图或是"VRay位图"贴图都能形成虚阴影。

图6-91

6.5 不同空间的布光方式

本节就为读者讲解常见空间类型的布光方式,将前面学习的理论知识加以综合应用。

本节内容介绍

名称	作用	重要程度
产品展示布光	适用于产品展示类场景	高
开放空间布光	适用于室外场景	高
半封闭空间布光	适用于带门窗的室内场景	高
封闭空间布光	适用于全封闭的室内场景	高

6.5.1 产品展示布光

产品布光的场景较为简单,主体为场景中的产品,需要着重对其进行表现,而背景部分一般较为简单,有些场景只有纯色的背景,在布光上就需要依靠灯光来凸显产品的质感特性。

对于产品展示类的场景,可以用"主光+补光+环境光"的方式进行打光。这类场景主体是场景中的产品,因此需要用主光突出产品模型,用补光消除死角,用环境光均匀照亮整个场景。图6-92所示的场景中,左侧的主光确定光影的方向,环境光则整体照亮场景。

图6-92

📋 **技巧与提示**

根据场景的情况添加一到两个补光,也可以不添加。补光的亮度一定不能超过主光。

6.5.2 开放空间布光

开放空间多为室外场景。室外场景的布光最为简单,以环境光源为主,人工光源为辅。图6-93所示的场景则完全由环境光源照亮整个场景,没有添加任何人工光源。

图6-93

6.5.3 半封闭空间布光

半封闭空间多为室内场景。虽然不同空间类型的布光方法不同，但大致可以按照"从外到内，从大到小"的方式进行打光。先确定室外的光源，再确定室内的光源，而光源之间则先确定亮度最高的，再补上亮度低的。图6-94所示的室内空间在布光时，先确定室外为蓝色的环境光，再确定室内为暖黄色的人工光源。而室内的人工光源则先确定顶部的筒灯为最亮的光源，台灯为较弱的补光。

图6-94

6.5.4 封闭空间布光

在没有门窗的室内场景中，无法依靠自然光源照亮场景，只能依靠人工光源照亮场景。在为这一类场景布光时，一定要注意灯光的亮度层次、颜色深浅对比、冷暖对比，否则整个画面看起来会糊在一起。图6-95所示的放映厅最亮的部分是荧幕，顶部的筒灯局部提亮，墙边的灯带补充空间内的亮度，让空间的结构更加明确。

图6-95

📖 课堂案例

用灯光工具制作室外场景灯光

案例文件	案例文件>CH06>课堂案例：用灯光工具制作室外场景灯光
视频名称	课堂案例：用灯光工具制作室外场景灯光.mp4
学习目标	学习开放空间灯光的创建方法

本案例为一个简单的室外小场景添加灯光，只需要用到"VRay太阳"工具 VR-太阳 即可，如图6-96所示。

图6-96

01 打开本书学习资源"案例文件>CH06>课堂案例：用灯光工具制作室外场景灯光"文件夹中的"练习.max"文件，如图6-97所示。

图6-97

02 使用"VRay太阳"工具 VR-太阳 在场景右侧创建一个光源，位置如图6-98所示。创建灯光的同时，需要添加"VRay天空"贴图。

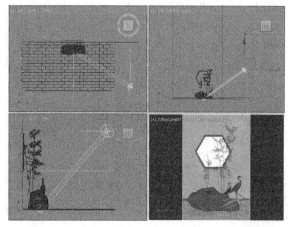

图6-98

03 选中创建的灯光，设置"强度倍增"为0.05，"大小倍增"为8，"天空模型"为Hosek et al.，如图6-99所示。

图6-99

04 按C键切换到摄影机视口，并按F9键渲染场景，案例最终效果如图6-100所示。

图6-100

课堂案例

用灯光工具制作室内场景灯光

案例文件	案例文件>CH06>课堂案例：用灯光工具制作室内场景灯光
视频名称	课堂案例：用灯光工具制作室内场景灯光.mp4
学习目标	学习封闭空间灯光的创建方法

本案例需要为封闭的影音室场景创建灯光，只能借助室内的电气产生人工光源，需要用到"VRay灯光"工具 VR-灯光 ，效果如图6-101所示。

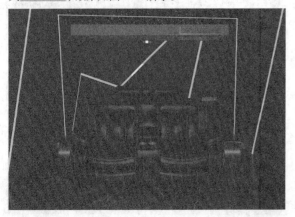

图6-101

01 打开本书学习资源"案例文件>CH06>课堂案例：用灯光工具制作室内场景灯光"文件夹中的"练习.max"文件，如图6-102所示。

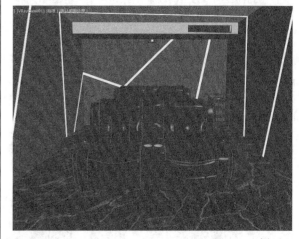

图6-102

02 使用"VRay灯光"工具 VR-灯光 在摄影机的前方创建一个平面光源，模拟荧幕发出的光，位置如图6-103所示。

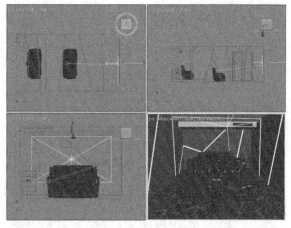

图6-103

03 选中创建的灯光，在"修改"面板中设置"倍增"为50，然后在"纹理"通道中加载学习资源文件夹中的ce8bf82ad51a7bf97767fe9dff7185bd.jpeg文件，并勾选"不可见"选项，如图6-104所示。

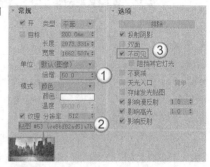

图6-104

04 在摄影机视口中渲染场景，效果如图6-105所示。荧幕的光照亮了场景，但还缺少一些细节。

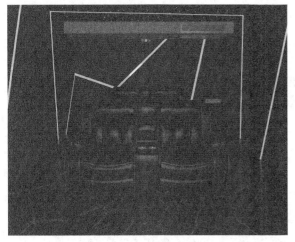

图6-105

墙壁上蓝色的光带是运用材质达到的自发光效果，会在下一章中详细讲解。

05 使用"VRay灯光"工具 在楼梯的下方创建一个平面光源模拟灯带，位置如图6-106所示。

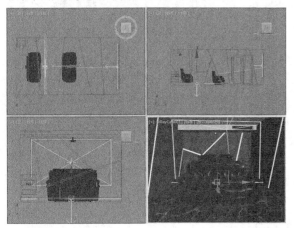

图6-106

06 选中上一步创建的灯光，在"修改"面板中设置"倍增"为30，"颜色"为浅蓝色，勾选"不可见"选项，如图6-107所示。

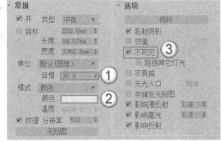

图6-107

07 在摄影机视口中渲染场景，效果如图6-108所示。

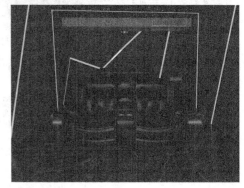

图6-108

08 使用"VRay灯光"工具 在投影仪前方创建一个小尺寸的平面灯光，位置如图6-109所示。这个灯光模拟投影仪发出的灯光。

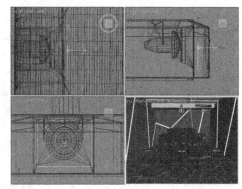

图6-109

09 选中创建的灯光，设置"倍增"为100，"颜色"为白色，如图6-110所示。

图6-110

10 在摄影机视口中渲染场景，案例最终效果如图6-111所示。

图6-111

129

6.6 本章小结

灯光是渲染中必不可少的一环，本章所讲的灯光工具，读者需要完全掌握。灯光的3个要素和4种布光方式较为深奥，读者要熟悉其中的含义，通过大量的练习领悟其中的意义，才能灵活地运用到实际学习和工作中。

6.7 课后习题

本节安排了两个课后习题供读者练习。这两个习题将本章学习的知识进行了综合运用。如果读者在练习时有疑难问题，可以一边观看教学视频，一边学习灯光的创建方法。

6.7.1 课后习题：用灯光工具创建抽象空间灯光

实例文件	案例文件>CH06>课后习题：用灯光工具创建抽象空间灯光
视频名称	课后习题：用灯光工具创建抽象空间灯光.mp4
学习目标	练习常用灯光工具的使用方法

本案例使用"VRay灯光"工具 VR-灯光 ，为场景创建4个平面灯光模拟环境光，效果如图6-112所示。

图6-112

6.7.2 课后习题：用灯光工具制作展示灯光

实例文件	案例文件>CH06>课后习题：用灯光工具制作展示灯光
视频名称	课后习题：用灯光工具制作展示灯光.mp4
学习目标	练习常用灯光工具的使用方法

本案例使用"VRay灯光"工具 VR-灯光 ，为场景创建3个平面灯光模拟产品布光，效果如图6-113所示。

图6-113

第 **7** 章

材质和贴图技术

材质和贴图用来表现场景模型的颜色和特性。当素模添加了材质后，就能表现出颜色、质感、凹凸纹理和透明等效果，从而真实地模拟出现实世界中相应对象的材质。

学习目标

◇ 掌握材质编辑器的使用方法
◇ 掌握常用材质的使用方法
◇ 掌握常用贴图的使用方法
◇ 掌握贴图修改器的使用方法

7.1 材质编辑器

▶ 演示视频 070- 材质编辑器

"材质编辑器"窗口非常重要,因为所有的材质操作都在这里完成。打开"材质编辑器"窗口的方法主要有以下两种。

第1种:选择"渲染>材质编辑器>精简材质编辑器"菜单命令或"渲染>材质编辑器>Slate材质编辑器"菜单命令,如图7-1所示。

图7-1

第2种:直接按M键打开"材质编辑器"窗口,这是最常用的方法。

"材质编辑器"窗口分为4大部分,最顶端为菜单栏,充满材质球的窗口为示例窗,示例窗右侧和下部的两排按钮为工具栏,其余的是参数控制区,如图7-2所示。

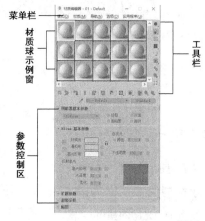

图7-2

本节内容介绍

名称	作用	重要程度
材质编辑器的模式	了解两种材质编辑器	高
材质球示例窗	显示材质效果	高
重置材质球	刷新材质球	高
保存材质	保存设置的材质参数	中
导入材质	导入设置的材质参数	中
将材质赋予对象	将材质赋予模型并显示	高

7.1.1 材质编辑器的模式

在3ds Max软件有两种材质编辑器,即"精简材质编辑器"和"Slate材质编辑器"。

精简材质编辑器:这是一种简化了的材质编辑界面,它使用的对话框比"Slate材质编辑器"小,在3ds Max 2011版本之前它是唯一的材质编辑器,如图7-3所示。

Slate材质编辑器:这是一种节点材质编辑界面,在设计和编辑材质时使用节点和关联以图形方式显示材质的结构,如图7-4所示。

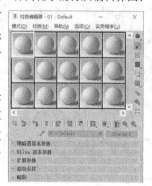

图7-3

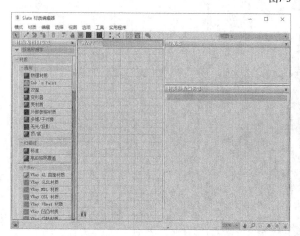

图7-4

> 📑 **技巧与提示**
>
> "Slate材质编辑器"在制作复杂的材质时十分方便,但复杂的界面会让初学者很难上手。

第1次打开3ds Max时,系统会默认使用"Slate材质编辑器",要切换为"精简编辑器",就需要选择"模式>精简材质编辑器"菜单命令,切换到"精简材质编辑器"的界面,如图7-5所示。

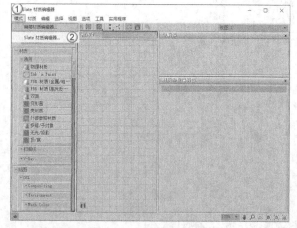

图7-5

7.1.2 材质球示例窗

材质球示例窗主要用来显示材质效果，通过它可以很直观地观察出材质的基本属性，如反光、纹理和凹凸等，如图7-6所示。

图7-6

双击材质球会弹出一个独立的材质球显示窗口，可以将该窗口放大或缩小来观察当前设置的材质效果，如图7-7所示。

图7-7

技巧与提示

在默认情况下，材质球示例窗按照5×3的形式显示15个材质球。使用鼠标左键可以将一个材质球拖曳到另一个材质球上，这样当前材质就会覆盖掉原有的材质，如图7-8所示。

图7-8

使用鼠标左键可以将材质球中的材质拖曳到场景中的物体上（即将材质指定给对象），如图7-9所示。将材质指定给物体后，材质球上会显示4个缺角的符号，如图7-10所示。

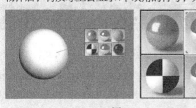

图7-9

图7-10

7.1.3 重置材质球

当编辑器窗口中的材质球全部用完时，用默认的材质类型替换"材质编辑器"窗口中的所有材质。

选择"实用程序>重置材质编辑器窗口"菜单命令，就可以将窗口中的材质球重置为默认材质球，如图7-11和图7-12所示。如果要修改原来的材质，只需要使用"从对象拾取材质"工具 ✏️ 从模型上吸取该材质即可。

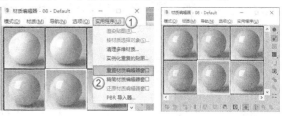

图7-11   图7-12

7.1.4 保存材质

设置好的材质球可以保存成单独的文件，方便以后随时调取使用。选中需要保存的材质球，然后单击下方的"放入库"按钮 🔲，此时系统会弹出"放置到库"对话框，如图7-13和图7-14所示。在对话框中可以对保存的材质球进行命名，然后单击"确定"按钮 确定 进行保存。

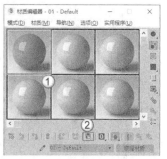

图7-13

图7-14

7.1.5 导入材质

当调用之前保存的材质时，我们需要将其导入"材质编辑器"窗口中。选中一个空白材质球，然后单击下方的"获取材质"按钮 🔲，如图7-15所示。

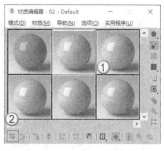

图7-15

此时系统会弹出"材质/贴图浏览器"对话框，然后在下方的"临时库"中会找到之前保存的材质，如图7-16所示。双击该材质，就可以将其导入材质球示例窗中。

图7-16

如果是导入外部的材质文件，就在"材质/贴图浏览器"对话框中单击左上角的三角形按钮，在弹出的下拉列表中选择"打开材质库"选项，如图7-17所示。

图7-17

此时系统会弹出"导入材质库"对话框，在对话框中选择.mat格式的材质文件，然后单击下方的"打开"按钮 即可将其导入材质球示例窗中，如图7-18所示。

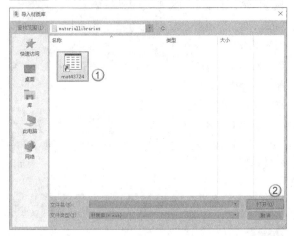

图7-18

7.1.6 将材质赋予对象

设置好的材质球需要赋予相应的对象，赋予的方法有两种。

第1种：在视口中选中需要赋予材质的对象，然后在"材质编辑器"窗口中选中相对应的材质球，接着单击"将材质指定给选定对象"按钮 ，如图7-19所示。

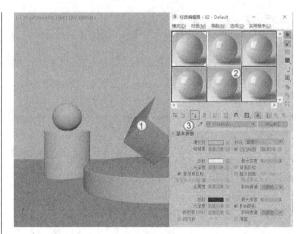

图7-19

第2种：选中材质球，然后按住鼠标左键不放，拖曳到需要赋予材质的对象上，再松开鼠标，如图7-20所示。

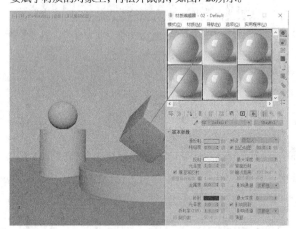

图7-20

若要在对象上显示材质中加载的贴图，单击"在视口中显示明暗处理材质"按钮 即可，如图7-21所示。

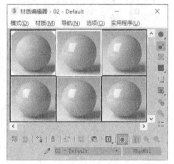

图7-21

7.2 常用VRay材质

安装好V-Ray渲染器后，就可以切换到VRay类型的材质。在实际的工作中，3ds Max自带的材质类型基本很少用到，基本都运用VRay材质。从2021版本起，"物理材质"取代了"Standard（标准）"材质，成为默认材质，因此本书也就不再讲解3ds Max自带的材质了。单击"物理材质"按钮 物理材质 ，在弹出的"材质/贴图浏览器"对话框中可以观察到不同的材质类型，如图7-22所示。

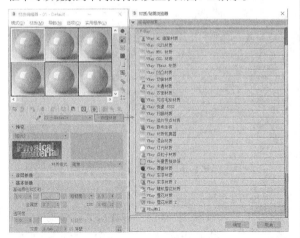

图7-22

本节内容介绍

名称	作用	重要程度
VRayMtl材质	几乎可以模拟任何真实材质类型	高
VRay灯光材质	模拟自发光效果	高
VRay混合材质	可以让多个材质以层的方式混合来模拟物理世界中的复杂材质	高
VRay覆盖材质	方便用户为材质指定额外的反射、折射等属性	中

7.2.1 VRayMtl材质

▶▶ 演示视频 071-VRayMtl 材质

VRayMtl材质是使用频率较高的材质之一，其使用范围也比较广泛，基本可以模拟日常生活中见到的各种材质。VRayMtl材质除了能完成一些反射和折射效果外，还能出色地表现出SSS（次表面散射）及BRDF（双向反射分布函数）等效果，如图7-23所示。

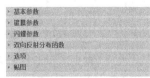

图7-23

1.基本参数

展开"基本参数"卷展栏，如图7-24所示。

图7-24

漫反射：物体的漫反射决定物体的表面颜色。单击它的色块，可以调整自身的颜色，如图7-25所示。单击右边的 ■ 按钮可以选择不同的贴图类型。

图7-25

粗糙度：数值越大，粗糙效果越明显，可以用该选项来模拟绒布的效果。

预设：在下拉列表中可以快速选择设置好参数的材质，从而降低制作难度，如图7-26所示。

凹凸贴图：勾选后可以设置凹凸贴图的强度，单击右侧的 ■ 按钮可以添加凹凸贴图。

反射：依靠灰度控制材质表面的反射强弱，颜色越白反射越强，越黑反射越弱，如图7-27所示。而这里选择的颜色则是反射出来的颜色，和反射的强度是分开来计算的。单击旁边的 ■ 按钮，可以使用贴图的灰度来控制反射的强弱。

图7-26

图7-27

（反射的）光泽度：控制材质表面的光滑程度，数值越小，表面越粗糙，如图7-28所示。

图7-28

菲涅耳反射：勾选该选项后，反射强度会与光的入射角度有关，入射角度越小，反射越强烈。当垂直入射的时候，反射强度最弱。同时，菲涅耳反射的效果也和下面的"菲涅耳折射率"有关。当"菲涅耳折射率"为0或100时，将产生完全反射；而当"菲涅耳折射率"从1变化到0

时，反射将越来越强烈；同样，当菲涅耳折射率从1变化到100时，反射也将越来越强烈。

> **技巧与提示**
>
> "菲涅耳反射"是模拟的真实世界中的一种反射现象，反射的强度与摄影机的视点和具有反射功能的物体的角度有关。角度值接近0时，反射最强；当光线垂直于表面时，反射最弱，这也是物理世界中的现象。

菲涅耳折射率：在"菲涅耳反射"中，菲涅耳现象的强弱衰减率可以用该选项来调节，如图7-29所示。

图7-29

金属度：控制材质的金属质感。当数值为0时没有金属感，当数值为1时呈现金属感，如图7-30所示。

图7-30

（反射的）最大深度：反射的次数，数值越高效果越真实，但渲染时间也更长。

> **技巧与提示**
>
> 渲染室内的玻璃或金属物体时，反射次数需要设置多一些；渲染地面和墙面时，反射次数可以设置少一些，这样可以提高渲染速度。

背面反射：当材质为透明类型时，勾选该选项可以形成更为真实的反射效果。

折射：和反射的原理类似，颜色越白，物体越透明，进入物体内部产生折射的光线也就越多；颜色越黑，物体越不透明，产生折射的光线也就越少，如图7-31所示。单击右边的 按钮，可以通过贴图的灰度来控制折射的强弱。

图7-31

（折射的）光泽度：用来控制物体的折射模糊程度。值越小，模糊程度越高；默认值1不产生折射模糊，如图7-32所示。单击右边的按钮 ，可以通过贴图的灰度来控制折射模糊的强弱。

图7-32

折射率（IOR）：设置透明物体的折射率。

> **技巧与提示**
>
> 真空的折射率是1，水的折射率是1.33，玻璃的折射率是1.5，水晶的折射率是2，钻石的折射率是2.4，这些都是制作效果图常用的折射率。

（折射的）最大深度：和反射中的最大深度原理一样，用来控制折射的最多次数。

影响阴影：这个选项用来控制透明物体产生的阴影。勾选该选项后，透明物体将产生真实的阴影。注意，这个选项仅对"VRay灯光"和"VRay阴影"有效。

半透明：设置半透明的类型，如图7-33所示。

图7-33

烟雾颜色：这个选项可以让光线通过透明物体后变少，就像物理世界中的半透明物体一样。这个颜色值和物体的尺寸有关，厚的物体颜色需要设置淡一点才有效果。

> **技巧与提示**
>
> 默认情况下的"烟雾颜色"为白色，是不起任何作用的，也就是说白色的雾对不同厚度的透明物体的效果是一样的。

深度（厘米）：可以理解为烟雾的浓度。数值越大，雾的颜色越淡。

自发光：设置材质的自发光颜色，如图7-34所示。

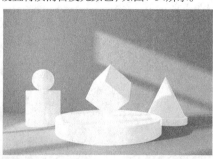

图7-34

倍增：设置自发光的强度。

2.镀膜参数

展开"镀膜参数"卷展栏，如图7-35所示。

图7-35

镀膜量：设置镀膜层的浓度，默认为0，代表没有镀膜效果。

镀膜光泽度：设置镀膜层的光泽度，如图7-36所示。

图7-36

镀膜折射率：设置镀膜层的折射率，如图7-37所示。

图7-37

镀膜颜色：设置镀膜层的颜色，如图7-38所示。

图7-38

将镀膜凹凸锁定到基础凹凸：勾选后镀膜层的凹凸纹理与基本参数中的凹凸共用。

镀膜凹凸：设置镀膜层的凹凸效果和强度。

3.闪耀参数

展开"闪耀参数"卷展栏，如图7-39所示。

图7-39

闪耀颜色：设置材质边缘区域的颜色，如图7-40所示。

闪耀光泽度：设置闪耀层的光泽度。

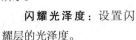

图7-40

4.双向反射分布函数

展开"双向反射分布函数"卷展栏，如图7-41所示。

图7-41

明暗器列表：包含4种明暗器类型，分别是"多面""反射""沃德""微面GTR（GGX）"，如图7-42所示。"多面"适合硬度很高的物体，高光区很小；"反射"适合大多数物体，高光区适中；"沃德"适合表面柔软或粗糙的物体，高光区最大；"微面GTR（GGX）"适合金属类材质，高光区域适中，如图7-43所示。

图7-42

图7-43

各向异性：控制高光区域的形状，可以用该参数来设置拉丝效果。

旋转：控制高光区的旋转方向。

> **技巧与提示**
>
> 关于双向反射分布函数现象，在物理世界中随处可见。我们可以看到不锈钢锅底的高光形状是由两个锥形构成的，这就是双向反射分布函数现象，如图7-44所示。这是因为不锈钢表面是一个有规律的均匀的凹槽（例如常见的拉丝不锈钢效果），当光反射到这样的表面上就会产生该现象。

图7-44

5.贴图

展开"贴图"卷展栏，如图7-45所示。

凹凸：主要用于制作物体的凹凸效果，在后面的通道中可以加载一张凹凸贴图。

置换：主要用于制作物体的置换效果，在后面的通道中可以加载一张置换贴图。

不透明度：主要用于制作透明物体，例如窗帘、灯罩等。

环境：主要是针对上面的一些贴图而设定的，例如反

图7-45

射、折射等，只是在其贴图的效果上加入了环境贴图效果。

知识点：折射通道与不透明通道的区别

"折射"通道与"不透明度"通道都能展示材质的透明效果，但两者还是有一些区别的。"折射"通道具有真实的折射属性，因为"折射率（IOR）"的关系，光线穿过模型，材质的透明效果会受到影响。图7-46所示是在"折射"通道中加载一张"棋盘格"贴图的折射效果。

图7-46

"不透明度"通道则不会保留透明部分的立体感，而是呈现镂空的效果，如图7-47所示。

图7-47

课堂案例

用VRayMtl材质制作金属Logo

案例文件	案例文件>CH07>课堂案例：用VRayMtl材质制作金属Logo
视频名称	课堂案例：用VRayMtl材质制作金属Logo.mp4
学习目标	学习VRayMtl材质的使用方法

本案例使用VRayMtl材质制作金属Logo，以及纯色背景，效果如图7-48所示。

图7-48

01 打开本书学习资源"案例文件>CH07>课堂案例：用VRayMtl材质制作金属Logo"文件夹中的"练习.max"文件，如图7-49所示。

图7-49

02 按M键打开"材质编辑器"窗口，选择一个空白的VRayMtl材质球，具体参数设置如图7-50所示。制作好的材质球效果如图7-51所示。

设置步骤

① 设置"漫反射"颜色为深黄色。

② 设置"反射"颜色为浅黄色，"光泽度"为0.8，"金属度"为1。

图7-50

图7-51

⑱ 将材质赋予购物车Logo模型，效果如图7-52所示。

图7-52

⑭ 下面制作背景材质。选择一个空白的**VRayMtl**材质球，具体参数设置如图7-53所示。制作好的材质球效果如图7-54所示。

设置步骤

① 设置"漫反射"颜色为黑色。

② 设置"反射"颜色为深灰色，"光泽度"为0.7。

图7-53   图7-54

⑮ 将材质赋予背景模型，效果如图7-55所示。

⑯ 按F9键渲染场景，效果如图7-56所示。

图7-55   图7-56

📇 **课堂练习**

用VRayMtl材质制作塑料模型

案例文件	案例文件>CH07>课堂练习：用VRayMtl材质制作塑料模型
视频名称	课堂练习：用VRayMtl材质制作塑料模型.mp4
学习目标	练习VRayMtl材质的使用方法

本案例使用**VRayMtl**材质制作塑料模型，效果如图7-57所示。

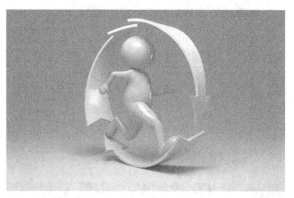

图7-57

7.2.2 VRay灯光材质

▶ 演示视频 072-VRay 灯光材质

"VRay灯光材质"主要用来模拟自发光效果。当设置渲染器为V-Ray渲染器后，在"材质/贴图浏览器"对话框中可以找到"VRay灯光材质"，其参数如图7-58所示。

图7-58

颜色：设置对象自发光的颜色，后面的输入框用于设置自发光的"强度"，如图7-59所示。

图7-59

不透明度：用贴图来指定发光体的透明度，如图7-60所示。

图7-60

背面发光: 勾选该选项,可以使材质光源双面发光。

📋 课堂案例

用VRay灯光材质制作霓虹线条

案例文件	案例文件>CH07>课堂案例:用VRay灯光材质制作霓虹线条
视频名称	课堂案例:用VRay灯光材质制作霓虹线条.mp4
学习目标	学习VRay灯光材质的使用方法

"VRay灯光材质"可以视为一种发光工具,不仅能自发光,还能对周围的物体产生照亮的效果,如图7-61所示。

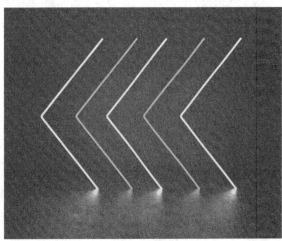

图7-61

① 打开本书学习资源"案例文件>CH07>课堂案例:用VRay灯光材质制作霓虹线条"文件夹中的"练习.max"文件,如图7-62所示。

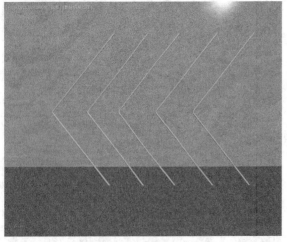

图7-62

② 按M键打开"材质编辑器"窗口,选中一个默认的VRayMtl材质,然后打开"材质/贴图浏览器"对话框,选择"VRay灯光材质"选项并双击,将材质替换为"VRay灯光材质",如图7-63所示。

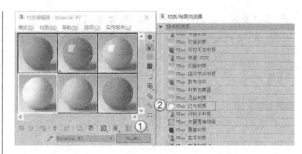

图7-63

③ 在"参数"卷展栏中设置"颜色"为青色,"强度"为10,勾选"补偿摄影机曝光"和"开"两个选项,如图7-64所示。材质球效果如图7-65所示。

图7-64   图7-65

④ 选中一个默认的VRayMtl材质转换为"VRay灯光材质",设置"颜色"为洋红,"强度"为10,勾选"补偿摄影机曝光"和"开"两个选项,如图7-66所示。材质球效果如图7-67所示。

图7-66   图7-67

📝 技巧与提示

　　洋红色的材质与青色的材质只是颜色有区别,其余参数相同。在制作这类相似的材质时,可以将已经设置好的材质复制到空白材质球上,修改材质的名称后再修改不一样的参数,从而生成一个新的材质,提高制作效率。

⑤ 将两个材质轮流间隔赋予模型,效果如图7-68所示。

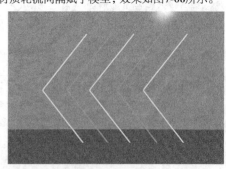

图7-68

06 按F9键渲染场景，效果如图7-69所示。

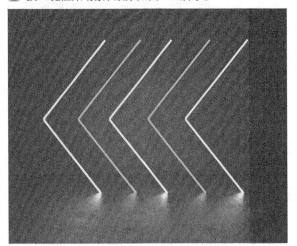

图7-69

7.2.3 VRay混合材质

演示视频 073-VRay 混合材质

"VRay混合材质"可以让多个材质以层的方式混合来模拟物理世界中的复杂材质，其参数如图7-70所示。

基本材质：可以理解为最基层的材质。通常在创建"VRay混合材质"的时候会提示是"丢弃旧材质"还是"将旧材质保存为子材质"，如图7-71所示。若保存，则该处材质为原材质；若丢弃，该处就为"无"。

图7-70

图7-71

镀膜材质：表面材质，可以理解为基本材质上面的材质。

混合数量：这个混合数量是表示"镀膜材质"混合多少到"基本材质"上面，如果颜色用白色，那么这个"镀膜材质"将全部混合上去，而下面的"基本材质"将不起作用；如果颜色用黑色，那么这个"镀膜材质"自身就没什么效果。混合数量也可以由后面的贴图通道来代替。

相加（虫漆）模式：勾选这个选项，"VRay混合材质"将和3ds Max里的"虫漆"材质效果类似，一般情况下不勾选它。

用VRay混合材质制作磨损金属

案例文件 案例文件>CH07>课堂案例：用VRay混合材质制作磨损金属
视频名称 课堂案例：用VRay混合材质制作磨损金属.mp4
学习目标 学习VRay混合材质的使用方法

"VRay混合材质"可以将多种材质混合在一个材质球上，形成较为复杂的材质效果，如图7-72所示。

图7-72

01 打开本书学习资源"案例文件>CH07>课堂案例：用VRay混合材质制作磨损金属"文件夹中的"练习.max"文件，如图7-73所示。

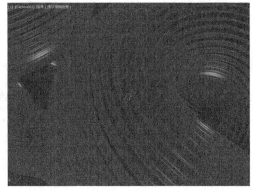

图7-73

02 按M键打开"材质编辑器"窗口，选择一个空白的VRayMtl材质球，具体参数设置如图7-74所示。制作好的材质球效果如图7-75所示。

设置步骤

① 设置"漫反射"颜色为黑色。

② 设置"反射"颜色为灰色，"光泽度"为0.7。

图7-74

图7-75

03 单击VRayMtl按钮 VRayMtl ，在弹出的"材质/贴图浏览器"对话框中选择"VRay混合材质"选项，如图7-76所示。

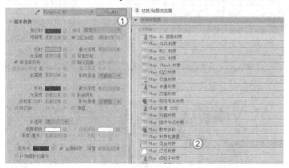

图7-76

04 双击"VRay混合材质"选项后，弹出"替换材质"对话框，保持选择默认的"将旧材质保存为子材质"选项不变，单击"确定"按钮 确定 ，如图7-77所示。

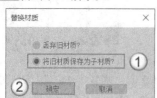

图7-77

05 在"VRay混合材质"面板中单击"镀膜材质1"的通道，在弹出的对话框中选择VRayMtl选项，如图7-78所示，就可以将VRayMtl材质链接到"镀膜材质1"通道中。

图7-78

06 在"镀膜材质1"中调整VRayMtl材质的参数，如图7-79所示。制作好的材质球效果如图7-80所示。

设置步骤

① 设置"漫反射"颜色为深黄色。

② 设置"反射"颜色为黄色，"光泽度"为0.9。

③ 设置"金属度"为1。

图7-79

图7-80

07 单击"转到父对象"按钮 返回"VRay混合材质"面板，然后将资源文件夹中的226841.jpg文件链接到"混合数量1"通道中，如图7-81所示。材质球效果如图7-82所示。

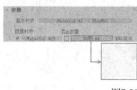

图7-81

图7-82

技巧与提示

"混合数量"通道会识别贴图的黑白信息，按照"黑透白不透"的原则显示对应的材质。

08 进入"镀膜材质1"通道中，在"凹凸贴图"通道中加载学习资源文件夹中的226841.jpg文件，设置凹凸量为5，如图7-83所示。材质球效果如图7-84所示。

图7-83

图7-84

09 将材质赋予模型，效果如图7-85所示。

10 按F9键渲染场景，案例最终效果如图7-86所示。

图7-85

图7-86

7.2.4 VRay覆盖材质

▶️ 演示视频 074-VRay 覆盖材质

"VRay覆盖材质"可以方便用户为材质指定额外的反射、折射等属性。"VRay覆盖材质"主要包括5种材质：基本材质、全局照明（GI）材质、反射材质、折射材质和阴影材质，其参数如图7-87所示。

图7-87

基本材质：物体的基础材质。

全局照明（GI）材质：物体的全局光材质，当使用这个参数的时候，灯光的反射将依照这个材质的灰度来控制，而不是基础材质。

反射材质：物体的反射材质，在反射里看到的物体的材质。

折射材质：物体的折射材质，在折射里看到的物体的材质。

阴影材质：物体的阴影材质，在阴影里看到的物体的材质。

7.3 常用贴图

贴图主要用于表现物体材质表面的纹理，利用贴图不用增加模型的复杂程度就可以表现对象的细节，并且可以创建反射、折射、凹凸和镂空等多种效果。通过贴图可以增强模型的质感，完善模型的造型，使三维场景更加接近真实的环境。

展开VRayMtl材质的"贴图"卷展栏，在该卷展栏下有很多贴图通道，在这些贴图通道中可以加载贴图来表现物体的相应属性，如图7-88所示。

图7-88

随意单击一个通道，在弹出的"材质/贴图浏览器"对话框中可以观察到很多贴图，主要包括"通用"贴图和V-Ray的贴图，如图7-89所示。

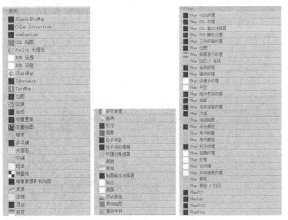

图7-89

本节内容介绍

名称	作用	重要程度
位图贴图	加载各种位图贴图	高
平铺贴图	创建类似于瓷砖的贴图	中
衰减贴图	控制材质从强烈到柔和的过渡效果	高
噪波贴图	将噪波效果添加到物体的表面	中
混合贴图	将两张贴图混合为一张贴图	高
VRay污垢贴图	增加材质的阴影	中
VRay边纹理贴图	沿着模型的布线生成线框效果	中
VRay位图	调整贴图的坐标	高

7.3.1 位图贴图

▶ 演示视频 075- 位图贴图

位图贴图是一种最基本的贴图类型，也是最常用的贴图类型。位图贴图支持很多种格式，包括AVI、BMP、GIF、JPEG、PNG、PSD和TIFF等，如图7-90所示。

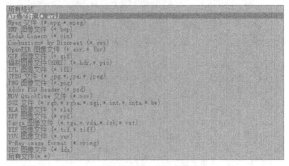

图7-90

在所有的贴图通道中都可以加载位图贴图。例如在"漫反射"贴图通道中加载一张位图贴图，如图7-91所示，然后将材质指定给一个球体模型，如图7-92所示。

图7-91

图7-92

加载位图后，系统会自动弹出位图的参数设置面板，这里的参数主要用来设置位图的"偏移"值、"瓷砖"值和"角度"值，如图7-93所示。

图7-93

在"位图参数"卷展栏下勾选"应用"选项，然后单击后面的"查看图像"按钮 查看图像 ，在弹出的窗口中可以对位图的应用区域进行调整，如图7-94所示。

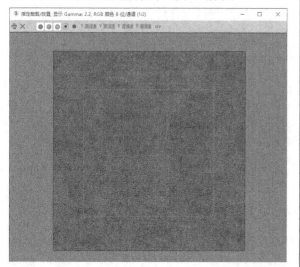

图7-94

在"坐标"卷展栏下设置"模糊"为0.01，可以在渲染时得到最精细的贴图效果；如果设置为1，则可以得到最模糊的贴图效果，如图7-95所示。

图7-95

📖 课堂案例

用位图贴图制作玩具鹿

案例文件	案例文件>CH07>课堂案例：用位图贴图制作玩具鹿
视频名称	课堂案例：用位图贴图制作玩具鹿.mp4
学习目标	学习位图贴图的使用方法

位图贴图是使用频率非常高的一类贴图。在日常使用时，从外部直接添加各类外链贴图即可，效果如图7-96所示。

图7-96

01 打开本书学习资源"案例文件>CH07>课堂案例：用位图贴图制作玩具鹿"文件夹中的"练习.max"文件，如图7-97所示。

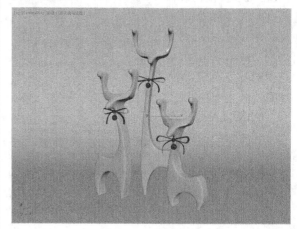

图7-97

02 打开"材质编辑器"，选中一个默认的VRayMtl材质，具体参数设置如图7-98所示。制作好的材质球效果如图7-99所示。

设置步骤

① 在"漫反射"通道中加载学习资源文件夹中的210386.jpg文件。

② 设置"反射"颜色为白色，"光泽度"为0.95。

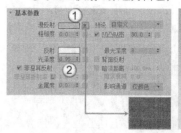

图7-98　　　　图7-99

在添加资源贴图时，只需要从资源文件夹中将贴图拖曳到"漫反射"通道上并松开鼠标，就能直接链接该贴图。

03 将上一步的材质赋予玩具鹿模型，效果如图7-100所示。

图7-100

04 选中一个默认的VRayMtl材质，具体参数设置如图7-101所示。制作好的材质球效果如图7-102所示。

设置步骤

① 设置"漫反射"颜色为深红色。

② 设置"反射"颜色为浅红色。

③ 设置"金属度"为1。

图7-101   图7-102

05 将上一步的材质赋予玩具鹿模型上的铃铛和蝴蝶结模型，如图7-103所示。

图7-103

06 在摄影机视口中按F9键渲染场景，案例最终效果如图7-104所示。

图7-104

7.3.2 平铺贴图

演示视频 076- 平铺贴图

使用平铺贴图可以创建类似于瓷砖的贴图，通常在有很多建筑砖块图案时使用，其参数如图7-105所示。

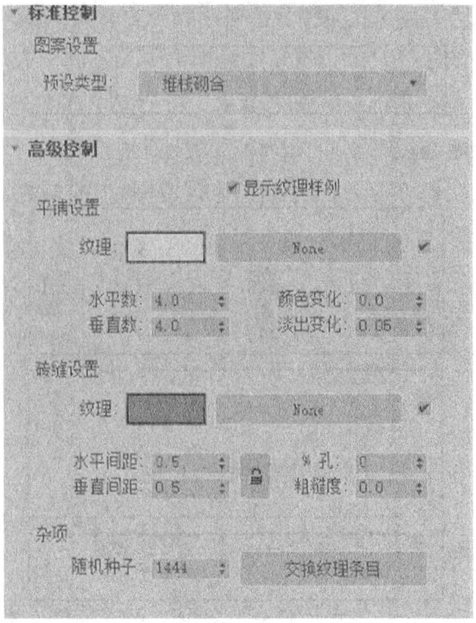

图7-105

预设类型：设置平铺的不同模式，如图7-106所示。

图7-106

（平铺设置的）**纹理**：设置平铺面的颜色或加载贴图。

水平数/垂直数：设置平铺的水平与垂直数量。

颜色变化：设置平铺面在颜色上的随机性。

（砖缝设置的）**纹理**：设置砖缝的颜色或加载贴图。

水平间距/垂直间距：设置砖缝的宽度。

7.3.3 衰减贴图

▶ 演示视频 077- 衰减贴图

衰减贴图可以用来控制材质从强烈到柔和的过渡效果，使用频率比较高，如图7-107所示。

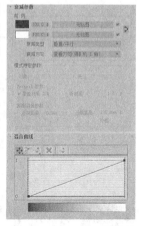

图7-107

衰减类型：设置衰减的方式，共有以下5种。

» 垂直/平行：在与衰减方向相垂直的面法线和与衰减方向相平行的法线之间设置角度衰减范围。

» 朝向/背离：在面向衰减方向的面法线和背离衰减方向的法线之间设置角度衰减范围。

» Fresnel：基于IOR（折射率）在面向视图的曲面上产生暗淡反射，而在有角的面上产生较明亮的反射。

» 阴影/灯光：基于落在对象上的灯光，在两个子纹理之间进行调节。

» 距离混合：基于"近端距离"值和"远端距离"值，在两个子纹理之间进行调节。

衰减方向：设置衰减的方向。

混合曲线：设置曲线的形状，可以精确地控制由任何衰减类型所产生的渐变。

◼ 知识点：菲涅耳反射的原理

菲涅耳反射是指反射强度与视线之间的关系。当视线垂直于表面时，反射较弱；而当视线不垂直于表面时，两者夹角越小，反射越明显，如图7-108所示。

图7-108

视线与物体表面的夹角越小，物体反射就越模糊；视线与物体表面的夹角越大，物体反射越清晰，如图7-109所示。

图7-109

🔲 课堂案例

用衰减贴图制作绒布

案例文件　案例文件>CH07>课堂案例：用衰减贴图制作绒布
视频名称　课堂案例：用衰减贴图制作绒布.mp4
学习目标　学习衰减贴图的使用方法

衰减贴图常用于模拟带衰减或渐变的效果。本案例的绒布材质就是通过衰减贴图模拟颜色的过渡效果，如图7-110所示。

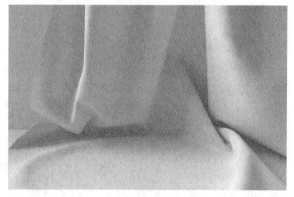

图7-110

01 打开本书学习资源"案例文件>CH07>课堂案例：用衰减贴图制作绒布"文件夹中的"练习.max"文件，如图7-111所示。

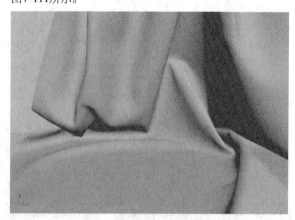

图7-111

02 打开"材质编辑器"窗口，选中一个VRayMtl材质球，单击"漫反射"后的通道按钮 ■，在弹出的"材质/贴图浏览器"对话框中选择"衰减"选项，如图7-112所示。

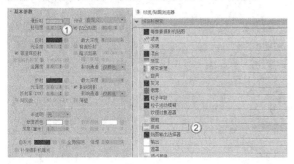

图7-112

03 在"衰减参数"卷展栏中设置"前"颜色为深黄色，"侧"颜色为浅黄色，"衰减类型"为"垂直/平行"，如图7-113所示。

图7-113

04 返回"VRayMtl材质"面板，具体参数设置如图7-114所示。制作好的材质球效果如图7-115所示。

设置步骤

① 设置"反射"颜色为浅灰色，"光泽度"为0.6。

② 在"凹凸贴图"通道中加载学习资源中的213906.jpg文件，设置凹凸量为60。

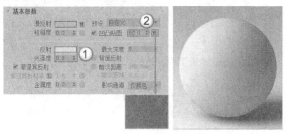

图7-114   图7-115

05 将材质赋予场景中的模型，效果如图7-116所示。

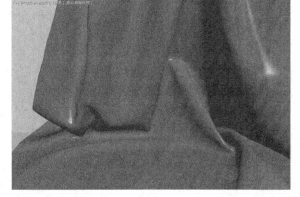

图7-116

06 按F9键渲染场景，最终效果如图7-117所示。

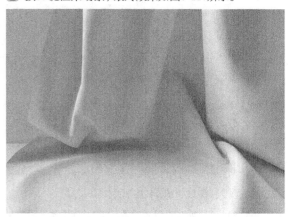

图7-117

7.3.4 噪波贴图

▶ 演示视频 078- 噪波贴图

使用噪波贴图可以将噪波效果添加到物体的表面，以突出物体的质感。噪波贴图通过应用分形噪波函数来扰动像素的UV贴图，从而表现出非常复杂的物体材质，其参数如图7-118所示。

图7-118

噪波类型：共有3种类型，分别是"规则""分形""湍流"。

» 规则：生成普通噪波，如图7-119所示。

» 分形：使用分形算法生成噪波，如图7-120所示。

图7-119   图7-120

» 湍流：生成应用绝对值函数来制作故障线条的分形噪波，如图7-121所示。

大小：以3ds Max为单位设置噪波函数的比例。

噪波阈值：控制噪波的效果，取值范围为0~1。

图7-121

147

级别：决定有多少分形能量用于分形和湍流噪波函数。

相位：控制噪波函数的动画速度。

交换 交换 ：交换两个颜色或贴图的位置。

颜色#1/#2：可以从两个主要噪波颜色中进行选择，将通过所选的两种颜色来生成中间颜色值。

7.3.5 混合贴图

▶ 演示视频 079- 混合贴图

混合贴图是将两种颜色或贴图进行混合，从而形成一张新的贴图，其参数如图7-122所示。

颜色#1/#2：通过颜色或贴图进行混合。

混合量：通过数值或灰度贴图控制"颜色#1"和"颜色#2"两个通道的混合量。

图7-122

7.3.6 VRay污垢贴图

▶ 演示视频 080-VRay 污垢贴图

VRay污垢贴图常用于渲染AO通道，以增强暗角效果，其参数如图7-123所示。

半径：阴影部分的宽度。

阻光颜色：阴影部分的颜色。

非阻光颜色：类似于漫反射的颜色，代表模型的颜色。

图7-123

7.3.7 VRay边纹理贴图

▶ 演示视频 081-VRay 边纹理贴图

VRay边纹理贴图用于生成线框和面的复合效果，常用于渲染线框效果图，其参数如图7-124所示。

图7-124

颜色：设置边框的颜色，如图7-125所示。

图7-125

隐藏边：勾选后会显示三角形的线框，如图7-126所示。

图7-126

世界宽度/像素宽度：控制线框宽度的两种方式。

7.3.8 VRay位图

▶ 演示视频 082-VRay 位图

VRay位图在旧版本的V-Ray渲染器中叫作VRayHDRI，用来加载.hdr格式的贴图，具体参数如图7-127所示。

图7-127

位图：加载.hdr贴图的通道。

重新加载 <u>重新加载</u>：单击此按钮后，会将已经加载的贴图重新加载一次，适合对贴图进行二次处理后使用。

查看图像 <u>查看图像</u>：单击此按钮后，可以在弹出的窗口中查看加载贴图的效果。

定位 <u>定位</u>：单击此按钮后，可以打开贴图的路径文件夹。

贴图类型：选择不同的贴图呈现角度，如图7-128所示。

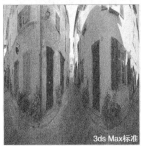

图7-128

> **技巧与提示**
>
> 有些.hdr文件本身就是球形效果，如图7-129所示。遇到这种类型的文件，需要选用"3ds Max标准"模式。

图7-129

水平旋转/垂直旋转：调整贴图的显示角度。

全局倍增：控制贴图的亮度，默认为1。

> **课堂案例**

用VRay位图制作环境光

案例文件	案例文件>CH07>课堂案例：用VRay位图制作环境光
视频名称	课堂案例：用VRay位图制作环境光.mp4
学习目标	学习VRay位图的使用方法

VRay位图可以加载.hdr格式的图片文件，这种格式的图片本身带有亮度信息，可以成为场景的环境光，并模拟真实的环境反射效果，如图7-130所示。

图7-130

① 打开本书学习资源"案例文件>CH07>课堂案例：用VRay位图制作环境光"文件夹中的"练习.max"文件，如图7-131所示。

② 按F9键渲染场景，可以观察到画面中只有自发光的球体，没有其余灯光，如图7-132所示。

图7-131　　　　　　　　　　　　图7-132

③ 按8键打开"环境和效果"窗口，如图7-133所示。

图7-133

04 单击"环境贴图"下方的通道，在弹出的"材质/贴图浏览器"对话框中选择"VRay位图"选项，如图7-134所示。

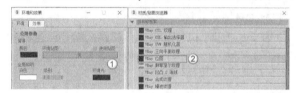

图7-134

05 按M键打开"材质编辑器"，然后将"环境贴图"通道中加载的"VRay位图"拖曳到空白材质球上，选择"实例"进行复制，如图7-135和图7-136所示。

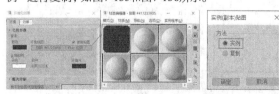

图7-135　　　　　图7-136

📝 **技巧与提示**

复制的方式一定要选择默认的"实例"，否则一旦修改"VRay位图"的参数，就无法同步到"环境和效果"窗口中。

06 选中材质球，在"位图"通道中加载学习资源文件夹中的9.hdr文件，设置"贴图类型"为"球形"，如图7-137所示。材质球效果如图7-138所示。

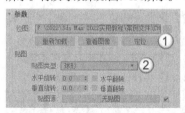

图7-137　　　　　图7-138

07 按F9键渲染场景，效果如图7-139所示。观察画面可以发现贴图的亮度不够，没有为场景提供足够的亮度。

图7-139

08 选中材质球，将"全局倍增"和"渲染倍增"都设置为3，如图7-140所示。

09 按F9键渲染场景，最终效果如图7-141所示。

图7-140　　　　　图7-141

7.4　贴图坐标修改器

将带贴图的材质赋予模型，有时需要通过贴图坐标修改器才能显示正确的贴图效果。在3ds Max中，常用的两种贴图坐标修改器是"UVW贴图"修改器和"UVW展开"修改器。

本节内容介绍

名称	作用	重要程度
UVW贴图修改器	通过不同的投影方式修改贴图坐标	高
UVW展开修改器	通过展开模型的UVW修改贴图坐标	中

7.4.1　UVW贴图修改器

▶️ 演示视频 083-UVW 贴图修改器

"UVW贴图"修改器是将贴图按照预设的投射方式投射到模型的每个面上，其参数如图7-142所示。

图7-142

平面/柱形/球形/收缩包裹/长方体/面/XYZ到UVW：
系统提供的7种贴图的坐标方式，如图7-143所示。

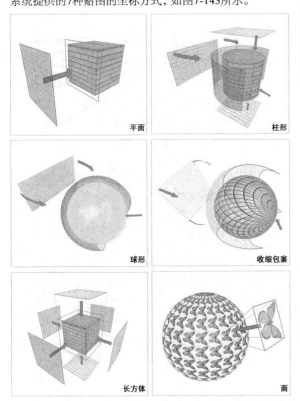

图7-143

长度/宽度/高度： 设置贴图坐标的长度、宽度和高度。

对齐： 设置贴图投射的方向。

适配 适配 ：单击此按钮，贴图会自动匹配模型。

视图对齐 视图对齐 ：单击此按钮后，无论贴图投射哪个方向，都会按照视图的方向显示。

课堂案例

用UVW贴图调整贴图坐标

案例文件	案例文件>CH07>课堂案例：用UVW贴图调整贴图坐标
视频名称	课堂案例：用UVW贴图调整贴图坐标.mp4
学习目标	学习"UVW贴图"的使用方法

为模型赋予带贴图的材质后，基本上都需要调整贴图的坐标，而"UVW贴图"是使用频率很高的一种调整贴图坐标的修改器。本案例使用该修改器调整贴图坐标，效果如图7-144所示。

图7-144

① 打开本书学习资源"案例文件>CH07>课堂案例：用UVW贴图调整贴图坐标"文件夹中的"练习.max"文件，如图7-145所示。

图7-145

② 按M键打开"材质编辑器"，选择一个VRayMtl材质，具体参数设置如图7-146所示。制作好的材质球效果如图7-147所示。

设置步骤

① 在"漫反射"通道和"凹凸贴图"通道中加载学习资源文件夹中的20160908182551_775.jpg文件。

② 设置"反射"颜色为灰色，"光泽度"为0.7。

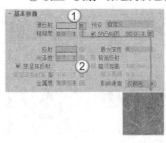

图7-146

图7-147

03 将材质赋予场景中的模型，效果如图7-148所示。可以观察到模型表面的贴图很模糊，不能显示正确的贴图样式。

图7-148

04 选中模型，切换到"修改"面板，展开修改器列表，选择"UVW贴图"选项，如图7-149所示。

图7-149

05 加载"UVW贴图"修改器后，在下方的"参数"卷展栏中设置"贴图"为"长方体"，"长度""宽度""高度"都设置为30mm，如图7-150所示。此时视口中的模型效果如图7-151所示。

图7-150

图7-151

06 按F9键渲染场景，案例最终效果如图7-152所示。

图7-152

7.4.2 UVW展开修改器

▶ 演示视频 084-UVW 展开修改器

"UVW展开"修改器用于将贴图（纹理）坐标指定给对象和子对象，并手动或通过各种工具来编辑这些坐标，还可以使用它来展开和编辑对象上已有的 UVW 坐标。对于一些复杂的模型和贴图，"UVW贴图"修改器不能很好地解决缝隙、拐角等位置的贴图走向，而"UVW展开"修改器可以很好地解决这一问题，其参数如图7-153所示。

图7-153

"UVW展开"修改器的大多数操作是在UVW编辑器中进行的。单击"打开UV编辑器"按钮 ，就可以打开"编辑UVW"窗口，如图7-154所示。在窗口中，我们可以选择UV的顶点、边或多边形，然后对其进行移动、旋转或缩放。用户可以将拆分后的UV导出为图片，然后在Photoshop中绘制贴图内容，也可以将拆分的UV与已经添加的贴图相互对应。

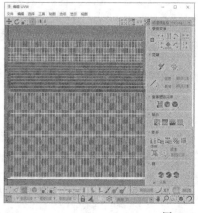

图7-154

📝 **技巧与提示**

相比7.4.1小节学习的"UVW贴图"修改器来说，"UVW展开"修改器的难度更大，操作更加灵活。

7.5 日常使用的材质类型

在前面的各个小节中，学习了制作材质的工具。本节为读者讲解如何灵活地将这些工具应用到实际案例中，制作出日常的材质类型。

本节内容介绍

名称	效果	重要程度
陶瓷材质	瓷器、陶器	高
金属材质	不锈钢、金、银、铁	高
透明材质	玻璃、钻石、水晶、聚酯、冰块	高
液体材质	水、牛奶、咖啡	高
布料材质	棉麻布、丝绸、绒布、纱	高
木头材质	清漆木、木地板、原木	高
塑料材质	高光、亚光、半透明	高

7.5.1 陶瓷材质

陶瓷类材质根据光滑程度可以大致分为两大类，一类是光滑的瓷材质，另一类是粗糙的陶器材质。家用的碗盘、花瓶、洗手盆、浴缸和马克杯等都是常见的光滑的瓷器，如图7-155所示。陶罐和紫砂壶等是常见的粗糙的陶器，它们表面粗糙，高光点不明显。

图7-155

调节陶瓷材质可以从以下3个方面进行设置。

颜色：陶瓷类材质的颜色通过"漫反射"通道进行设置。无论是设置颜色还是加载贴图，"漫反射"通道都可以控制陶瓷所要表现的颜色或花纹，如图7-156所示。

图7-156

粗糙度：陶瓷类材质的粗糙度是由"光泽度"数值决定的。光滑的高光瓷器一般设置"光泽度"为0.9及以上；半亚光的瓷器一般设置"光泽度"为0.8~0.9(不包括0.9)；粗糙的陶器一般设置"光泽度"为0.6~0.8(不包括0.8)，如图7-157所示。

图7-157

纹理：粗糙的陶器一般会添加凹凸纹理来体现粗糙的颗粒感，在"凹凸"通道中加载"噪波"贴图就可以很好地模拟这种颗粒感，如图7-158所示。

图7-158

7.5.2 金属材质

金属类材质按照颜色可以分为黑色金属和有色金属两大类。常见的不锈钢和铁都是黑色金属，金、银和铜则属于有色金属，如图7-159所示。金属类材质按照光滑度可以分为高光金属和亚光金属。

图7-159

调节金属材质可以从以下3个方面进行设置。

颜色：金属类材质的颜色由"漫反射"通道和"反射"通道共同决定。"漫反射"通道会显示金属本身的固有色，"反射"通道则显示金属反射的颜色，两者结合后才是金属所表现的颜色，如图7-160所示。

图7-160

光泽度：金属类材质可以分为高光金属和亚光金属，"光泽度"就是区分这两种金属类型的参数。高光金属一般设置"光泽度"为0.85~0.99，高光金属会清晰地反射出周围物体的轮廓；亚光金属一般设置"光泽度"为0.5~0.85，亚光金属不会清晰地反射出周围物体的轮廓，视觉上会给人更加厚重的感觉，如图7-161所示。

图7-161

纹理：拉丝金属是最常见的带有纹理的金属类材质。在"凹凸"通道和"漫反射"通道中加载拉丝金属的贴图就可以制作出拉丝金属材质效果，其他参数设置则与一般金属无异，如图7-162所示。一些镂空的金属材质则是在"凹凸"通道和"不透明度"通道中通过加载相关贴图来实现的，如图7-163所示。

图7-162 　　　　　　　图7-163

7.5.3 透明材质

玻璃、钻石、水晶和聚酯等都是常见的透明类材质，如图7-164所示。透明类材质按照光滑程度可以分为高光材质和亚光材质两大类。

图7-164

调节透明材质可以从以下4个方面进行设置。

颜色：透明类材质的颜色是由"漫反射"通道和"烟雾颜色"共同决定的。"漫反射"通道的颜色可以显示物体的固有色，"烟雾颜色"则是透明物体内部显示的颜色，两者相结合就会显示物体本身的颜色，如图7-165所示。

图7-165

粗糙度：透明类材质的粗糙度主要由"光泽度"数值进行控制。当"光泽度"数值为1时，材质为光滑的透明类材质；当"光泽度"数值小于1时，材质为磨砂的透明类材质，如图7-166所示。

图7-166

折射率（IOR）：不同类型的透明类材质都拥有特定的折射率（IOR），如聚酯为1.6、钻石为2.4等。折射率（IOR）不同，材质所产生的透明效果也会有差异，如图7-167所示。

图7-167

纹理：透明类材质的纹理与金属类材质的纹理大同小异，这里介绍一种比较特殊的花纹玻璃，如图7-168所示。这种材质是由玻璃和另一种材质混合而成，需要使用"VRay混合材质"才能实现。

图7-168

7.5.4 液体材质

液体材质与透明类材质类似，但液体材质既有透明的类型，如水，也有半透明的类型，如牛奶和咖啡等，如图7-169所示。

图7-169

调节液体材质可以从以下两个方面进行设置。

颜色：和透明材质一样，颜色也是由"漫反射"通道和"烟雾颜色"共同决定的。

折射率（IOR）：不同类型的液体的折射率也不尽相同，例如，水为1.33、牛奶为1.35。

> 📝 **技巧与提示**
> 液体材质在制作方法上与透明材质大致相同，只是在折射率（IOR）和透明度上有所差别。

7.5.5 布料材质

棉麻布、丝绸、绒布和纱都是日常生活中常见的布料类型，如图7-170所示。不同的布料材质的制作方法有所区别。

图7-170

调节布料材质可以从以下3个方面进行设置。

颜色：布料材质的颜色是由"漫反射"通道决定的，可以设置纯色或加载布纹贴图。棉麻布和纱材质直接设置颜色或加载贴图即可，丝绸和绒布材质需要加载"衰减"贴图后再设置颜色或加载贴图，如图7-171所示。

图7-171

粗糙度：除丝绸材质较为光滑外，其他布料材质都比较粗糙，反射强度低，高光范围大。丝绸材质的"光泽度"设置为0.75~0.85。其他布料材质的"光泽度"设置为0.5~0.75（不包括0.75），如图7-172所示。

图7-172

透明度：纱材质能穿透光线，常用于制作纱帘、蚊帐等。这种半透明效果是通过设置"折射"通道的颜色或加载贴图模拟的，如图7-173所示。纱帘、蚊帐等半透明布料几乎没有折射效果，"折射率（IOR）"一般设置为1.01左右。

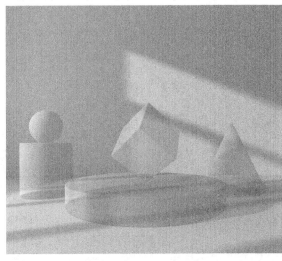

图7-173

7.5.6　木头材质

原木、清漆木和木地板等都是日常制作中常见的木头材质，如图7-174所示。

图7-174

调节木头材质可以从以下3个方面进行设置。

颜色：木头材质的颜色是通过在"漫反射"通道中加载相应的木纹贴图来呈现的，如图7-175所示。

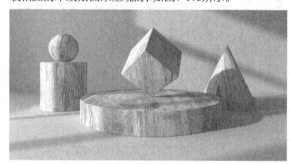

图7-175

纹理：木头材质的纹理是通过在"凹凸"通道中加载相应的贴图来呈现的，如图7-176所示。

图7-176

> 📝 **技巧与提示**
>
> "凹凸"通道只能识别贴图的黑白信息，黑色部分呈现凹陷效果，白色部分呈现凸出效果。

粗糙度：高光木纹的"光泽度"为0.85~1；半亚光木纹是使用频率较高的材质，设置"光泽度"为0.75~0.85；亚光木纹设置"光泽度"为0.6~0.85，效果如图7-177所示。亚光木纹常用于制作原木，配合"凹凸"通道的设置，其纹理效果会更好。

图7-177

7.5.7　塑料材质

塑料材质大致可以分为高光塑料、亚光塑料和半透明塑料3种类型，如图7-178所示。

图7-178

调节塑料材质可以从以下3个方面进行设置。

颜色：没有透明度的塑料材质的颜色是由"漫反射"通道的颜色决定的，有透明度的塑料材质的颜色则是由"漫反射"通道和"烟雾颜色"共同决定的，这一点和透明材质相似，如图7-179和图7-180所示。

图7-179　　　　　　　　　图7-180

粗糙度：与其他材质一样，塑料材质的粗糙度也和"光泽度"有关。高光塑料的"光泽度"设置为0.8~1；亚光塑料的"光泽度"设置为0.6~0.8，如图7-181所示。

图7-181

> 📝 **技巧与提示**
>
> 塑料材质的"菲涅耳折射率"设置为1.575~1.6，这样可以和陶瓷类材质产生区别。

透明度：塑料材质的透明度与透明材质的透明度设置方法一样，只是在"折射率（IOR）"数值上有所不同。塑料是聚酯的广泛叫法，其折射率（IOR）就是聚酯的折射率（IOR），一般设置为1.6左右。

📓 **课堂案例**

用常用材质制作几何场景

案例文件	案例文件>CH07>课堂案例：用常用材质制作几何场景
视频名称	课堂案例：用常用材质制作几何场景.mp4
学习目标	练习常用材质的制作方法

本案例需要为一个几何场景制作不同质感的塑料、金属和玻璃材质，效果如图7-182所示。

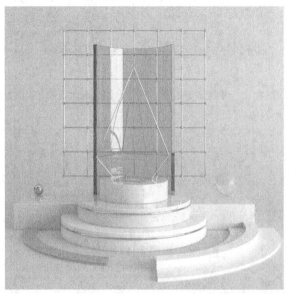

图7-182

①▶ 打开本书学习资源"案例文件>CH07>课堂案例：用常用材质制作几何场景"文件夹中的"练习.max"文件，如图7-183所示。

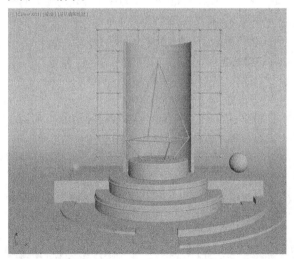

图7-183

②▶ 背景材质是一种纯色材质，没有反射和折射等属性。选中一个材质球转换为VRayMtl材质，设置"漫反射"为淡绿色，如图7-184所示。材质球效果如图7-185所示。

图7-184　　　　　　　图7-185

③▶ 将上一步设置好的材质赋予背景模型，如图7-186所示。

图7-186

④▶ 绿色塑料材质是高光塑料，表面光滑，反射强。选中一个材质球并将其转换为VRayMtl材质，具体参数设置如图7-187所示。材质球效果如图7-188所示。

设置步骤

① 设置"漫反射"颜色为绿色。

② 设置"反射"颜色为白色。

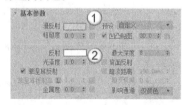

图7-187

图7-188

05 将上一步设置好的材质赋予相应的模型，效果如图7-189所示。

图7-189

06 白色塑料材质是亚光塑料，表面粗糙，反射较弱。选中一个材质球并将其转换为VRayMtl材质，具体参数设置如图7-190所示。材质球效果如图7-191所示。

设置步骤

① 设置"漫反射"颜色为浅灰色。

② 设置"反射"颜色为白色，"光泽度"为0.6。

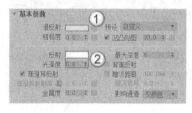 

图7-190　　　　　图7-191

📝 **技巧与提示**

纯白色的材质在受到灯光照射时容易曝光，设置材质的漫反射时，设置为接近白色的浅灰色可以避免这一情况。

07 将上一步设置好的材质赋予相应的模型，效果如图7-192所示。

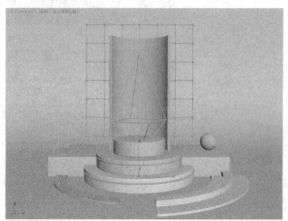

图7-192

08 磨砂玻璃材质表面较为粗糙，反射较弱，透明度较低。选中一个材质球并将其转换为VRayMtl材质，具体参数设置如图7-193所示。材质球效果如图7-194所示。

设置步骤

① 设置"漫反射"颜色为灰色。

② 设置"反射"颜色为灰色，"光泽度"为0.7。

③ 设置"折射"颜色为浅灰色，"光泽度"为0.9，"折射率（IOR）"为1.517。

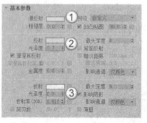 

图7-193　　　　　图7-194

09 将上一步设置好的材质赋予右侧的球体模型，效果如图7-195所示。

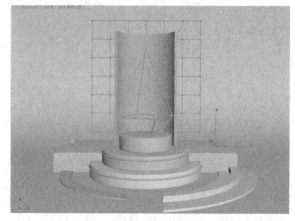

图7-195

10 蓝色玻璃材质表面光滑，反射很强，透明度高。选中一个材质球并将其转换为VRayMtl材质，具体参数设置如图7-196所示。材质球效果如图7-197所示。

设置步骤

① 设置"漫反射"颜色为蓝色。

② 设置"反射"颜色为白色。

③ 设置"折射"颜色为浅灰色，"折射率（IOR）"为1.517。

④ 设置"烟雾颜色"为浅蓝色。

图7-196　　　　　图7-197

⓫ 将上一步设置好的材质赋予相应的模型，效果如图7-198所示。

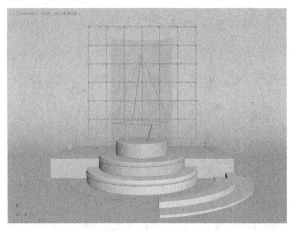

图7-198

⓬ 高光金属材质表面光滑，反射很强。选中一个材质球并将其转换为VRayMtl材质，具体参数设置如图7-199所示。材质球效果如图7-200所示。

设置步骤

① 设置"漫反射"颜色为灰色。

② 设置"反射"颜色为白色，"光泽度"为0.95。

③ 设置"金属度"为1。

图7-199

图7-200

⓭ 将上一步设置好的材质赋予剩余的模型，效果如图7-201所示。

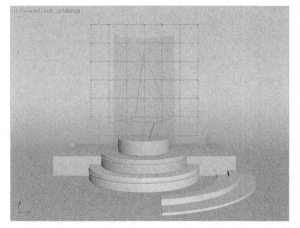

图7-201

⓮ 按F9键渲染场景，案例最终效果如图7-202所示。

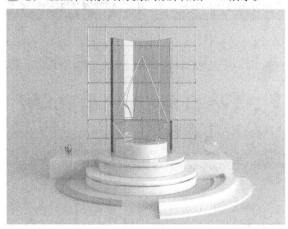

图7-202

📖 课堂练习

用常用材质制作礼物盒

案例文件	案例文件>CH07>课堂案例：用常用材质制作礼物盒
视频名称	课堂案例：用常用材质制作礼物盒.mp4
学习目标	练习常用材质的制作方法

本案例为一个简单的礼物盒场景制作塑料、金属和布纹材质，效果如图7-203所示。

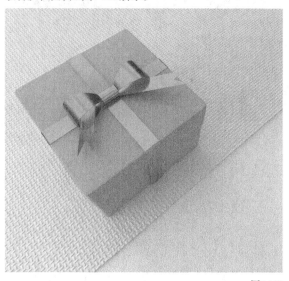

图7-203

7.6 本章小结

材质和贴图可以表现模型所要表现的颜色、质感和其余属性，是一个场景必不可少的部分。初学者会觉得材质相对复杂，在调整参数时往往难以下手。理解参数的含义并留心观察日常生活中的物品，就能更快地掌握制作材质的诀窍。

7.7 课后习题

本节安排了两个课后习题供读者练习。这两个习题将本章学习的知识进行了综合运用。如果读者在练习时有疑难问题，可以一边观看教学视频，一边学习材质和贴图的创建方法。

7.7.1 课后习题：用VRayMtl 材质制作茶几

案例文件	案例文件>CH07>课后习题：用VRayMtl材质制作茶几
视频名称	课后习题：用VRayMtl材质制作茶几.mp4
学习目标	练习VRayMtl材质的使用方法

本案例使用VRayMtl材质制作金属和木头材质，效果如图7-204所示。

图7-204

7.7.2 课后习题：用VRayMtl 材质制作洗手盆

案例文件	案例文件>CH07>课后习题：用VRayMtl材质制作洗手盆
视频名称	课后习题：用VRayMtl材质制作洗手盆.mp4
学习目标	练习VRayMtl材质的使用方法

本案例使用VRayMtl材质制作陶瓷、木质、墙面和镜面，效果如图7-205所示。

图7-205

第 8 章

渲染技术

渲染可以将创建好的场景生成单帧或是序列帧图片。场景中的灯光、材质和各种效果等都会直观地展现在渲染的图片上。使用合适的渲染参数不仅可以得到质量较高的渲染效果，还可以减少渲染时间，这在实际工作中非常重要。

学习目标

◇ 掌握V-Ray渲染器

◇ 熟悉渲染技巧

8.1 V-Ray渲染器

V-Ray渲染器是Chaos Group公司开发的一款高质量渲染引擎,主要以插件的形式应用在3ds Max、Maya、SketchUp和Cinema 4D等软件中。由于V-Ray渲染器可以真实地模拟现实光照,并且操作简单,可控性也很强,因此被广泛应用于建筑表现、工业设计和动画制作等领域。

本节内容介绍

名称	作用	重要程度
V-Ray帧缓冲区	V-Ray渲染器自带的图像查看器	高
图像采样器(抗锯齿)	降低渲染图像中的锯齿噪点	高
图像过滤器	降低渲染图像的噪点	高
颜色贴图	渲染图像的曝光模式	高
渲染引擎	全局照明的搭配引擎	高
渲染元素	提供各种后期所需的渲染通道	中

8.1.1 V-Ray帧缓冲区

▶ 演示视频 085-V-Ray 帧缓冲区

按F10键打开"渲染设置"窗口,然后切换到V-Ray选项卡,就可以看到"帧缓冲区"卷展栏,如图8-1所示。

图8-1

启用内置帧缓冲区:默认勾选此选项,在渲染时会使用V-Ray自身的渲染窗口。

内存帧缓冲区:当勾选该选项时,可以将图像渲染到内存中,然后再由帧缓存窗口显示出来,这样可以方便用户观察渲染的过程;当不勾选该选项时,不会出现渲染框,而是直接保存到指定的硬盘文件夹中,这样的好处是可以节约内存资源。

显示最后的虚拟帧缓冲区 显示最后的虚拟帧缓冲区 :单击此按钮后,会打开"V-Ray帧缓冲区"窗口,如图8-2所示。

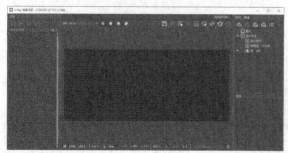

图8-2

» 历史:保存并显示之前渲染的图像。

RGB color :单击该下拉列表,可以选择不同的通道效果。

» 切换到Alpha通道:会显示当前渲染图片的Alpha通道,如图8-3所示。如果没有Alpha通道,则显示为白色。

图8-3

» 保存当前通道:保存当前显示的图像。

» 跟踪鼠标:单击此按钮,会在渲染时对鼠标指针所在的位置优先渲染。

» 区域渲染:单击此按钮后,在想要观察的区域绘制一个矩形框,就可以只渲染矩形框内的部分图像,如图8-4所示。

图8-4

» 开始交互式渲染:单击此按钮后,可以一边修改参数,一边低质量渲染场景,在测试场景时十分方便。对于一些配置不高的计算机,不建议开启交互式渲染,因为容易造成软件卡顿。

» 停止渲染:单击此按钮,会停止渲染图像。

» 渲染:渲染最终的高质量图像。

» 图层:控制渲染图像的一些效果。

» 状态:显示当前渲染图片的状态和计算机性能。

从MAX获取分辨率:当勾选该选项时,将从"公用"选项卡的"输出大小"选项组中获取渲染尺寸;当不勾选该选项时,需要在右侧手动输入渲染的尺寸。

V-Ray Raw图像文件：控制是否将渲染后的文件保存到所指定的路径中。勾选该选项后渲染的图像将以Raw格式进行保存。

> **技巧与提示**
>
> 在渲染较大的场景时，计算机会负担很大的渲染压力，而勾选"V-Ray Raw图像文件"选项后（需要设置好渲染图像的保存路径），渲染图像会自动保存到设置的路径中。

单独的渲染通道：控制是否单独保存渲染通道。

知识点：渲染工具

在主工具栏右侧提供了图8-5所示的多个渲染工具。

渲染设置：单击该按钮或按F10键可以打开"渲染设置"窗口，基本上所有的渲染参数都在该窗口中设置，如图8-6所示。

图8-5　　　　　图8-6

渲染帧窗口：单击该按钮可以打开3ds Max自带的渲染帧窗口，如图8-7所示。在该窗口中可以执行选择渲染区域、切换通道和存储渲染图像等任务。

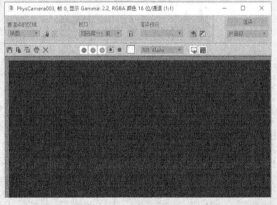

图8-7

渲染产品：单击该按钮可以使用当前的产品级渲染设置来渲染场景。

渲染迭代：单击该按钮可以在迭代模式下渲染场景。

ActiveShade（动态着色）：单击该按钮可以在浮动的窗口中执行"动态着色"渲染。

8.1.2 图像采样器（抗锯齿）

▶ 演示视频086-图像采样器（抗锯齿）

V-Ray渲染器中的"图像采样器（抗锯齿）"有两种类型，一种是"渐进式"，另一种是"渲染块"，如图8-8所示。

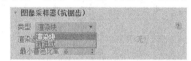

图8-8

1.渲染块图像采样器

"渲染块"是将以往版本中的"固定""自适应""自适应细分"3种"跑格子"形式的采样器进行整合，并以每个小格子为单元进行计算。系统在渲染时，用户能很明显地看到画面上有一个个小格子在计算渲染，如图8-9所示。

图8-9

当采样器的"类型"选择"渲染块"后，就会自动生成"渲染块图像采样器"卷展栏，如图8-10所示。

图8-10

最小细分：控制每个像素最小采样量，该参数保持默认值即可。

最大细分：控制每个像素最大采样量，数值越大，采样越多，画面越不会出现锯齿，但渲染速度会越慢。

噪波阈值：控制画面的噪点，数值越小，画面噪点越少，渲染速度越慢。

渲染块宽度/渲染块高度：控制渲染时小方格的像素大小。

2.渐进式图像采样器

"渐进式"是V-Ray3.0版本之后添加的图像采样器。和"渲染块"不同,"渐进式"的采样过程不再是按照小格子进行计算,而是整体画面由粗糙到精细,直到满足阈值或最大样本数为止,如图8-11所示。

当采样器的"类型"选择"渐进式"后,就会自动生成"渐进式图像采样器"卷展栏,如图8-12所示。

图8-11　　　　　　　图8-12

最小细分:控制每个像素最小采样量,该参数保持默认值即可。

最大细分:控制每个像素最大采样量,一般保持默认值即可。

渲染时间(分):设置渲染的总体时长。默认为0,表示不限制渲染时间。

噪波阈值:控制画面的噪点数量。

📄 课堂案例

测试不同的图像采样器效果

案例文件	案例文件>CH08>课堂案例:测试不同的图像采样器效果
视频名称	课堂案例:测试不同的图像采样器效果.mp4
学习目标	掌握不同的图像采样器的特点

本案例通过一个制作好的场景,用不同图像采样器进行测试渲染,展现其各自的特点,效果如图8-13所示。

图8-13

01 打开本书学习资源"案例文件>CH08>课堂案例:测试不同的图像采样器效果"文件夹中的"练习.max"文件,如图8-14所示。

图8-14

02 按F10键打开"渲染设置"窗口,在"图像采样器(抗锯齿)"卷展栏中设置"类型"为"渲染块",在"渲染块图像采样器"卷展栏中设置"最小细分"为1,"最大细分"为4,"噪波阈值"为0.01,如图8-15所示。

图8-15

03 按F9键渲染场景,效果如图8-16所示。渲染总体用时3分38秒。观察画面可以看到左上角和右上角的屋顶位置有噪点,地板反光的位置也存在白色的噪点。

图8-16

📝 技巧与提示

渲染的时间仅为参考,不同配置的计算机渲染同一个场景的时间各不相同。

04 修改 "最大细分" 为16, 然后渲染场景, 如图8-17和图8-18所示。可以观察到画面中已经没有明显的噪点, 整体画质不错, 但渲染的时间也增加了很多, 用时14分53秒。

图8-17

图8-18

05 修改 "最大细分" 为4, "噪波阈值" 为0.001, 然后渲染场景, 如图8-19和图8-20所示。相对步骤03中的效果, 噪点虽然还有一些, 但有所减少, 渲染时间为4分48秒。

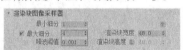

图8-19

图8-20

技巧与提示

从步骤03~步骤05的测试可以得出, 在渲染块图像采样器模式中, "最大细分" 的数值对画面质量起决定性作用, 数值越大, 画面质量越好, 但渲染所需的时间也越长。"噪波阈值" 只能起到一定量的降噪作用。

06 在 "图像采样器 (抗锯齿)" 卷展栏中设置 "类型" 为 "渐进式", 在 "渐进式图像采样器" 卷展栏中设置 "渲染时间 (分)" 为1, 如图8-21所示。这样就可以控制整个场景的渲染时间。

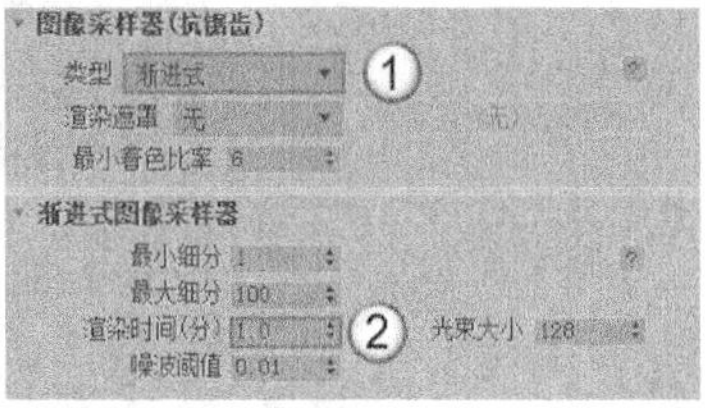

图8-21

07 按F9键渲染场景, 效果如图8-22所示。可以明显观察到画面上有噪点, 整体质量很差。

图8-22

08 修改 "渲染时间 (分)" 为10, 然后渲染场景, 如图8-23和图8-24所示。增加渲染时间后, 画面的质量得到极大的提升, 没有出现明显噪点。

图8-23

图8-24

09 修改"渲染时间（分）"为1，"噪波阈值"为0.001，然后渲染场景，如图8-25和图8-26所示。可以观察到画面效果与步骤07中的效果差不多，也存在很多的噪点。

图8-25

图8-26

> **技巧与提示**
>
> 从步骤07~步骤09可以得出，在渐进式图像采样器中，"渲染时间（分）"对画面质量起决定性作用，渲染时间越长画面质量越好，"噪波阈值"所起的作用比较有限。

8.1.3 图像过滤器

▶ 演示视频 087- 图像过滤器

"图像过滤器"是配合"抗锯齿"一起使用的工具，不同的"图像过滤器"会呈现不同的效果，其参数如图8-27所示。

图8-27

图像过滤器：勾选该选项后，可以从后面的下拉列表中选择一个抗锯齿过滤器来对场景进行抗锯齿处理；如果不勾选该选项，那么渲染时将使用纹理抗锯齿过滤器。

过滤器：下拉列表中是系统自带的过滤器类型，如图8-28所示。每种"图像过滤器"所采用的算法不同，从而导致效果也不同。

大小：设置过滤器的大小。

图8-28

8.1.4 颜色贴图

▶ 演示视频 088- 颜色贴图

"颜色贴图"卷展栏下的参数主要用来控制整个场景的颜色和曝光方式，如图8-29所示。

类型：提供不同的曝光模式，包括"线性倍增""指数""HSV指数""强度指数""伽玛校正""强度伽玛""莱因哈德"这7种模式，如图8-30所示。

图8-29

图8-30

» **线性倍增**：这种模式将基于最终色彩亮度来进行线性的倍增，可能会导致靠近光源的点过分明亮，如图8-31所示。"线性倍增"模式包括3个局部参数，"暗倍增"是对暗部的亮度进行控制，加大该值可以提高暗部的亮度；"亮倍增"是对亮部的亮度进行控制，加大该值可以提高亮部的亮度；"伽玛值"主要用来控制图像的伽玛值。

图8-31

» **指数**：这种曝光是采用指数模式，它可以降低靠近光源处表面的曝光度，同时场景颜色的饱和度会降低，如图8-32所示。"指数"模式的局部参数与"线性倍增"一样。

图8-32

» HSV指数：与"指数"曝光比较相似，不同点在于它可以保持场景物体的颜色饱和度，但是这种方式会取消高光的计算，如图8-33所示。"HSV指数"模式的局部参数与"线性倍增"一样。

图8-33

» 莱因哈德：这种曝光方式可以把"线性倍增"和"指数"曝光混合起来，如图8-34所示。它包括一个"加深值"局部参数，主要用来控制"线性倍增"和"指数"曝光的混合值，0表示"线性倍增"不参与混合；1表示"指数"曝光不参加混合；0.5表示"线性倍增"和"指数"曝光效果各占一半。

图8-34

倍增：控制渲染曝光的强度。

📇 课堂案例

测试不同颜色贴图的曝光效果

案例文件	案例文件>CH08>课堂案例：测试不同颜色贴图的曝光效果
视频名称	课堂案例：测试不同颜色贴图的曝光效果.mp4
学习目标	掌握常用的画面曝光方式

本案例通过一个场景为读者演示常见的曝光方式的画面特点，如图8-35所示。

线性倍增

指数

莱因哈德

图8-35

01 打开本书学习资源"案例文件>CH08>课堂案例：测试不同颜色贴图的曝光效果"文件夹中的"练习.max"文件，如图8-36所示。

图8-36

167

02 按F10键打开"渲染设置"窗口,在"颜色贴图"卷展栏中设置"类型"为"线性倍增",如图8-37所示。渲染场景,效果如图8-38所示。可以观察到画面中存在曝光部分,画面颜色饱和度较高,明暗对比强烈。

图8-37

图8-38

03 修改"类型"为"指数",然后渲染场景,如图8-39和图8-40所示。可以观察到画面中曝光现象基本消除,画面颜色饱和度降低,整体颜色偏灰,明暗对比减弱。

图8-39

图8-40

04 修改"类型"为"莱因哈德",然后渲染场景,如图8-41和图8-42所示。可以观察到渲染画面与"线性倍增"模式一致。

图8-41

图8-42

05 设置"加深值"为0.5,然后渲染场景,如图8-43和图8-44所示。可以观察到画面的曝光有所改善,画面颜色也没有像"指数"模式一样偏灰,是"线性倍增"和"指数"两种模式的中间效果。

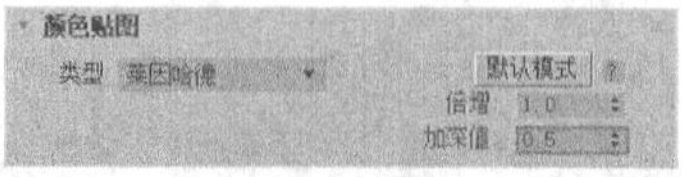

图8-43

图8-44

8.1.5 渲染引擎

▶️ 演示视频 089- 渲染引擎

使用V-Ray渲染器渲染场景时,如果没有开启全局照明,得到的效果就是直接照明效果,开启后得到的是间接照明效果。开启全局照明后,光线会在物体与物体之间反弹,因此光线计算会更加准确,图像也更加真实。其参数如图8-45所示。

图8-45

"全局照明"卷展栏中必须要调整的参数是"首次引擎"和"二次引擎"。"首次引擎"中包含"发光贴图""BF算法""灯光缓存"3个引擎,如图8-46所示。"二次引擎"中包含"无""BF算法""灯光缓存"3个引擎,如图8-47所示。

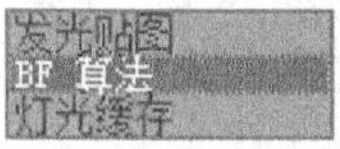

图8-46    图8-47

📝 **技巧与提示**

默认情况下,"首次引擎"是"BF算法","二次引擎"是"灯光缓存"。

1.BF算法

"BF算法"是V-Ray渲染器引擎中渲染效果最好的一种引擎,它会单独计算每一个点的全局照明,但计算速度较慢。"BF算法"引擎既可以作为"首次引擎",也可以作为"二次引擎",其参数如图8-48所示。在制作一些灯光较少的场景时,我们会使用"BF算法"作为"二次引擎"。

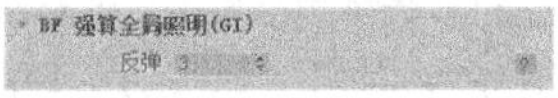

图8-48

反弹:控制漫反射光线的反弹次数,数值越大,渲染的效果越好,且不会明显降低渲染速度。

> **技巧与提示**
>
> 当"首次引擎"为"BF算法"时,无法调整"反弹"数值。只有设置"二次引擎"为"BF算法",才可以调整这个数值。

2.灯光缓存

"灯光缓存"一般用在"二次引擎"中,用于计算灯光的光照效果,其参数如图8-49所示。

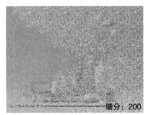

图8-49

预设:设置灯光缓存的计算模式,有"静止"和"动画"两种。"静止"是渲染单帧时使用,而"动画"是渲染序列帧时使用。

细分:设置灯光缓存的质量,数值越大,图像的质量越好,但渲染速度也会相应减慢,如图8-50所示。

图8-50

采样大小:控制灯光缓存的空间细节,保持默认值即可。

显示计算相位:默认勾选该选项,可以观察灯光缓存计算的效果。

模式:设置灯光缓存文件的保存模式,有"单帧"和"从文件"两种模式。

» 单帧:将渲染的灯光缓存文件进行保存。

» 从文件:调用已有的灯光缓存文件,从而减少渲染时间。

不删除:默认勾选,灯光缓存文件会暂时保存在内存中。

自动保存:勾选后,会将暂存在内存中的灯光缓存文件保存在指定路径。

切换到已保存的缓存:勾选该选项后,渲染完灯光缓存文件会自动切换到"从文件"模式。

设置:单击此按钮,可以选择灯光缓存文件的保存路径。

3.发光贴图

"发光贴图"是"全局照明"卷展栏中的"首次引擎"参数常用的选项,描述了三维空间中的任意一点以及全部可能照射到这点的光线,其参数如图8-51所示。

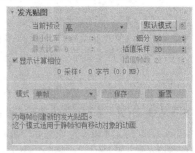

图8-51

当前预设:设置发光贴图的预设类型,共有以下8种,如图8-52所示。

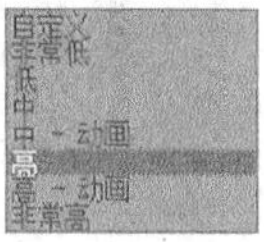

图8-52

» 自定义:选择该模式时,可以手动调节参数。

» 非常低:这是一种非常低的精度模式,主要用于测试阶段。

» 低:一种比较低的精度模式,不适合用于保存光子贴图。

» 中:一种中级品质的预设模式。

» 中–动画:用于渲染动画效果,可以解决动画闪烁的问题。

» 高:一种高精度模式,一般用在光子贴图中。

» 高–动画:比中等品质效果更好的一种动画渲染预设模式。

» 非常高:预设模式中精度最高的一种,可以用来渲染高品质的效果图。

最小比率:控制场景中平坦区域的采样数量。0表示计算区域的每个点都有样本;-1表示计算区域的1/2是样本;-2表示计算区域的1/4是样本。图8-53所示是"最小比率"为-1和-4时的对比效果。

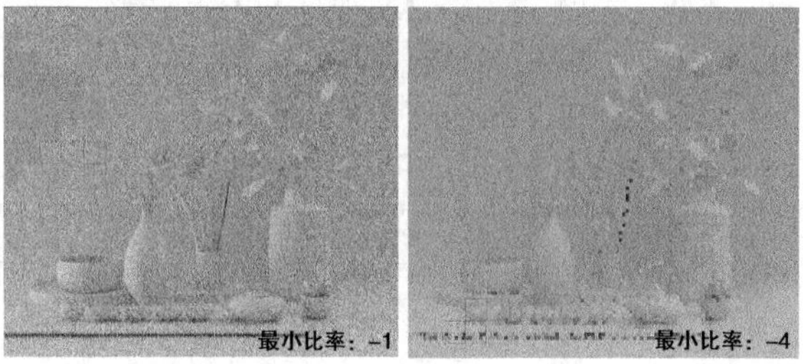

图8-53

最大比率：控制场景中的物体边线、角落、阴影等细节的采样数量。0表示计算区域的每个点都有样本；-1表示计算区域的1/2是样本；-2表示计算区域的1/4是样本，图8-54所示是"最大比率"为0和-1时的效果对比。

图8-54

细分：因为V-Ray采用的是几何光学，所以它可以模拟光线的条数。这个参数就是用来模拟光线的数量，值越高，表现的光线越多，那么样本精度也就越高，渲染的品质也越好，同时渲染时间也会增加。图8-55所示是"细分"为20和80时的效果对比。

图8-55

插值采样：这个参数是对样本进行模糊处理，较大的值可以得到比较模糊的效果，较小的值可以得到比较锐利的效果。图8-56所示是"插值采样"为20和80时的效果对比。

图8-56

显示计算相位：勾选这个选项后，用户可以看到渲染帧里的GI预计算过程，同时会占用一定的内存资源。

模式：一共有8种模式，如图8-57所示。

图8-57

» 单帧：一般用来渲染静帧图像。

» 多帧增量：这个模式用于渲染仅有摄影机移动的动画。当V-Ray计算完第1帧的光子以后，在后面的帧里根据第1帧里没有的光子信息进行新计算，这样就节约了渲染时间。

» 从文件：当渲染完光子以后，可以将其保存起来，这个选项就是调用保存的光子贴图进行动画计算（静帧同样

也可以这样）。

» 添加到当前贴图：当渲染完一个角度的时候，可以把摄影机转一个角度再重新计算新角度的光子，最后把这两次的光子叠加起来，这样的光子信息更丰富、更准确，同时也可以进行多次叠加。

» 增量添加到当前贴图：这个模式和"添加到当前贴图"模式相似，只不过它不是重新计算新角度的光子，而是只对没有计算过的区域进行新的计算。

» 块模式：把整个图分成块来计算，渲染完一个块再进行下一个块的计算，但是在低GI的情况下，渲染出来的块会出现错位的情况。它主要用于网络渲染，速度比其他模式快。

» 动画（预通过）：适合动画预览，使用这种模式要预先保存好光子贴图。

» 动画（渲染）：适合最终动画渲染，这种模式要预先保存好光子贴图。

保存：将光子贴图保存到硬盘。

重置：将光子贴图从内存中清除。

知识点：全局照明详解

场景中的光源可以分为两大类，一类是直接照明光源，另一类是间接照明光源。直接照明效果是光源所发出的光线直接照射到物体上形成的照明效果；间接照明效果是发散的光线由物体表面反弹后照射到其他物体表面形成的照明效果，如图8-58所示。全局照明效果是由直接照明效果和间接照明效果共同形成的照明效果，更符合现实中的真实光照。

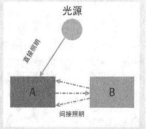

图8-58

图8-59所示是环境中只有直接照明时的效果，画面整体明暗对比强烈，尤其是餐椅靠背的阴影部分非常暗，看不到任何细节。图8-60所示是开启了全局照明的效果，此时场景中不仅有灯光产生的直接照明，还有物体之间光线反弹产生的间接照明，场景显得很明亮，靠背的阴影部分也有了细节，没有显得特别黑。

图8-59　　　　　　　　　图8-60

对比两张图，我们可以明显地看出开启了全局照明效果的图片更接近真实光照，因此在日常制作中，我们都会开启全局照明效果。

📖 课堂案例

测试不同的渲染引擎组合

案例文件	案例文件>CH08>课堂案例：测试不同的渲染引擎组合
视频名称	课堂案例：测试不同的渲染引擎组合.mp4
学习目标	掌握常用的渲染引擎组合

不同的渲染引擎组合导致了不同的渲染速度和渲染质量，下面用一个场景测试不同的引擎组合效果，如图8-61所示。

图8-61

01 打开本书学习资源"案例文件>CH08>课堂案例：测试不同的渲染引擎组合"文件夹中的"练习.max"文件，如图8-62所示。

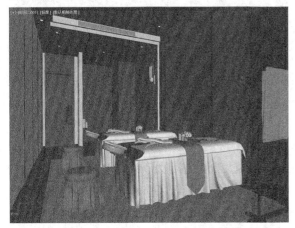

图8-62

02 按F10键打开"渲染设置"窗口，在GI选项卡里保持默认的渲染引擎组合，如图8-63所示。

图8-63

03 按F9键渲染场景，效果如图8-64所示。可以观察到画面中存在一些明显的噪点，画质不是很好。

图8-64

📝 技巧与提示

场景采用渐进式图像采样器进行渲染。在渲染时长一致的情况下，对比各个引擎的渲染效果。

04 在"全局照明"卷展栏中设置"首次引擎"为"发光贴图"，在"发光贴图"卷展栏中设置"当前预设"为"非常低"，然后渲染场景，如图8-65和图8-66所示。通过渲染的图片可以观察到画面中已经基本没有多少噪点，整体画质相对较好。

图8-65　　　　　　　　　　　　图8-66

05 调整"发光贴图"的"当前预设"为"中"，如图8-67所示。渲染后的效果如图8-68所示。可以观察到画面存在很多噪点，反倒不如预设为"非常低"时的画质。这是因为在相同的渲染时间内，"中"预设需要更多的时间去进行渲染，现有的时间并不能完成画面的整体渲染。

图8-67　　　　　　　　　　　　图8-68

06 在"全局照明"中设置"首次引擎"为"发光贴图"，"二次引擎"为"BF算法"，如图8-69所示。渲染效果如

图8-70所示。可以观察到画面中基本不存在噪点,画质较好。

图8-69　　　　　　　图8-70

07 在"全局照明"卷展栏中设置"首次引擎"和"二次引擎"都为"BF算法",如图8-71所示。渲染场景如图8-72所示。画面中存在明显的噪点,说明现有的渲染时间不能完成预定的渲染任务。通过以上4组渲染引擎的测试可以得知,当"BF算法"作为"首次引擎"时,会消耗更多的渲染时间。"发光贴图"作为"首次引擎"时,"当前预设"的质量越高,渲染时间也越长。

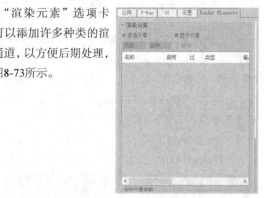

图8-71　　　　　　　图8-72

8.1.6　渲染元素

▶ 演示视频090- 渲染元素

"渲染元素"选项卡中可以添加许多种类的渲染通道,以方便后期处理,如图8-73所示。

图8-73

激活元素:勾选该选项,表示所添加的通道均会被渲染。

显示元素:勾选该选项,表示所添加的通道会在帧缓冲区中显示。

添加 添加 :单击该按钮,会弹出"渲染元素"对话框,如图8-74所示。

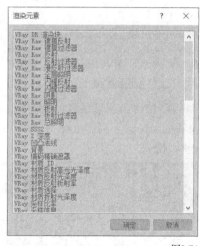

图8-74

日常工作中常用的通道有"VRay反射""VRay折射""VRay渲染ID""VRay Z深度""VRay降噪器"等,当这些加载的通道渲染完成后,单击RGB通道就可以切换并保存,如图8-75所示。

图8-75

▓ 知识点:渲染器的类型

渲染器按照渲染引擎可以分为CPU渲染器和GPU渲染器两大类。在3ds Max中常用的是CPU渲染器,代表有V-Ray、Corona和Arnold。而GPU渲染器则在其他三维软件中应用得较多,虽然V-Ray也附带GPU渲染插件,但对显卡的要求比较高。

V-Ray渲染器因其渲染速度快、效果好和使用稳定而受到广大三维制作者的喜爱,是3ds Max主流的渲染器之一。Corona渲染器在V-Ray的基础上进行优化,且参数更为简单,在一段时间内受到广大渲染师的追捧。Arnold渲染器则被3ds Max的开发公司收购,在2021版本中取代了扫描线渲染器成为默认渲染器,因其渲染效果逼真也被广泛应用。

8.2 渲染技巧

掌握一些常见的渲染技巧，能减少工作量，提高渲染效率。静帧和序列帧是两种常见的渲染模式，两者的渲染方法大同小异，是学习3ds Max必须掌握的技能。

本节内容介绍

名称	作用	重要程度
光子文件的存储和调用	尽可能减少渲染时间，且不降低渲染质量	高
静帧渲染	渲染存储单帧图片	高
序列帧渲染	渲染存储多张图片	高
区域渲染	渲染部分视口内容	中
单独对象渲染	只渲染选定对象	中
通道渲染	渲染各类通道图片	中

8.2.1 光子文件的存储和调用

▶ 演示视频 091－光子文件的存储和调用

在渲染大尺寸的效果图时，存储光子文件并调用，会极大地节省渲染时长，提升工作效率。这个技巧在渲染序列帧时尤其重要。

1. 光子文件的存储

当场景一切设置完毕后，需要渲染最终的效果图。一般来说，静帧类的最终效果图尺寸至少在2500像素以上，这样就能满足喷绘打印的要求。户外广告类的喷绘打印所需要的尺寸更大，至少在4000像素以上。对于这样大的尺寸，如果按照传统的方式进行渲染，会耗费很多的时间，对于配置普通的计算机来说更是困难。

下面介绍存储光子文件的方法。

第1步：在"输出大小"选项组中设置光子文件的渲染尺寸，一般为最终渲染图的25%~50%，最好不要小于最终渲染图的25%，如图8-76所示。

图8-76

第2步：切换到V-Ray选项卡，在"全局开关"卷展栏中勾选"不渲染最终的图像"选项，如图8-77所示。

图8-77

📝 **技巧与提示**

如果展开"全局开关"卷展栏没有出现"不渲染最终的图像"选项，则需要单击右上角的"默认模式"按钮 默认模式 ，切换到"高级模式" 高级模式 。

第3步：如果"首次引擎"设置为"发光贴图"，就需要切换到"高级模式"，然后勾选"自动保存"和"切换到保存的贴图"选项，并设置光子文件的保存路径，如图8-78所示。如果"首次引擎"设置为默认的"BF算法"则可以忽略这一步。

第4步：在"灯光缓存"卷展栏中勾选"自动保存"和"切换到已保存的缓存"选项，并设置光子文件的保存路径，如图8-79所示。

图8-78　　　　　　　　　　　　　图8-79

第5步：开始渲染场景，待渲染完成后，就会在之前保存光子文件的文件夹中找到两个文件，如图8-80所示。

图8-80

2. 光子文件的调用

调用渲染完成的光子文件，就可以快速渲染出大尺寸的高质量效果图，具体方法如下。

第1步：在"输出大小"选项组中设置大尺寸效果图的大小，如图8-81所示。

第2步：在"全局开关"卷展栏中取消勾选"不渲染最终的图像"选项，如图8-82所示。

图8-81　　　　　　　　　　　　　图8-82

第3步：在"发光贴图"卷展栏中设置"模式"为"从文件"，并加载光子文件，如图8-83所示。

第4步：在"灯光缓存"卷展栏中设置"模式"为"从文件"，并加载光子文件，如图8-84所示。

图8-83　　　　　　图8-84

第5步：按F9键渲染场景即可。加载了光子文件后，就可以省去大尺寸光子的渲染时间，直接渲染最终图像。

课堂案例

渲染光子文件

案例文件	案例文件>CH08>课堂案例：渲染光子文件
视频名称	课堂案例：渲染光子文件.mp4
学习目标	学习光子文件的渲染和调用方法

完成了上面的理论学习，现在通过一个案例实际练习如何渲染和调用光子文件，如图8-85所示。

图8-85

① 打开本书学习资源"案例文件>CH08>课堂案例：渲染光子文件"文件夹中的"练习.max"文件，如图8-86所示。

图8-86

② 按F10键打开"渲染设置"窗口，在"公用"选项卡中设置"宽度"为800，"高度"为600，如图8-87所示。

③ 在V-Ray选项卡中展开"全局开关"卷展栏，切换到"高级模式"，勾选"不渲染最终的图像"选项，如图8-88所示。

图8-87　　　　　　图8-88

④ 切换到GI选项卡，设置"首次引擎"为"发光贴图"，"二次引擎"为"灯光缓存"，如图8-89所示。

⑤ 在"发光贴图"卷展栏中，切换到"高级模式"，设置"当前预设"为"中"，"细分"为60，"插值采样"为30，勾选"自动保存"和"切换到保存的贴图"选项，并设置光子文件保存路径，如图8-90所示。

图8-89　　　　　　图8-90

⑥ 在"灯光缓存"卷展栏中，设置"细分"为2000，勾选"自动保存"和"切换到已保存的缓存"选项，并设置光子文件保存路径，如图8-91所示。

图8-91

07 按F9键渲染场景，效果如图8-92所示。

图8-92

08 打开保存光子文件的文件夹，可以看到渲染完成的光子文件，如图8-93所示。

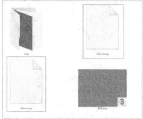

图8-93

09 下面加载光子文件渲染大尺寸效果图。在"输出大小"选项组中设置"宽度"为2400，"高度"为1800，如图8-94所示。

10 在"全局开关"卷展栏中取消勾选"不渲染最终的图像"选项，如图8-95所示。

图8-94

图8-95

11 在"渐进式图像采样器"卷展栏中设置"渲染时间（分）"为10，"噪波阈值"为0.001，如图8-96所示。

图8-96

💬 **技巧与提示**

读者若是担心渲染10分钟的效果图仍然会存在噪点等瑕疵，可以保持默认的数值0，让渲染器一直渲染，直到画面效果合适的时候停止渲染。

12 在"发光贴图"和"灯光缓存"两个卷展栏中都设置"模式"为"从文件"，如图8-97所示。

💬 **技巧与提示**

一般情况下，软件在渲染光子文件完成后会自行加载光子文件，转换为"从文件"模式，但有的时候却没有自动跳转，就需要手动调整。这一步是确认软件有自行跳转是否为正确状态。

图8-97

13 按F9键渲染场景，渲染效果如图8-98所示。

图8-98

8.2.2 静帧渲染

▶️ 演示视频 092- 静帧渲染

静帧渲染是常见的渲染模式，在默认情况下，都是以静帧的方式渲染单张图片。在渲染图片之前，往往需要通过多次的测试渲染，确定摄影机、灯光和材质的相关参数是否合适，这些都是在静帧渲染的模式中进行的。

1.测试渲染

在V-Ray 5.0系列中，测试渲染变得非常方便，可以在测试渲染效果的同时更改相关参数。既能做到及时查看渲染效果，又不会造成软件卡顿。下面介绍测试渲染的设置方法。

第1步：在"输出大小"选项组中设置"宽度"或"高度"的最大数值为500~1000，如图8-99所示。

第2步："图像采样器（抗锯齿）"的"类型"选择"渐进式"，如图8-100所示。

图8-99　　　　　　　　　　图8-100

第3步：在"渐进式图像采样器"卷展栏中，设置"最大细分"为50，"渲染时间（分）"为1，如图8-101所示。

第4步：在V-Ray选项卡的"交互式产品及渲染选项"卷展栏中单击"开始交互式产品级渲染（IPR）"按钮 ，即可在"V-Ray帧缓冲区"中观察到效果，如图8-102所示。

图8-101　　　　　　　　　　图8-102

> **技巧与提示**
>
> 在测试渲染期间，可以修改任何对象的参数或位置，同时在"V-Ray帧缓冲区"中同步刷新测试效果。

2.最终渲染

测试渲染完成后，就可以渲染最终的静帧图片。这类图片一般尺寸较大，渲染质量好，耗时也相对较长，因此最好借助光子贴图减少渲染时间。利用"渐进式图像采样器"中的"渲染时间（分）"参数，也能尽量缩短渲染时间。下面介绍最终渲染的设置方法。

第1步：在"输出大小"选项组中设置"宽度"或"高度"的最大数值在2500以上，如图8-103所示。

图8-103

第2步：切换到V-Ray选项卡，如果继续使用渐进式图像采样器，就在"渐进式图像采样器"卷展栏中设置"最大细分"为100，"渲染时间（分）"为30，"噪波阈值"为0.001，如图8-104所示。如果使用渲染块图像采样器，就在"渲染块图像采样器"卷展栏中设置"最大细分"为8，"噪波阈值"为0.001，如图8-105所示。

图8-104　　　　　　　　　　图8-105

> **技巧与提示**
>
> 图像采样器的类型选择按照个人喜好即可，笔者更喜欢使用"渐进式"。渐进式图像采样器的"渲染时间（分）"设置为10~30分钟，大多数情况下就可以达到比较精细的效果。如果不放心，可以设置该值为0，让软件持续渲染，直到觉得画面质量合适再停止渲染。

第3步：切换到GI选项卡，如果"首次引擎"使用"BF算法"，"二次引擎"使用"灯光缓存"，就只需要设置"灯光缓存"的"细分"为1500~2500，如图8-106所示。如果"首次引擎"使用"发光贴图"，"二次引擎"使用"灯光缓存"，就需要设置"发光贴图"的"当前预设"为"中"，"细分"为80，"插值采样"为60，"灯光缓存"的"细分"数值为1500~2500，如图8-107所示。

图8-106　　　　　　　　　　图8-107

> **技巧与提示**
>
> 除了上面提到的两组引擎，还可以使用"发光贴图"+"BF算法"这组引擎。

第4步：按F9键渲染场景，等待一段时间后保存图片。

8.2.3　序列帧渲染

演示视频 093- 序列帧渲染

如果我们要渲染动画，就需要使用序列帧渲染。序列帧渲染需要设置两大类，一类是时间输出，另一类是光子文件。下面为读者详细讲解。

1.时间输出

在"公用"选项卡中可以设置渲染图片的模式。默认情况下为"单帧"，也就是每次渲染一帧图片。而选择"活动时间段"或"范围"两个选项，就可以渲染一段时间内的连续帧，如图8-108所示。

图8-108

活动时间段：对应下方时间线的起始和结束位置。

范围：选择时间线一段范围内的连续帧。

每N帧：默认值为1，代表连续不间隔地渲染每一帧。如果设置为10，代表每10帧渲染一次。

2.光子文件

序列帧在渲染光子时，方法与8.2.1小节中的方法基本相同，只在两个方面有所差异。

第1个：渲染光子时，需要在"公用参数"卷展栏中设置渲染的范围，且需要设置"每N帧"的数值，保持一定间隔进行渲染。间隔的范围需要根据动画确定。如果动画角度没有太大变化，可以间隔大一些；如果动画角度变化较大，则间隔小一些。

第2个："发光贴图"的"模式"需要设置为"增量添加到当前贴图"选项，如图8-109所示。这样间隔渲染的光子文件会叠加在一起，最终生成一个光子文件。

图8-109

8.2.4 区域渲染

▶ 演示视频 094- 区域渲染

"区域渲染"是对"V-Ray帧缓冲区"中框选出的需要重新渲染的部分单独进行渲染。相比于整体渲染，区域渲染会减少渲染时间，在测试渲染时使用它较多。下面介绍使用区域渲染的方法。

第1步：在"V-Ray帧缓冲区"中单击"区域渲染"按钮，然后在视图中框选出需要单独渲染的范围，如图8-110所示。

图8-110

第2步：按F9键进行渲染，可以观察到系统只会渲染线框范围内的画面，如图8-111所示。

第3步：再次单击"区域渲染"按钮，绘制的线框就会消失，如图8-112所示。

图8-111

图8-112

8.2.5 单独对象渲染

▶ 演示视频 095- 单独对象渲染

如果渲染完最终图像后需要更改个别模型的颜色、贴图或亮度，重新渲染整张图比较浪费时间。利用"V-Ray属性"中的参数，就可以单独渲染修改的模型部分，下面介绍操作方法。

第1步：选中场景中需要修改的模型，然后单击鼠标右键，在弹出的快捷键菜单中选择"V-Ray属性"命令，如图8-113所示。

图8-113

第2步：在弹出的"V-Ray对象属性"对话框中设置"Alpha基值"为-1，如图8-114所示。

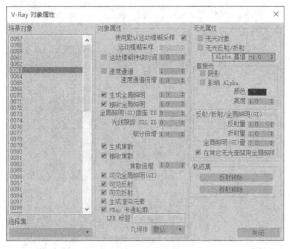

图8-114

第3步：通过区域渲染的方法，渲染修改的位置，然后切换到Alpha通道，如图8-115所示。

图8-115

第4步：在后期软件中通过Alpha通道选择模型的区域进行修改，如图8-116所示。

图8-116

■ 知识点：折射通道与不透明通道的区别

有些读者可能会发现选中对象后单击鼠标右键，在弹出的菜单中没有"V-Ray属性"命令。遇到这种情况，需要手动添加该工具到右键菜单中，下面介绍具体方法。

第1步：选择"自定义>自定义用户界面"菜单命令，在弹出的对话框中选择"四元菜单"选项卡，如图8-117所示。

图8-117

第2步：在"类别"中选择VRay选项，然后在下方查找"Displays the VRay object or light properties"选项，将其拖曳到右侧的界面中，如图8-118所示。有些版本中该文本翻译为中文，请读者注意识别。

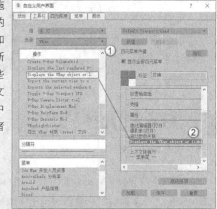

图8-118

第3步：单击下方的"保存"按钮 保存 ，在弹出的对话框中进行保存，覆盖原有的文件内容，如图8-119所示。保存后，再次单击鼠标右键，就能在菜单中找到"V-Ray属性"命令了。

图8-119

8.2.6 通道渲染

▶ 演示视频 096- 通道渲染

为了方便后期处理，一般在渲染效果图时都会渲染一些通道。"VRay渲染ID"就是经常会用到的通道之一，它会对场景中每一个单独的物体赋予一种颜色，如图8-120所示。后期软件可以通过"VRay渲染ID"通道的色块选取原图中对应的部分，然后修改颜色、亮度，添加纹理等效果。

图8-120

"VRay渲染ID"通道需要在"渲染元素"选项卡中添加，与最终渲染同时渲染。渲染完成后，在"V-Ray帧缓冲区"中可以切换到该通道，单独保存通道图片。

📝 技巧与提示

除了软件自带的"VRay渲染ID"通道外，也可以通过不同的脚本插件生成通道图。

📎 课堂案例

渲染VRay渲染ID通道

案例文件　案例文件>CH08>课堂案例：渲染VRay渲染ID通道
视频名称　课堂案例：渲染VRay渲染ID通道.mp4
学习目标　学习VRay渲染ID通道的渲染方法

本案例通过一个场景，在渲染效果图的同时，渲染"VRay渲染ID"通道，如图8-121所示。

图8-121

01 打开本书学习资源"案例文件>CH08>课堂案例：渲染VRay渲染ID通道"文件夹中的"练习.max"文件，如图8-122所示。

图8-122

02 按F10键打开"渲染设置"窗口，在"输出大小"选项组中设置"宽度"为1200，"高度"为900，如图8-123所示。

03 在"渐进式图像采样器"卷展栏中设置"渲染时间（分）"为5，"噪波阈值"为0.001，如图8-124所示。

图8-123 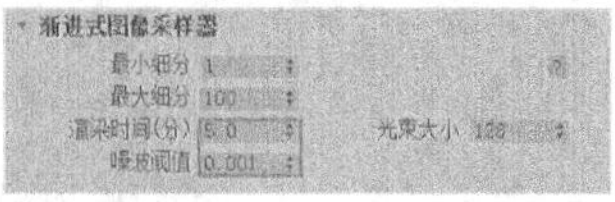　　　　　　　　图8-124

04 在"全局照明"卷展栏中设置"首次引擎"为"发光贴图"，"二次引擎"为"灯光缓存"，如图8-125所示。

图8-125

05 在"发光贴图"卷展栏中设置"当前预设"为"中"，"细分"为60，"插值采样"为30，如图8-126所示。

图8-126

06 在"灯光缓存"卷展栏中设置"细分"为1500，如图8-127所示。

图8-127

📝 技巧与提示

笔者的计算机性能较好，不需要提前渲染光子文件。读者可按照自己计算机的配置灵活处理。

⑦ 切换到"渲染元素"选项卡，单击"添加"按钮 添加 ，在弹出的"渲染元素"对话框中双击"VRay渲染ID"选项，将其添加到"渲染元素"选项卡中，如图8-128所示。

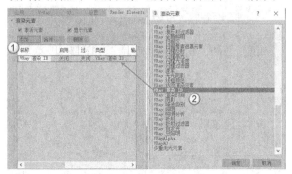

图8-128

⑧ 在摄影机视口按F9键渲染场景，效果如图8-129所示。

图8-129

⑨ 在"V-Ray帧缓冲区"中展开下拉列表，选择"VRay渲染ID"选项，如图8-130所示。这样就可以切换到该通道的渲染图，如图8-131所示。

图8-130

图8-131

8.3 本章小结

　　渲染是整个制作流程的最后一步，前面所做的所有工作都要通过渲染才能最终呈现。读者需要掌握V-Ray渲染器的使用方法。随着渲染器的不断升级，其使用方法越来越简便、高效，即便如此，熟悉一些常用的渲染技巧，也能提高制作的效率。

8.4 课后习题

　　本节安排了两个课后习题供读者练习。这两个习题将本章学习的知识进行了综合运用。如果读者在练习时有疑难问题，可以一边观看教学视频，一边学习渲染的方法。

8.4.1 课后习题：渲染新年主题场景

案例文件	案例文件>CH08>课后习题：渲染新年主题场景
视频名称	课后习题：渲染新年主题场景.mp4
学习目标	练习渲染参数的设置

　　本案例将一个制作好的新年主题场景进行渲染，效果如图8-132所示。

图8-132

8.4.2 课后习题：渲染学习主题场景

案例文件	案例文件>CH08>课后习题：渲染学习主题场景
视频名称	课后习题：渲染学习主题场景.mp4
学习目标	练习渲染参数的设置

　　本案例将一个制作好的学习主题场景进行渲染，效果如图8-133所示。

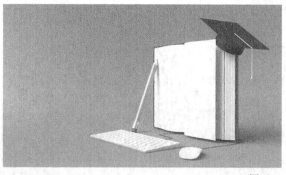

图8-133

9

渲染技术的商业运用

不同类型的场景在灯光、材质方面都有所区别，但核心技术是相同的。本章为3种常见类型的场景添加摄影机、灯光和材质，并将其渲染为效果图。

学习目标

◇ 掌握电商场景渲染
◇ 掌握家装场景渲染
◇ 掌握CG场景渲染

9.1 综合实例：渲染端午节电商场景

案例文件　案例文件>CH09>综合实例：渲染端午节电商场景
视频名称　综合实例：渲染端午节电商场景.mp4
学习目标　学习电商场景的渲染方法

　　本案例为一个制作好模型的端午节电商场景添加摄影机、灯光和材质，然后渲染效果图，如图9-1所示。

图9-1

9.1.1 添加摄影机

01 打开本书学习资源"案例文件>CH09>综合实例：渲染端午节电商场景"文件夹中的"练习.max"文件，如图9-2所示。

02 使用"VRay物理摄影机"工具 VR-物理摄影机 在场景中创建一台摄影机，如图9-3所示。

图9-2　　　　　　　　　　图9-3

03 选中摄影机，切换到"修改"面板，设置"焦距（毫米）"为36，"胶片速度（ISO）"为1000，并调整摄影机的位置，如图9-4所示。

图9-4

9.1.2 设置测试渲染参数

01 为了保证灯光和材质能快速预览效果，需要先设置测试渲染的参数。按F10键打开"渲染设置"窗口，在"输出大小"选项组中设置"宽度"为720，"高度"为405，如图9-5所示。

图9-5

02 在摄影机视口中按快捷键Shift+F添加渲染安全框，并调整摄影机的高度，如图9-6所示。

图9-6

03 在"渐进式图像采样器"卷展栏中设置"渲染时间（分）"为1，如图9-7所示。

04 在"全局照明"卷展栏中设置"首次引擎"为"发光贴图"，"二次引擎"为"灯光缓存"，如图9-8所示。

图9-7　　　　　　　　　　　图9-8

05 在"发光贴图"卷展栏中设置"当前预设"为"非常低"，如图9-9所示。

图9-9

> **技巧与提示**
>
> 　　一般来说"灯光缓存"的默认"细分"为1000不需要调整，若读者在测试渲染时觉得速度慢，可以将"细分"降低到600左右。

9.1.3 创建灯光

01 创建场景整体的环境光。按8键打开"环境和效果"窗口，在"环境贴图"通道中加载"VRay位图"，如图9-10所示。

图9-10

02 按M键打开"材质编辑器",将上一步加载的"VRay位图"贴图实例复制到空白材质球上,然后加载学习资源文件夹中的"长街古道3.hdr"文件,并设置"贴图类型"为"球形",如图9-11所示。材质球效果如图9-12所示。

图9-11   图9-12

03 按F9键渲染场景,效果如图9-13所示。可以观察到整体环境颜色偏暗。

图9-13

📝 **技巧与提示**

读者也可以单击V-Ray选项卡中的"开始交互式产品级渲染(IPR)"按钮 _____,开启交互式渲染,即时观察渲染效果并调整相应的参数。

04 在"材质编辑器"中设置"VRay位图"的"全局倍增"为2,如图9-14所示。测试渲染的效果如图9-15所示。

图9-14   图9-15

05 下面创建主光源。使用"VRay灯光"工具 ____ 在场景右侧创建一个平面面光源,位置如图9-16所示。

图9-16

06 选中灯光,在"修改"面板中设置"倍增"为15,"颜色"为浅黄色,具体参数及效果如图9-17所示。灯光已经合适,可以继续后面的材质步骤。

图9-17

9.1.4 添加材质

01 绿色背景材质。按M键打开"材质编辑器"窗口,新建VRayMtl材质球,具体参数设置如图9-18所示。制作好的材质球效果如图9-19所示。

设置步骤

① 设置"漫反射"颜色为深绿色。

② 设置"反射"颜色为深灰色,"光泽度"为0.6。

图9-18   图9-19

02 将上一步设置好的材质赋予背景板模型,效果如图9-20所示。

图9-20

03 制作金色磨砂材质。按M键打开"材质编辑器"窗口，新建 VRayMtl材质球，具体参数设置如图9-21所示。制作好的材质球效果如图9-22所示。

设置步骤

① 设置"漫反射"颜色为黄色。

② 设置"反射"颜色为白色，"光泽度"为0.6。

③ 设置"金属度"为1。

④ 在"凹凸贴图"通道加载"噪波"贴图，设置通道量为60。

⑤ 在"噪波参数"中设置"大小"为2。

图9-21   图9-22

04 将上一步设置好的材质赋予月亮和云彩模型并添加"UVW贴图"修改器，效果如图9-23所示。

图9-23

05 制作高光金属材质。按M键打开"材质编辑器"窗口，新建 VRayMtl材质球，具体参数设置如图9-24所示。制作好的材质球效果如图9-25所示。

设置步骤

① 设置"漫反射"颜色为深黄色。

② 设置"反射"颜色为浅黄色，"光泽度"为1。

③ 设置"金属度"为1。

图9-24   图9-25

06 将上一步设置好的材质赋予特定的模型，效果如图9-26所示。

图9-26

07 制作深绿色塑料材质。按M键打开"材质编辑器"窗口，新建 VRayMtl材质球，具体参数设置如图9-27所示。制作好的材质球效果如图9-28所示。

设置步骤

① 设置"漫反射"颜色为深绿色。

② 设置"反射"颜色为白色，"光泽度"为0.7。

图9-27   图9-28

08 将上一步设置好的材质赋予特定的模型，效果如图9-29所示。

图9-29

09 制作深青色塑料材质。新建 VRayMtl材质球，具体参数设置如图9-30所示。制作好的材质球效果如图9-31所示。

设置步骤

① 设置"漫反射"颜色为深青色。

② 设置"反射"颜色为白色，"光泽度"为0.7。

图9-30   图9-31

⑩ 将上一步设置好的材质赋予相应的模型，效果如图9-32所示。

图9-32

⑪ 制作深黄色塑料材质。新建 VRayMtl材质球，具体参数设置如图9-33所示。制作好的材质球效果如图9-34所示。

设置步骤
① 设置"漫反射"颜色为深黄色。
② 设置"反射"颜色为白色，"光泽度"为0.7。

图9-33　　　　　　　图9-34

⑫ 将上一步设置好的材质赋予地面模型，效果如图9-35所示。

图9-35

⑬ 制作浅绿色材质。新建 VRayMtl材质球，具体参数设置如图9-36所示。制作好的材质球效果如图9-37所示。

设置步骤
① 设置"漫反射"颜色为浅绿色。
② 设置"反射"颜色为白色，"光泽度"为0.85。

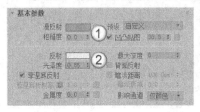

图9-36　　　　　　　图9-37

⑭ 将上一步设置好的材质赋予粽子模型，效果如图9-38所示。

图9-38

9.1.5 渲染效果图

① 按F10键打开"渲染设置"窗口，在"输出大小"选项组中设置"宽度"为1280，"高度"为720，如图9-39所示。
② 在"渐进式图像采样器"卷展栏中设置"渲染时间（分）"为10，"噪波阈值"为0.001，如图9-40所示。

图9-39　　　　　　　图9-40

③ 在"发光贴图"卷展栏中设置"当前预设"为"中"，"细分"为60，"插值采样"为30，如图9-41所示。

④ 在"灯光缓存"卷展栏中设置"细分"为2000，如图9-42所示。

图9-41　　　　　　　图9-42

⑤ 在"渲染元素"卷展栏中添加"VRay降噪器"效果，并设置"预设"为"轻微"，如图9-43所示。

图9-43

> 📝 **技巧与提示**
>
> 　　"VRay降噪器"可以减少画面产生的噪点，在较低的渲染参数下也能生成质量较好的效果图。

185

06 按F9键渲染场景，案例最终效果如图9-44所示。

图9-44

9.2 综合实例：渲染极简客厅场景

案例文件	案例文件>CH09>课堂案例：渲染极简客厅场景
视频名称	课堂案例：渲染极简客厅场景.mp4
学习目标	学习室内场景的渲染方法

本案例需要为一个极简的客厅场景添加摄影机、灯光和材质，然后进行渲染，效果如图9-45所示。

图9-45

9.2.1 添加摄影机

01 打开本书学习资源"案例文件>CH09>课堂案例：渲染极简客厅场景"文件夹中的"练习.max"文件，如图9-46所示。

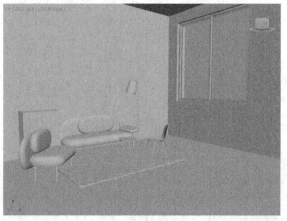

图9-46

02 使用"VRay物理摄影机"工具  在场景中创建一台摄影机，使其朝向沙发一侧，这样在摄影机可视范围内能包含更多的模型，如图9-47所示。

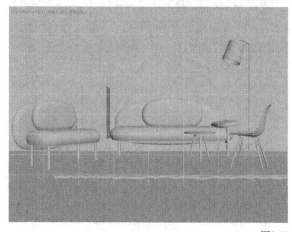

图9-47

03 选中摄影机，设置"焦距（毫米）"为32、"胶片速度（ISO）"为1000，如图9-48所示。

图9-48

04 在"渲染设置"窗口中设置"宽度"为720、"高度"为405，如图9-49所示。

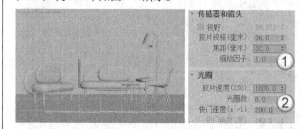

图9-49

05 在摄影机视口中按快捷键Shift+F添加渲染安全框，并调整摄影机的位置，如图9-50所示。

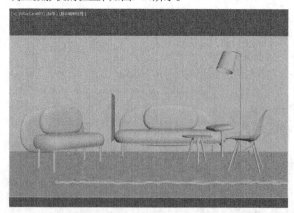

图9-50

　　测试渲染的参数与9.1.2小节中完全一致，以后的案例就不再赘述了。

9.2.2 创建灯光

01 场景中只存在一扇开窗，整个空间处于半封闭状态，依靠这扇开窗对整个场景进行照明。使用"VRay太阳"工具 在场景中创建一个太阳光，位置如图9-51所示。

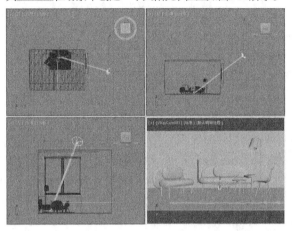

图9-51

技巧与提示

　　添加"VRay太阳"的同时添加附带的"VRay天空"贴图。

02 选中"VRay太阳"，在"修改"面板中设置"强度倍增"为0.2，"大小倍增"为5，"天空模型"为"完善型"，如图9-52所示。

03 按F9键测试灯光效果，如图9-53所示。

图9-52

图9-53

04 此时太阳的亮度已经合适，但室内空间整体的亮度还是有些不足，且没有明显的灯光层次。使用"VRay灯光"工具 在右侧的窗外创建一个平面光源，位置如图9-54所示。

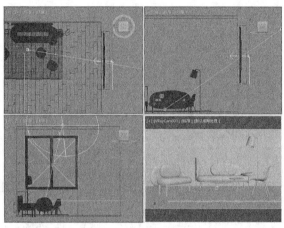

图9-54

05 选中上一步创建的灯光，设置"倍增"为30，"颜色"为浅蓝色，勾选"不可见"选项，如图9-55所示。灯光的颜色也可以设置为纯白色，设置为浅蓝色是为了与阳光的暖色进行冷暖对比。

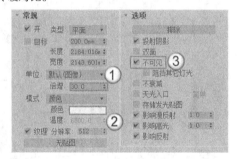

图9-55

技巧与提示

　　虽然在摄影机的可视范围内看不到创建的平面灯光，但必须勾选"不可见"选项，否则灯光的面片会遮挡太阳光。

06 按F9键测试灯光效果，如图9-56所示。

图9-56

9.2.3 添加材质

01 制作墙面材质。按M键打开"材质编辑器"窗口，新建 VRayMtl材质球，具体参数设置如图9-57所示。制作好的材质球效果如图9-58所示。

设置步骤

① 设置"漫反射"颜色为蓝绿色。

② 在"反射"和"光泽度"通道中加载学习资源文件夹中的829012-files-13.png文件。

③ 在"凹凸贴图"通道中加载学习资源文件夹中的829012-files-13.png文件，设置通道量为10。

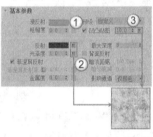

图9-57　　　　　　　　　　图9-58

02 将上一步设置好的材质赋予墙体模型，并添加"UVW贴图"修改器来调整贴图坐标，如图9-59所示。

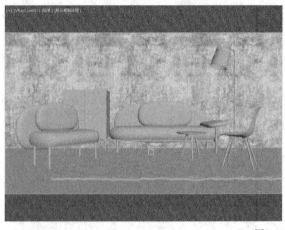

图9-59

03 按F9键测试材质的渲染效果，如图9-60所示。

图9-60

■ **知识点：贴图在不同通道的作用**

除了可以在材质的"漫反射"通道中加载贴图外，还可以在"反射""光泽度""凹凸贴图""折射"等通道中添加贴图。在不同的通道中添加贴图有不同的表现效果。

漫反射：展示材质本身的颜色和纹理。

反射：通过贴图的颜色信息表达反射强度。颜色越黑反射强度越低，颜色越白反射强度越高。

光泽度：与反射一样，依靠贴图的颜色信息表达光泽度。颜色越黑材质越粗糙，颜色越白材质越光滑。

凹凸贴图：识别贴图的灰度信息，彩色贴图会自动转换。颜色越黑代表凹陷的程度越大，颜色越白代表凸出的程度越大。读者可按照"黑凹白凸"的口诀来记忆。

折射：贴图的颜色越黑，透明度越低；贴图的颜色越白，透明度越高。

不透明度：与凹凸贴图一样，识别贴图的灰度信息。颜色越黑代表透明度越高，颜色越白代表透明度越低。与折射不同的是，不透明度会呈现镂空效果。读者可按照"黑透白不透"的口诀来记忆。

04 制作地板材质。新建 VRayMtl材质球，具体参数设置如图9-61所示。制作好的材质球效果如图9-62所示。

设置步骤

① 在"漫反射"通道中加载学习资源文件夹中的SCJJ020001.jpg文件。

② 设置"反射"为灰色，"光泽度"为0.8。

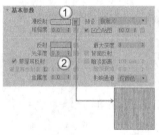

图9-61　　　　　　　　　　图9-62

05 将上一步设置好的材质赋予地板模型，并添加"UVW贴图"修改器来调整贴图坐标，如图9-63所示。

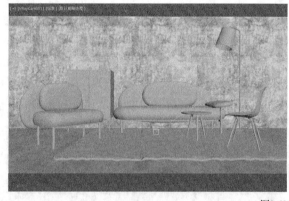

图9-63

06 按F9键测试材质效果,如图9-64所示。

图9-64

07 制作白色漆面材质。新建 VRayMtl材质球,具体参数设置如图9-65所示。制作好的材质球效果如图9-66所示。

设置步骤

① 设置"漫反射"颜色为浅灰色。

② 设置"反射"为白色,"光泽度"为0.85。

图9-65

图9-66

08 将上一步设置好的材质赋予柜子模型,测试效果如图9-67所示。

图9-67

09 制作蓝色绒布材质。新建 VRayMtl材质球,具体参数设置如图9-68所示。制作好的材质球效果如图9-69所示。

设置步骤

① 在"漫反射"通道中添加"衰减"贴图。

② 在"衰减"贴图的"前"和"侧"通道中加载学习资源文件夹中的SCJJ020003.jpg文件。

③ 设置"侧"通道量为70。

④ 设置"衰减类型"为"垂直/平行"。

⑤ 设置"反射"为灰色,"光泽度"为0.5。

⑥ 在"凹凸贴图"通道中加载学习资源文件夹中的SCJJ020015.jpg文件,设置通道量为80。

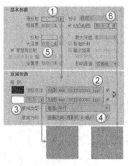

图9-68

图9-69

10 将上一步设置好的材质赋予左侧的单人沙发,并添加"UVW贴图"修改器来调整贴图坐标,如图9-70所示。

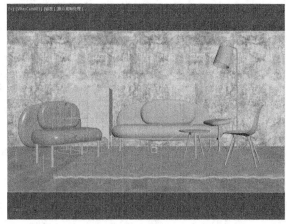

图9-70

11 按F9键测试材质效果,如图9-71所示。

图9-71

12 制作黄色绒布材质。将蓝色绒布材质复制一份,修改材质的名称,如图9-72所示。

📝 **技巧与提示**

蓝色绒布材质与黄色绒布材质的参数基本相同,唯一的区别是两个材质所用的贴图不同。复制材质并替换新贴图,能快速地制作新材质。

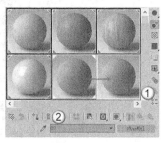

图9-72

⑬ 将"衰减"贴图通道中的文件替换为学习资源文件夹中的SCJJ020006.jpg文件,如图9-73所示。材质球效果如图9-74所示。

图9-73　　　　　　　　　　图9-74

⑭ 将上一步设置好的材质赋予中间的沙发模型,并添加相同的"UVW贴图"坐标后,测试渲染效果,如图9-75所示。

图9-75

⑮ 制作黑色金属材质。新建 VRayMtl材质球,具体参数设置如图9-76所示。制作好的材质球效果如图9-77所示。

设置步骤

① 设置"漫反射"颜色为黑色。

② 设置"反射"颜色为白色,"光泽度"为0.7。

③ 设置"金属度"为1.0。

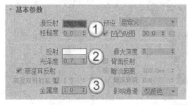

图9-76　　　　　　　　　　图9-77

⑯ 将上一步设置好的材质赋予相应的模型,如图9-78所示。

图9-78

技巧与提示

成组的模型在赋予部分模型材质时,需要先解组。

⑰ 按F9键测试材质效果,如图9-79所示。

图9-79

⑱ 制作蓝色塑料材质。新建 VRayMtl材质球,具体参数设置如图9-80所示。制作好的材质球效果如图9-81所示。

设置步骤

① 设置"漫反射"颜色为蓝色。

② 设置"反射"颜色为白色,"光泽度"为0.95。

图9-80　　　　　　　　　　图9-81

⑲ 将上一步设置好的材质赋予茶几模型,测试渲染效果如图9-82所示。

图9-82

⑳ 制作黄色塑料材质。将步骤18中的蓝色塑料材质复制一份,修改名字后设置"漫反射"为黄色,材质球效果如图9-83所示。

图9-83

㉑ 将上一步设置好的材质赋予右侧的椅子模型，测试渲染效果如图9-84所示。

图9-84

㉒ 制作地毯材质。新建 VRayMtl材质球，具体参数设置如图9-85所示。制作好的材质球效果如图9-86所示。

设置步骤

① 在"漫反射"通道中加载学习资源文件夹中的SCJJ020002.jpg文件。

② 设置"反射"颜色为灰色，"光泽度"为0.6。

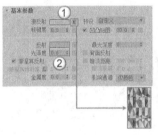 

图9-85   图9-86

㉓ 将上一步设置好的材质赋予地毯模型，测试渲染效果，如图9-87所示。

图9-87

9.2.4 渲染效果图

① 按F10键打开"渲染设置"窗口，在"输出大小"选项组中设置"宽度"为1280，"高度"为720，如图9-88所示。

图9-88

② 在"渐进式图像采样器"卷展栏中设置"渲染时间（分）"为10，"噪波阈值"为0.001，如图9-89所示。

③ 在"发光贴图"卷展栏中设置"当前预设"为"中"，"细分"为60，"插值采样"为30，如图9-90所示。

图9-89   图9-90

④ 在"灯光缓存"卷展栏中设置"细分"为2000，如图9-91所示。

⑤ 在"渲染元素"卷展栏中添加"VRay降噪器"效果，并设置"预设"为"轻微"，如图9-92所示。

图9-91   图9-92

⑥ 按F9键渲染场景，案例最终效果如图9-93所示。

图9-93

9.3 综合实例：渲染 CG走廊场景

案例文件　案例文件>CH09>综合实例：渲染CG走廊场景
视频名称　综合实例：渲染CG走廊场景.mp4
学习目标　学习CG场景的渲染方法

CG场景的内容较为丰富，本案例是制作一个科幻空间场景。虽然场景看起来有些复杂，但场景内的很多模型是相同的，只需要通过复制就能得到，效果如图9-94所示。

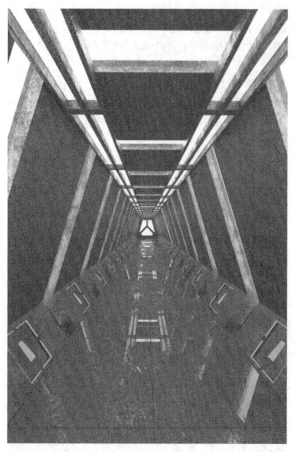

图9-94

9.3.1 添加摄影机

01 打开本书学习资源"案例文件>CH09>综合实例：渲染 CG走廊场景"文件夹中的"练习.max"文件，如图9-95所示。

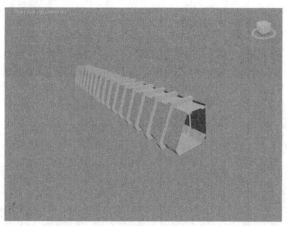

图9-95

02 使用"VRay物理摄影机"工具 VR-物理摄影机 在走廊内部创建一台摄影机，如图9-96所示。

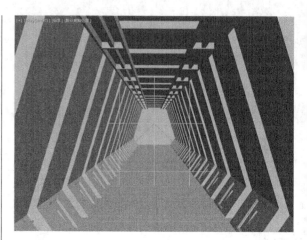

图9-96

03 选中创建的摄影机，在"修改"面板中设置"焦距（毫米）"为20，"胶片速度（ISO）"为1000，如图9-97所示。

04 按F10键打开"渲染设置"窗口，在"输出大小"选项组中设置"宽度"为600，"高度"为800，如图9-98所示。

图9-97   图9-98

05 在摄影机视口中按快捷键Shift+F添加渲染安全框，调整摄影机的位置，如图9-99所示。

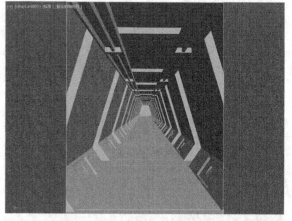

图9-99

9.3.2 创建灯光

01 使用"VRay灯光"工具 VR-灯光 在场景中创建一个平面光源，位置如图9-100所示。

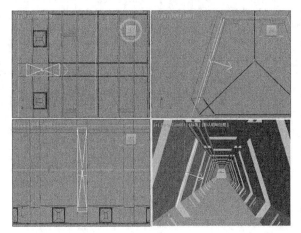

图9-100

02 选中上一步创建的灯光，将其复制多个，放在模型左右两侧，如图9-101所示。

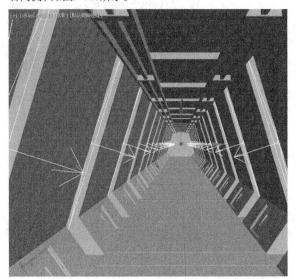

图9-101

📝 **技巧与提示**

在复制灯光时，最好选择"实例"模式进行复制，这样可以批量修改灯光参数。

03 选中创建的灯光，在"修改"面板中设置"倍增"为6，"颜色"为青色，勾选"不可见"选项，如图9-102所示。

04 在摄影机视口中按F9键测试灯光效果，如图9-103所示。

图9-102　　　　　　图9-103

05 使用"VRay灯光"工具 在模型的顶部创建一排平面灯光，位置如图9-104所示。

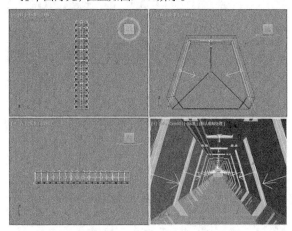

图9-104

06 选中创建的灯光，在"修改"面板中设置"倍增"为12，"颜色"为青色，勾选"不可见"选项，如图9-105所示。

07 按F9键测试灯光效果，如图9-106所示。

图9-105　　　　　　图9-106

08 使用"VRay灯光"工具 在顶部灯槽内创建一排平面灯光，并用"实例"模式复制到另一侧灯槽内，位置如图9-107所示。

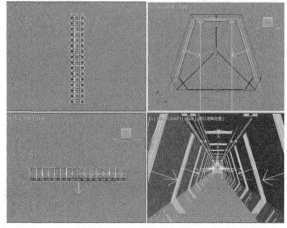

图9-107

09 选中上一步创建的灯光，设置"倍增"为5，"颜色"为白色，勾选"不可见"选项，如图9-108所示。

10 按F9键测试灯光效果，如图9-109所示。

193

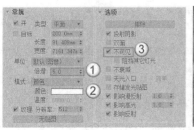 

图9-108　　　　　　图9-109

⑪ 使用"VRay灯光"工具 VR-灯光 在侧面的灯光下方创建一排平面光源，与侧面的灯光一样用"实例"模式复制，位置如图9-110所示。

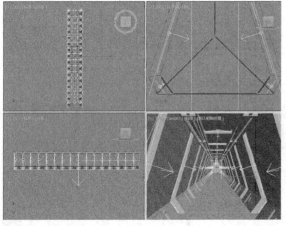

图9-110

⑫ 选中上一步创建的灯光，设置"倍增"为15，"颜色"为紫色，勾选"不可见"选项，如图9-111所示。

⑬ 按F9键测试灯光效果，如图9-112所示。

图9-111　　　　　　图9-112

9.3.3 添加材质

① 制作墙面金属材质。按M键打开"材质编辑器"窗口，新建 VRayMtl材质球，具体参数设置如图9-113所示。制作好的材质球效果如图9-114所示。

设置步骤

① 设置"漫反射"颜色为深蓝灰色。

② 在"反射"和"光泽度"通道中加载学习资源文件夹中的829012-files-13.png文件。

③ 设置"金属度"为1。

④ 在"凹凸贴图"通道中加载学习资源文件夹中的bump.jpg文件，设置通道量为30。

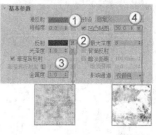 

图9-113　　　　　　图9-114

② 将上一步设置好的材质赋予墙体和灯槽模型，并添加"UVW贴图"修改器来调整贴图坐标，效果如图9-115所示。

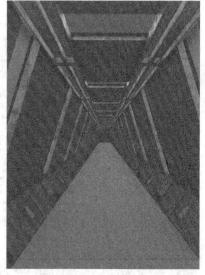

图9-115

③ 制作地面材质。新建 VRayMtl材质球，具体参数设置如图9-116所示。制作好的材质球效果如图9-117所示。

设置步骤

① 设置"漫反射"颜色为深蓝灰色。

② 在"反射"和"光泽度"通道中加载学习资源文件夹中的bump.jpg文件。

③ 在"凹凸贴图"通道中加载学习资源文件夹中的bump.jpg文件，设置通道量为2。

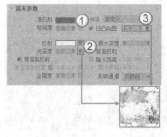 

图9-116　　　　　　图9-117

04 将上一步设置好的材质赋予地面模型，并添加"UVW贴图"修改器来调整贴图坐标，测试效果如图9-118所示。

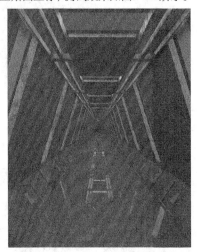

图9-118

05 制作青色自发光材质。新建"VRay灯光"材质，具体参数设置如图9-119所示。制作好的材质球效果如图9-120所示。

设置步骤

① 设置"颜色"为青色，"倍增"为2。

② 勾选"补偿摄影机曝光"选项。

③ 勾选"直接照明"的"开"选项。

图9-119　　　　　　　　图9-120

06 将上一步设置好的材质赋予墙体后的灯片模型和走廊尽头的门模型，测试效果如图9-121所示。

图9-121

07 制作紫色自发光材质。新建"VRay灯光"材质，具体参数设置如图9-122所示。制作好的材质球效果如图9-123所示。

设置步骤

① 设置"颜色"为紫色，"倍增"为2。

② 勾选"补偿摄影机曝光"选项。

③ 勾选"直接照明"的"开"选项。

图9-122　　　　　　　　图9-123

08 将上一步设置好的材质赋予墙面下方剩余的模型，测试效果如图9-124所示。

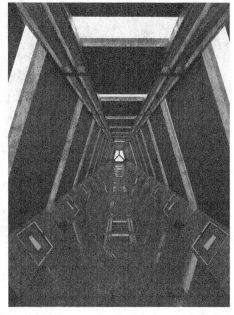

图9-124

09 制作白色自发光材质。新建"VRay灯光"材质，具体参数设置如图9-125所示。制作好的材质球效果如图9-126所示。

设置步骤

① 设置"颜色"为白色，"倍增"为1。

② 勾选"补偿摄影机曝光"选项。

③ 勾选"直接照明"的"开"选项。

图9-125　　　　　　　　图9-126

⑩ 将上一步设置好的材质赋予两个灯槽内的灯片模型，测试效果如图9-127所示。

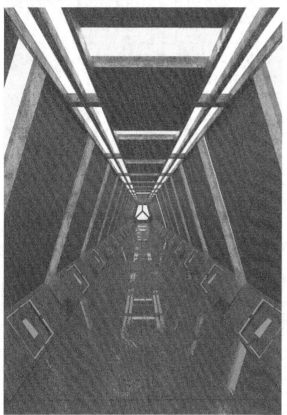

图9-127

9.3.4 渲染效果图

① 按F10键打开"渲染设置"窗口，在"输出大小"选项组中设置"宽度"为1200，"高度"为1600，如图9-128所示。

② 在"渐进式图像采样器"卷展栏中设置"渲染时间（分）"为10，"噪波阈值"为0.001，如图9-129所示。

图9-128

图9-129

③ 在"发光贴图"卷展栏中设置"当前预设"为"中"，"细分"为60，"插值采样"为30，如图9-130所示。

④ 在"灯光缓存"卷展栏中设置"细分"为2000，如图9-131所示。

图9-130

图9-131

⑤ 在"渲染元素"卷展栏中添加"VRay降噪器"效果，并设置"预设"为"轻微"，如图9-132所示。

图9-132

⑥ 按F9键渲染场景，案例最终效果如图9-133所示。

图9-133

第 10 章

粒子系统与空间扭曲

粒子系统和空间扭曲用于制作特效动画，它们比起前面学习的内容会更加抽象，也更难。在3ds Max中，依靠不同的发射器生成的粒子，配合各种力场就能生成丰富的动画效果。

学习目标

◇ 掌握粒子系统的使用方法

◇ 熟悉空间扭曲的作用

10.1 粒子系统

3ds Max 2022的粒子系统是一种很强大的动画制作工具，设置"粒子系统"可以控制密集对象群的运动效果。3ds Max 2022包含7种粒子，分别是"粒子流源""喷射""雪""超级喷射""暴风雪""粒子阵列""粒子云"，如图10-1所示。

图10-1

本节工具介绍

工具名称	工具作用	重要程度
粒子流源	作为默认的发射器	高
喷射	模拟雨和喷泉等动画效果	高
超级喷射	模拟暴雨和喷泉等动画效果	高
粒子阵列	模拟复制对象的爆炸效果	中

10.1.1 粒子流源

▶ 演示视频 097- 粒子流源

"粒子流源" 粒子流源 是每个流的视口图标，同时也可以作为默认的发射器。在默认情况下，它显示为带有中心徽标的矩形，如图10-2所示。

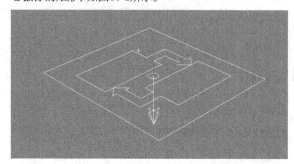

图10-2

进入"修改"面板，可以观察到"粒子流源"的参数包括"设置""发射""选择""系统管理""脚本"5个卷展栏，如图10-3所示。

图10-3

启用粒子发射：控制是否开启粒子系统。

粒子视图 粒子视图 ：单击该按钮可以打开"粒子视图"窗口，如图10-4所示。

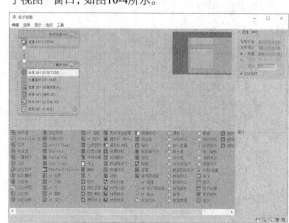

图10-4

> **技巧与提示**
>
> 在3ds Max 2022中，通过"场景资源管理器"面板可以快速选择粒子的基本属性，如图10-5所示。这样就不需要单独打开"粒子视图"窗口进行调整。

图10-5

徽标大小：主要用来设置粒子流中心徽标的尺寸，其大小对粒子的发射没有任何影响。

图标类型：主要用来设置图标在视图中的显示方式，有"长方形""长方体""圆形""球体"4种方式，默认为"长方形"。

长度：当"图标类型"设置为"长方形"或"长方体"时，显示的是"长度"参数；当"图标类型"设置为"圆形"或"球体"时，显示的是"直径"参数。

宽度：用来设置"长方形"和"长方体"徽标的宽度。

高度：用来设置"长方体"徽标的高度。

显示：主要用来控制是否显示标志或徽标。

视口%：主要用来设置视图中显示的粒子数量，该参数的值不会影响最终渲染的粒子数量，其取值范围为0~10000。

渲染%：主要用来设置最终渲染的粒子的数量百分比，该参数的大小会直接影响到最终渲染的粒子数量，其取值范围为0~10000。

粒子 ：激活该按钮以后，可以选择粒子。

事件■：激活该按钮以后，可以按事件来选择粒子。

上限：用来限制粒子的最大数量，默认值为100000，其取值范围为0~10000000。

视口：设置视图中的动画回放的综合步幅。

渲染：用来设置渲染时的综合步幅。

📖 课堂案例

用粒子流源制作小球动画

案例文件　案例文件>CH10>课堂案例：用粒子流源制作小球动画
视频名称　课堂案例：用粒子流源制作小球动画.mp4
学习目标　学习粒子流源的使用方法

本案例使用"粒子流源"工具 粒子流源 模拟发射的小球形态粒子，效果如图10-6所示。

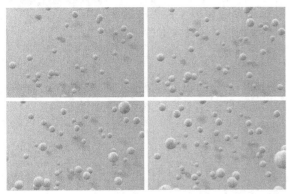

图10-6

01 在"创建"面板中展开"标准基本体"下拉列表，选择"粒子系统"选项，就可以切换到粒子系统的各项工具，如图10-7所示。

02 单击"粒子流源"按钮 粒子流源 ，在前视图中按住鼠标并拖曳，绘制一个发射器的图标，如图10-8所示。

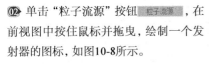

图10-7

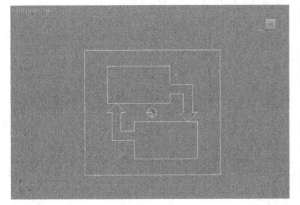

图10-8

03 滑动下方的时间线滑块，就能在视口中观察到发射出来的粒子，如图10-9所示。

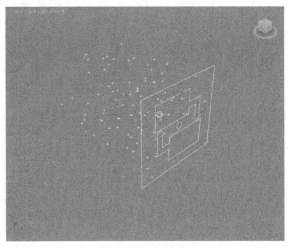

图10-9

04 此时粒子是向后发射，而案例需要向前发射。保持粒子流源图标选中的情况下，单击"镜像"按钮■，使其以y轴为对称轴做镜像，如图10-10所示。这样粒子就能向前发射，如图10-11所示。

图10-10　　　　　　　　　　图10-11

05 切换到"修改"面板，单击"粒子视图"按钮 粒子视图 ，将打开图10-12所示的窗口。在窗口中可以调整粒子的各项参数。

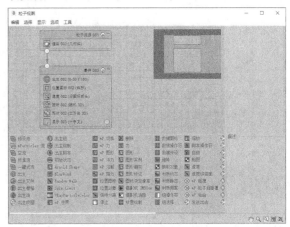

图10-12

06 选择"出生002"选项,在右侧设置"数量"为100,如图10-13所示。

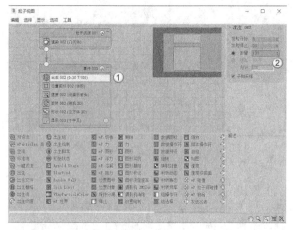

图10-13

07 选择"速度002"选项,在右侧设置"变化"为50mm,如图10-14所示。

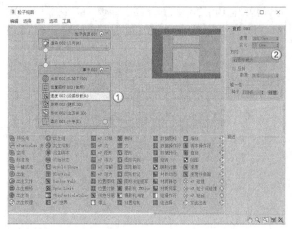

图10-14

08 选择"形状002"选项,在右侧设置3D为"80面球体","大小"为10mm,"变化%"为20,如图10-15所示。

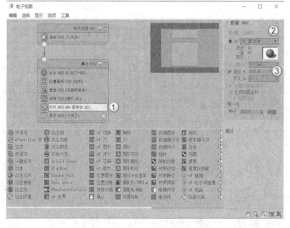

图10-15

09 使用"VRay物理摄影机"工具 在场景中创建一台摄影机,使其朝向粒子发射的方向,并调整摄影机的参数,如图10-16所示。

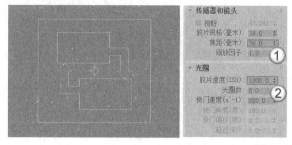

图10-16

10 按8键打开"环境和效果"窗口,在"环境贴图"中加载"VRay位图",并在"位图"中添加学习资源文件夹中的9.hdr文件,如图10-17所示。

图10-17

11 使用"平面"工具 在粒子发射器后方创建一个平面模型作为背景板,如图10-18所示。

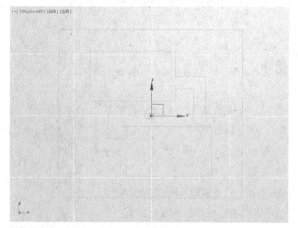

图10-18

12 新建一个蓝色的VRayMtl材质,并将其赋予背景模型,测试渲染效果,如图10-19所示。

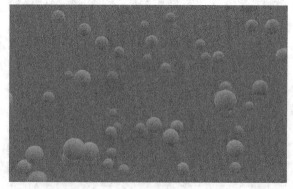

图10-19

⑬ 新建一个粉色的高光塑料材质，赋予粒子发射器，测试效果与上图一致，并没有改变粒子的颜色。打开"粒子视图"窗口，在下方选择"材质静态"属性，向上拖曳到"显示003"选项的下方，如图10-20所示。

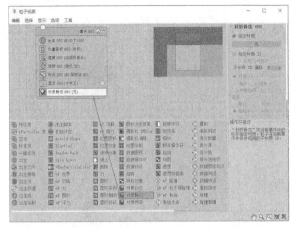

图10-20

⑭ 将设置好的粉色高光塑料材质球拖曳到右侧的"指定材质"通道中，选择"实例"模式，如图10-21所示。

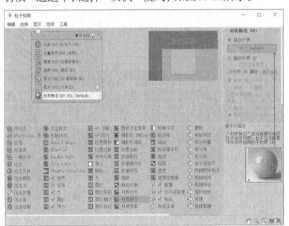

图10-21

⑮ 测试渲染粒子效果，如图10-22所示。

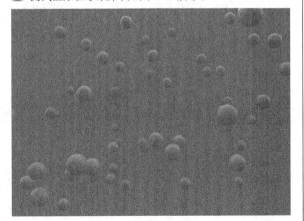

图10-22

⑯ 为场景添加一个"VRay灯光" VR-灯光 ，增加整体的亮度，效果如图10-23所示。

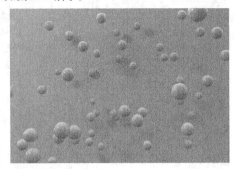

图10-23

📝 **技巧与提示**

灯光的类型、颜色和强度这里不作具体规定，读者按照自己的想法创建即可。

⑰ 在场景中任意选择4帧进行渲染，效果如图10-24所示。

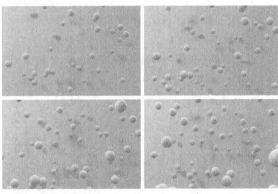

图10-24

📕 **知识点：粒子的其他常见属性**

除了案例中提到的"材质静态"属性外，还有一些常见的属性。

位置对象：将粒子发射器与参考对象相关联，从而让参考对象发射出粒子。

图形实例：默认的粒子形态是有限的，当需要为粒子赋予一些特定的形状时，默认的设置则无法实现，使用"图形实例"属性便可以很好地解决这一问题。

📖 **课堂练习**

用粒子流源制作粒子飞舞动画

案例文件	案例文件>CH10>课堂练习：用粒子流源制作粒子飞舞动画
视频名称	课堂练习：用粒子流源制作粒子飞舞动画.mp4
学习目标	练习粒子流源的使用方法

本案例使用"粒子流源"工具 粒子流源 在场景外创建一个发射器来发射粒子，效果如图10-25所示。

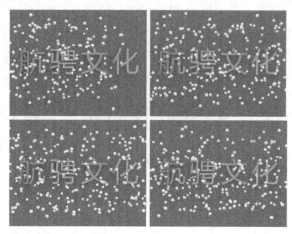

图10-25

10.1.2 喷射

▶️ 演示视频 098- 喷射

"喷射" 喷射 粒子常用来模拟雨和喷泉等效果，其参数如图10-26所示。

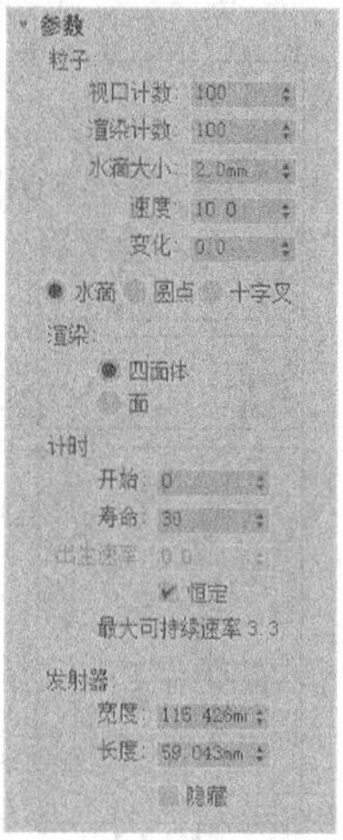

视口计数：在指定的帧处，视图中显示的最大粒子数量。

渲染计数：设置在渲染某一帧时可以显示的最大粒子数量（与"计时"选项组下的参数配合使用）。

水滴大小：设置水滴粒子的大小。

速度：设置每个粒子离开发射器时的初始速度。

变化：设置粒子的初始速度和方向。数值越大，喷射越强，范围越广。

水滴/圆点/十字叉：设置粒子在视图中的显示方式。

四面体：将粒子渲染为四面体。

面：将粒子渲染为正方形面。

开始：设置第1个出现的粒子的帧编号。

寿命：设置每个粒子的寿命。

出生速率：设置每一帧产生的新粒子数。

恒定：勾选该选项后，"出生速率"选项将不可用，此时的"出生速率"等于最大可持续速率。

宽度/长度：设置发射器的长度和宽度。

隐藏：勾选该选项后，发射器将不会显示在视图中（发射器不会被渲染出来）。

图10-26

🗖 课堂案例

用喷射制作淋浴动画

案例文件　案例文件>CH10>课堂案例：用喷射制作淋浴动画
视频名称　课堂案例：用喷射制作淋浴动画.mp4
学习目标　学习喷射的使用方法

本案例用"喷射"工具 喷射 模拟花洒喷出的水滴，效果如图10-27所示。

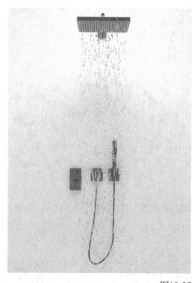

图10-27

① 打开本书学习资源"案例文件>CH10>课堂案例：用喷射制作淋浴动画"文件夹中的"练习.max"文件，如图10-28所示。

② 使用"喷射"工具 喷射 在花洒模型下创建一个发射器，如图10-29所示。

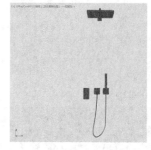

图10-28

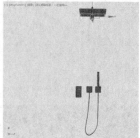

图10-29

③ 选中发射器，在"修改"面板中设置"视口计数"和"渲染计数"都为1000，"水滴大小"为10mm，"速度"为40，"开始"为0，"寿命"为100，如图10-30所示。

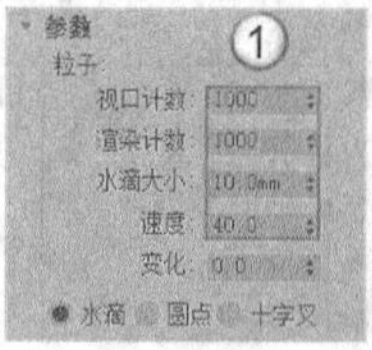

图10-30

04 滑动时间线滑块，就可以观察到视口中发射的粒子，如图10-31所示。

05 按M键打开"材质编辑器"窗口，将水材质赋予发射器并进行渲染，案例最终效果如图10-32所示。

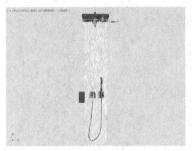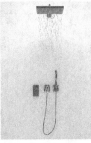

图10-31　　　　　图10-32

10.1.3 超级喷射

▶ 演示视频 099- 超级喷射

"超级喷射" 超级喷射 粒子可以用来制作暴雨和喷泉等效果，若将其绑定到"路径跟随" 路径跟随 空间扭曲上，还可以生成瀑布效果，其参数如图10-33所示。

图10-33

轴偏离：粒子与发射方向之间的夹角。

扩散：粒子在轴偏离下发射方向的平面效果。

平面偏离：可以将粒子360°全面发射。

使用速率：设置每帧所发射的粒子数量，数值越大，粒子越多。

速度：设置粒子发射的速度。

变化：设置粒子发射速度的随机变化范围。

发射开始/发射停止：设置粒子发射的开始和结束帧位置。

显示时限：设置粒子显示的时长。

寿命：设置粒子自身存在的时长。

大小：设置粒子的大小。

粒子类型：设置粒子显示的类型，有"标准粒子""变形球粒子""实例几何体"3种类型。

» **标准粒子**：系统提供了8种不同形状的粒子样式，图10-34所示为其中的4种。

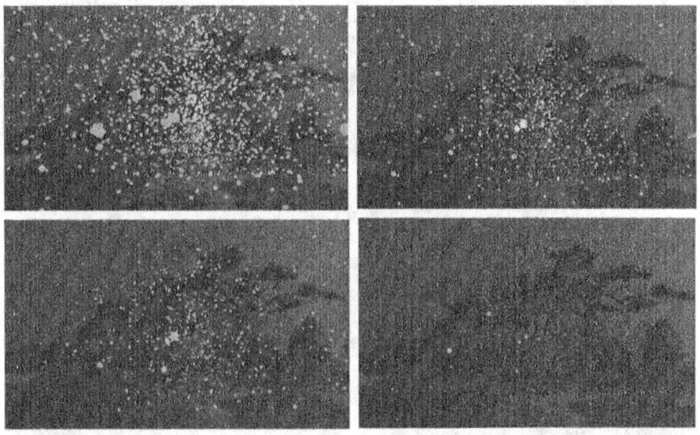

图10-34

» **变形球粒子**：形成张力的粒子模式。

» **实例几何体**：关联场景中的模型生成粒子。

▣ 课堂案例

用超级喷射制作粒子光圈

案例文件	案例文件>CH10>课堂案例：用超级喷射制作粒子光圈
视频名称	课堂案例：用超级喷射制作粒子光圈.mp4
学习目标	学习超级喷射的使用方法

本案例需要使用"超级喷射"工具跟随小球模型一起绕着圆形样条线运动，同时产生粒子，如图10-35所示。

图10-35

01 使用"圆"工具 圆 在前视图中绘制一个圆形样条线，如图10-36所示。

图10-36

⑫ 使用"球体"工具 [球体] 新建一个球体模型，如图10-37所示。

⑬ 选中球体模型，选择"动画>约束>路径约束"菜单命令，如图10-38所示。

图10-37　　　　　　　　　图10-38

⑭ 执行菜单命令后可以观察到，随着鼠标指针的移动，会出现一条虚线，如图10-39所示。

⑮ 单击圆形样条线，使小球模型与圆形样条线进行关联，如图10-40所示。

图10-39　　　　　　　　　图10-40

⑯ 移动时间滑块，就能观察到小球模型沿着圆形样条线逆时针运动，如图10-41所示。

图10-41

📝 技巧与提示

　　关于"路径约束"的相关概念，请参阅"第11章　动画技术"的相关内容。

⑰ 使用"超级喷射"工具 [超级喷射] 在顶视图的球体位置绘制发射器，使发射器与球体大小基本相同，如图10-42所示。

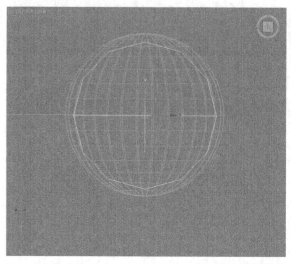

图10-42

⑱ 在前视图中将发射器的发射方向旋转到向下的位置，如图10-43所示。

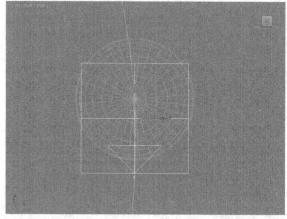

图10-43

⑲ 移动时间线滑块会发现发射器并没有与小球一起移动。使用"选择并链接"工具 🖉 将球体与发射器进行链接，如图10-44所示。

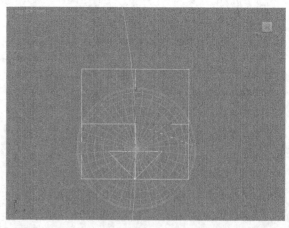

图10-44

技巧与提示

如果读者觉得"选择并链接"工具使用起来不方便,也可以在"场景资源管理器"中将发射器放置在球体的子层级,如图10-45所示。这样也能将两者进行关联。

图10-45

⑩ 移动时间线滑块,就可以观察到发射器与小球一起移动,并发射粒子,如图10-46所示。

图10-46

⑪ 发射器的粒子方向没有沿着圆形样条线的切线方向。选中球体模型,在"运动"面板中勾选"跟随"选项,粒子就会沿着圆形样条线的切线方向运动,如图10-47所示。

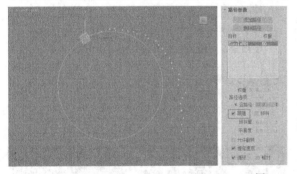

图10-47

⑫ 选中粒子发射器,设置"扩散"为5度,"使用速率"为50,"速度"为10mm,"变化"为20%;"发射停止"为100,"显示时限"为100,"变化"为10;"大小"为1mm,"变化"为50%,"标准粒子"为"球体",如图10-48所示。粒子的视口效果如图10-49所示。

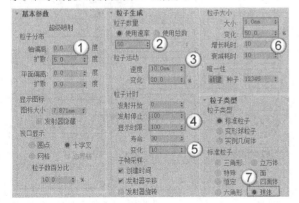

图10-48

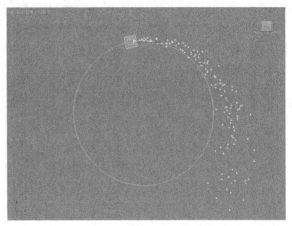

图10-49

⑬ 使用"平面"工具 平面 在场景中创建一个平面模型作为背景,如图10-50所示。

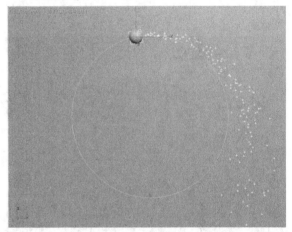

图10-50

⑭ 新建一个"VRay灯光"材质,然后将学习资源文件夹中的bg.jpg文件添加到通道中,勾选"补偿摄影机曝光"和"开"选项,如图10-51所示。

⑮ 将材质赋予背景模型,并添加"UVW贴图"修改器来调整坐标,如图10-52所示。

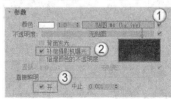

图10-51

图10-52

技巧与提示

添加"VRay灯光"材质后,背景模型无法通过视口直观地观察到贴图的大小是否合适,需要经过测试渲染进行检查。

⑯ 新建一个"VRay
灯光"材质,在通道
中添加"渐变"贴
图,设置"渐变类型"
为"径向",并勾选
"补偿摄影机曝光"
和"开"选项,如图
10-53所示。

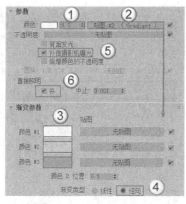

图10-53

读者也可以直接设置"颜色"代替"渐变"贴图。

⑰ 将材质赋予球体和粒子发射器,测试效果如图10-54
所示。

图10-54

⑱ 在时间线上任意选择4帧进行渲染,效果如图10-55
所示。

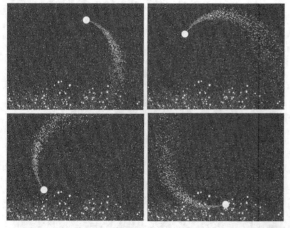

图10-55

10.1.4 粒子阵列

▶️ 演示视频 100- 粒子阵列

"粒子阵列"可以用来创建复制对象的爆炸效果,其
参数如图10-56所示。

图10-56

拾取对象:在场景中拾取生成粒子的对象。

粒子分布:选择粒子在拾取对象上的分布模式。

视口显示:设置粒子在视口中显示的模式。

📝 技巧与提示

其余参数与"超级喷射"类似,不再赘述。

10.2 空间扭曲

使用"空间扭曲"可以模
拟真实世界中存在的"力"效
果,当然"空间扭曲"需要与
"粒子系统"配合使用才能制作
出动画效果。

"空间扭曲"包括5种类
型,分别是"力""导向器""几
何/可变形""基于修改器""粒
子和动力学",如图10-57所示。

图10-57

10.2.1 力

▶️ 演示视频 101- 力

"力"可以为"粒子系统"提供外力影响,共有
10种类型,分别是"推力""马达""漩涡""阻力""粒

子 爆 炸 ""路 径 跟 随 ""重力""风""置换""运动场",如图10-58所示。

图10-58

推力 推力 :可以为粒子系统提供正向或负向的均匀单向力。

漩涡 漩涡 :可以将力应用于粒子,使粒子在急转的漩涡中进行旋转,然后让它们向下移动成一个长而窄的喷流或漩涡井,常用来创建黑洞、涡流和龙卷风效果。

阻力 阻力 :这是一种在指定范围内按照指定量来降低粒子速率的粒子运动阻尼器。应用阻尼的方式可以是"线性""球形""圆柱形"。

粒子爆炸 粒子爆炸 :可以创建一种使粒子系统发生爆炸的冲击波。

路径跟随 路径跟随 :可以强制粒子沿指定的路径进行运动。路径通常为单一的样条线,也可以是具有多条样条线的图形,但粒子只会沿其中一条样条线运动。

重力 重力 :用来模拟粒子受到的自然重力。重力具有方向性,沿重力箭头方向的粒子为加速运动,沿重力箭头逆向的粒子为减速运动。

风 风 :用来模拟风吹动粒子所产生的飘动效果。

📇 课堂案例

用风制作气泡

案例文件　案例文件>CH10>课堂案例:用风制作气泡
视频名称　课堂案例:用风制作气泡.mp4
学习目标　学习风的使用方法

一般情况下,发射器发射粒子会沿着固定的方向移动。在"风"的作用下,就可以改变路径,如图10-59所示。

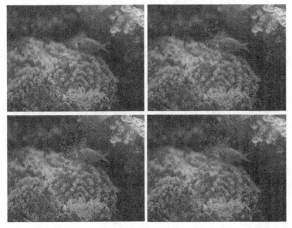

图10-59

01 使用"超级喷射"工具 超级喷射 在画面下方创建一个发射器,如图10-60所示。

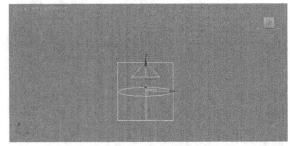

图10-60

02 选中上一步创建的发射器,设置"轴偏离"为5度,"扩散"为5度,"平面偏离"为5度,"扩散"为40度,如图10-61所示。

图10-61

03 在"粒子生成"卷展栏中设置"使用速率"为20,"速度"为15mm,"寿命"为60,"大小"为5mm,"变化"为50%,如图10-62所示。

04 在"粒子类型"卷展栏中设置"标准粒子"为"球体",如图10-63所示。

图10-62　　　　　　图10-63

05 使用"平面"工具 平面 在场景中创建一个平面模型作为背景,如图10-64所示。

图10-64

⑥ 新建"VRay灯光材质",然后在通道中加载学习资源文件夹中的bg.jpg文件,勾选"补偿摄影机曝光"和"开"选项,如图10-65所示。

图10-65

⑦ 将材质赋予背景模型,并添加"UVW贴图"修改器来调整坐标,测试效果如图10-66所示。

图10-66

⑧ 新建VRayMtl材质,具体参数设置如图10-67所示。材质球效果如图10-68所示。

设置步骤

① 设置"反射"颜色为白色。

② 设置"折射"颜色为白色,"折射率(IOR)"为0.8。

图10-67

图10-68

⑨ 将气泡材质赋予发射器,测试效果如图10-69所示。

⑩ 将发射器向左移动一段距离,使背景的小鱼能完全显示,如图10-70所示。

图10-69

图10-70

⑪ 现有的气泡都是直线向上移动的。在"空间扭曲"中单击"风"按钮,如图10-71所示。

⑫ 在画面左侧绘制一个"风"的控制器,如图10-72所示。

图10-71

图10-72

⑬ 使用"绑定到空间扭曲"工具将"风"与发射器两者进行关联,就可以看到气泡朝着风吹的方向移动,如图10-73所示。

图10-73

⑭ 选中"风",在"参数"卷展栏中设置"强度"为0.2,"湍流"为2,如图10-74所示。

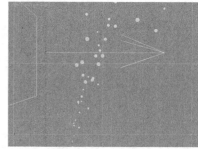

图10-74

⑮ 在时间线上任意选择4帧进行渲染,效果如图10-75所示。

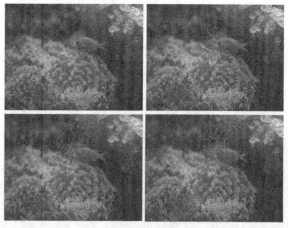

图10-75

10.2.2 导向器

演示视频 102- 导向器

"导向器"可以为粒子系统提供导向功能,共有6种类型,分别是"泛方向导向板""泛方向导向球""全泛方向导向""全导向器""导向球""导向板",如图10-76所示。

图10-76

泛方向导向板 泛方向导向板:这是空间扭曲的一种平面泛方向导向器。它能提供比原始导向器更强大的功能,包括折射和繁殖能力。

泛方向导向球 泛方向导向球:这是空间扭曲的一种球形泛方向导向器。它提供的选项比原始的导向球更多。

全泛方向导向 全泛方向导向:这个导向器比原始的全导向器更强大,可以使用任意几何对象作为粒子导向器。

全导向器 全导向器:这是一种可以使用任意对象作为粒子导向器的全导向器。

导向球 导向球:这个空间扭曲起着球形粒子导向器的作用。

导向板 导向板:这是一种平面的导向器,是一种特殊类型的空间扭曲,它能让粒子影响动力学状态下的对象。

课堂案例

用导向板制作弹跳的粒子

案例文件	案例文件>CH10>课堂案例:用导向板制作弹跳的粒子
视频名称	课堂案例:用导向板制作弹跳的粒子.mp4
学习目标	学习导向板的使用方法

通过"导向板"和"重力"的作用,使发射的粒子产生反弹的效果,如图10-77所示。

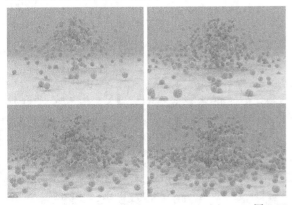

图10-77

01 使用"超级喷射"工具 超级喷射 在场景中创建一个发射器,使粒子向上发射,如图10-78所示。

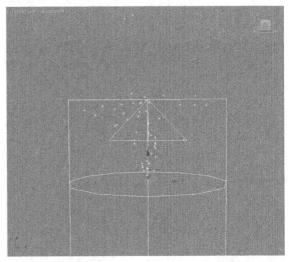

图10-78

02 在"基本参数"卷展栏中设置"轴偏离"的"扩散"为45度,"平面偏离"的"扩散"为180度,"视口显示"为"网格",如图10-79所示。

03 在"粒子生成"卷展栏中设置"使用速率"为40,"速度"为10mm,"变化"为20%;"寿命"为100,"大小"为10mm,"变化"为30%,如图10-80所示。

图10-79   图10-80

04 在"粒子类型"卷展栏中设置"标准粒子"为"球体",如图10-81所示。视口中的粒子效果如图10-82所示。

图10-81   图10-82

05 要让向上发射的粒子掉落下来，就需要添加重力。使用"重力"工具 重力 在场景中创建一个控制器，如图10-83所示。

图10-83

06 使用"绑定到空间扭曲"工具 将"重力"与发射器进行关联，此时可以观察到粒子小球掉落下来，如图10-84所示。

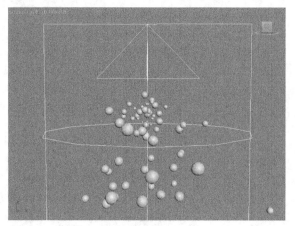

图10-84

07 选中"重力"工具，设置"强度"为0.4，可以让下落的粒子更加分散，如图10-85所示。

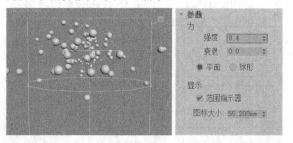

图10-85

08 使用"导向板"工具 导向板 绘制一个矩形的导向板，如图10-86所示。

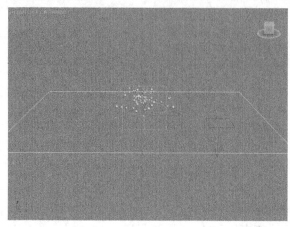

图10-86

09 使用"绑定到空间扭曲"工具 ，将"导向板"和发射器进行关联，如图10-87所示。可以观察到粒子在接触到导向板时将产生反弹效果。

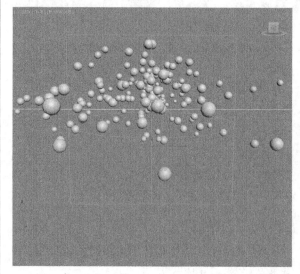

图10-87

10 选中导向板，设置"反弹"为0.6，"摩擦力"为20%，如图10-88所示。可以降低粒子的反弹高度，使其与导向板产生摩擦而停止运动。

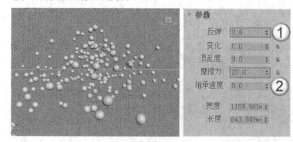

图10-88

⓫ 使用"平面"工具 ▭ 平面 ▭ 创建地面和背景，需要注意地面的高度与导向板的高度一致，如图10-89所示。

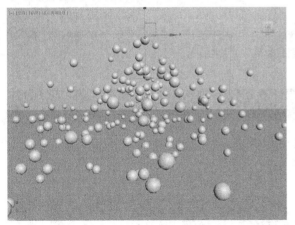

图10-89

⓬ 在"环境和效果"窗口的"环境贴图"通道中加载"VRay位图"作为环境光，并添加学习资源文件夹中的studio021.hdr文件，如图10-90所示。

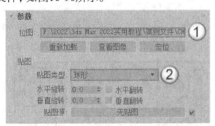

图10-90

⓭ 新建两个VRayMtl材质，分别设置为深蓝色和浅蓝色，并将它们赋予粒子和地面背景，测试渲染效果，如图10-91所示。

图10-91

⓮ 在时间线上任意选择4帧，案例最终效果如图10-92所示。

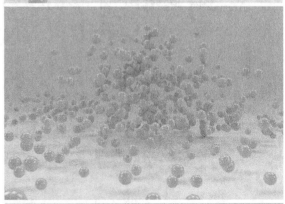

图10-92

10.3 本章小结

本章主要讲解了3ds Max的粒子系统和空间扭曲。在粒子系统中，学习了4种常见的粒子发射器，可以生成不同样式的粒子效果。在空间扭曲中，熟悉了力和导向器，这两者都能影响粒子的运动轨迹，生成更加复杂的动画效果。本章的难度比之前的内容要大一些，也更加抽象。希望读者在理解原理的基础上多加练习。

10.4 课后习题

本节安排了两个课后习题供读者练习。这两个习题将本章学习的知识进行了综合运用。如果读者在练习时有疑难问题，可以一边观看教学视频，一边学习粒子动画的制作方法。

10.4.1 课后习题：用喷射制作下雨动画

案例文件　案例文件>CH10>课后习题：用喷射制作下雨动画

视频名称　课后习题：用喷射制作下雨动画.mp4

学习目标　练习喷射的使用方法

本案例使用"喷射"发射器 喷射 制作下雨动画，效果如图10-93所示。

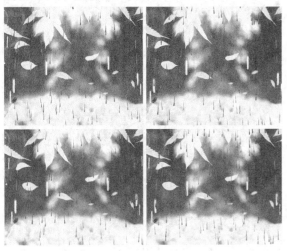

图10-93

10.4.2 课后习题：用导向球制作螺旋粒子

案例文件　案例文件>CH10>课后习题：用导向球制作螺旋粒子

视频名称　课后习题：用导向球制作螺旋粒子.mp4

学习目标　练习导向球的使用方法

本案例使用"导向球" 导向球 、"旋涡" 旋涡 和"粒子流源" 粒子流源 工具制作旋转的粒子动画，效果如图10-94所示。

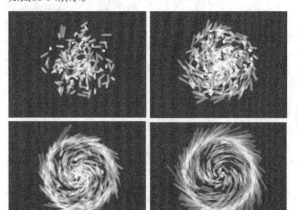

图10-94

第11章

动画技术

动画技术是3ds Max的一个关键技术，除了上一章讲到的粒子动画外，还有动力学动画、关键帧动画、约束动画、变形器动画和角色动画等各种类型。每种类型的动画通过不同的工具生成。动画的学习难度会比之前的内容更大，需要读者耐心学习、多多练习。

学习目标

◇ 掌握动力学动画

◇ 掌握关键帧动画

◇ 熟悉约束动画

◇ 熟悉变形器动画

◇ 熟悉角色动画

11.1 动力学动画

3ds Max中的"动力学系统"可以快速制作出物体与物体之间真实的物理作用效果,是制作动画必不可少的工具。"动力学系统"可用于定义物理属性和外力,当对象遵循物理定律进行相互作用时,场景可以自动生成最终的动画关键帧。

本节工具介绍

工具名称	工具作用	重要程度
MassFX工具栏	设置动力学类型与参数	高
动力学刚体	模拟对象间碰撞效果	高
运动学刚体	模拟运动对象的碰撞效果	高
静态刚体	与动力学对象产生碰撞的对象	中
mCloth	模拟布料的动力学效果	高

11.1.1 MassFX工具栏

▶▶ 演示视频 103- MassFX 工具栏

在主工具栏的空白处单击鼠标右键,然后在弹出的菜单中选择"MassFX工具栏"命令,可以调出MassFX工具栏,如图11-1所示。调出的MassFX工具栏如图11-2所示。

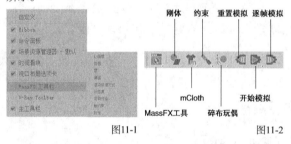

图11-1　　　　　　　　图11-2

> 📝 **技巧与提示**
>
> 为了方便操作,可以将MassFX工具栏拖曳到主工具栏的下方,如图11-3所示。另外,也可以在MassFX工具栏上单击鼠标右键,在弹出的菜单中选择"停靠"子菜单中的子命令,停靠在其他的地方,如图11-4所示。

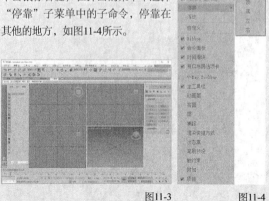

图11-3　　　　　　　图11-4

MassFX工具:单击该按钮,会弹出"MassFX工具"面板,如图11-5所示。在面板中可以详细设置动力学的各项参数。

图11-5

刚体:长按该按钮,会弹出下拉列表,在列表中可以选择不同类型的刚体对象,如图11-6所示。

mCloth:长按该按钮,会弹出下拉列表,在列表中可以设置对象的mCloth类型,如图11-7所示。

图11-6　　　　　　　　图11-7

约束:长按该按钮,会弹出下拉列表,在列表中可以设置不同的约束方式,如图11-8所示。

碎布玩偶:长按该按钮,会弹出下拉列表,在列表中可以设置不同的碎布玩偶模式,如图11-9所示。

图11-8　　　　　　　　图11-9

重置模拟:单击该按钮,会撤销动力学模拟效果,将模型还原为初始状态。

开始模拟:单击该按钮,会模拟动力学动画效果。

逐帧模拟:单击该按钮,可以逐帧模拟动力学效果,方便观察动画细节。

11.1.2 动力学刚体

▶▶ 演示视频 104- 动力学刚体

使用"将选定项设置为动力学刚体"工具 ◎ 可以将未实例化的MassFX刚体修改器应用到每个选定对象,并将刚体类型设置为"动力学",然后为每个对象创建一个"凸面"物理网格,如图11-10所示。如果选定对象已经具有MassFX刚体修改器，则现有修改器将更改为动力学，而不重新应用。

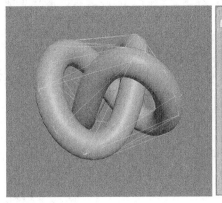

图11-10

MassFX Rigid Body（MassFX刚体）修改器的参数分为6个卷展栏，分别是"刚体属性""物理材质""物理图形""物理网格参数""力""高级"卷展栏，如图11-11所示。

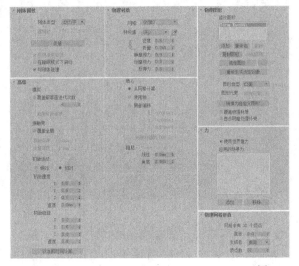

图11-11

刚体类型：设置选定刚体的模拟类型，包含"动力学""运动学""静态"3种类型。

直到帧：如果勾选该选项，MassFX会在指定帧将选定的运动学刚体转换为动态刚体。该选项只有在将"刚体类型"设置为"运动学"时才可用。

烘焙：将选定刚体的模拟运动转换为标准动画关键帧，以便进行渲染（仅应用于动态刚体）。

使用高速碰撞：如果勾选该选项以及"世界"面板中的"使用高速碰撞"选项，则这里的"使用高速碰撞"设置将应用于选定刚体。

在睡眠模式下启动：如果勾选该选项，刚体将使用全局睡眠设置以睡眠模式开始模拟。

与刚体碰撞：勾选该选项后，刚体将与场景中的其他刚体发生碰撞。

网格：选择要更改材质参数的刚体的物理网格。

预设值：从列表中选择一个预设，以指定所有的物理材质属性。

密度：设置刚体的密度，度量单位为g/cm³（克每立方厘米）。

质量：此刚体的重量，单位为kg（千克）。

静摩擦力：设置两个刚体开始互相滑动的难度系数。

动摩擦力：设置两个刚体保持互相滑动的难度系数。

反弹力：设置对象撞击到其他刚体时反弹的轻松程度和高度。

修改图形：选择需要修改网格的对象。

添加 添加 ：将新的物理图形添加到刚体。

重命名 重命名 ：更改物理图形的名称。

删除 删除 ：删除选定的物理图形。

镜像图形 镜像图形 ：围绕指定轴翻转图形几何体。

重新生成选定对象 重新生成选定对象 ：使列表中高亮显示的图形自适应图形网格的当前状态。启用此选项可使物理图形重新适应编辑后的图形网格。

图形类型：为图形列表中高亮显示的图形选定应用的物理图形类型，包含6种类型，分别是"球体""框""胶囊""凸面""凹面""自定义"。

图形元素：使"图形"列表中高亮显示的图形适合从"图形元素"列表中选择的元素。

转换为自定义图形 转换为自定义图形 ：单击该按钮时，将基于高亮显示的物理图形在场景中创建一个新的可编辑网格对象，并将物理网格类型设置为"自定义"。

覆盖物理材质：在默认情况下，刚体中的每个物理图形使用"物理材质"卷展栏中的材质设置。但是可能使用的是由多个物理图形组成的复杂刚体，需要为某些物理图形使用不同的设置。

显示明暗处理外壳：勾选后，将物理图形作为明暗处理视图中的明暗处理实体对象（而不是线框）进行渲染。

11.1.3 运动学刚体

▶▶ 演示视频105- 运动学刚体

使用"将选定项设置为运动学刚体"工具 可以将未实例化的MassFX刚体修改器应用到每个选定对象，并将刚体类型设置为"运动学"，然后为每个对象创建一个"凸面"物理网格，如图11-12所示。如果选定对象已经具有MassFX刚体修改器，则现有修改器将更改为运动学，而不重新应用。

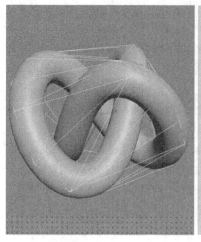

图11-12

11.1.4 静态刚体

📹 演示视频106- 静态刚体

　　使用"将选定项设置为静态刚体"工具可以将未实例化的MassFX刚体修改器应用到每个选定对象，并将"刚体类型"设置为"静态"，然后为每个对象创建一个"凸面"物理网格，如图11-13所示。

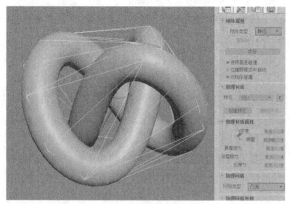

图11-13

📗 **课堂案例**

用动力学刚体制作碰撞动画

案例文件	案例文件>CH11>课堂案例：用动力学刚体制作碰撞动画
视频名称	课堂案例：用动力学刚体制作碰撞动画.mp4
学习目标	学习动力学刚体的使用方法

　　本案例运用动力学制作出一个小球运动并碰撞立方体的动画效果，如图11-14所示。

图11-14

01 打开本书学习资源"案例文件>CH11>课堂案例：用动力学刚体制作碰撞动画"文件夹中的"练习.max"文件，如图11-15所示。这是一个已经搭建好的场景。

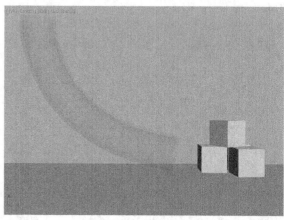

图11-15

02 使用"球体"工具 球体 在玻璃管道的上方新建一个球体模型，大小与管道差不多即可，使其可以穿过管道撞击下方的立方体，如图11-16所示。

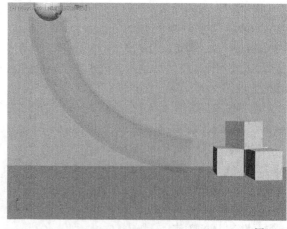

图11-16

⓷ 在场景中管道、地面和背景的墙面都是不动的物体。选中管道模型，将其设置为静态刚体，如图11-17所示。

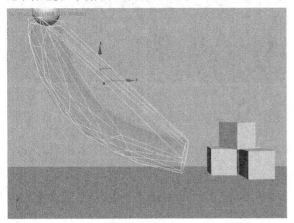

图11-17

⓸ 切换到"修改"面板，在"物理图形"卷展栏中，设置"图形类型"为"原始的"，就可以使网格的形状与管道相适应，如图11-18所示。

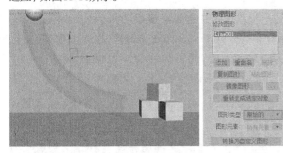

图11-18

📝 技巧与提示

　　网格的形状会影响碰撞的效果，尽量将网格调整得与模型相似。

⓹ 按照上面的方法，将地面模型和背景墙面模型都设置为静态刚体，如图11-19所示。

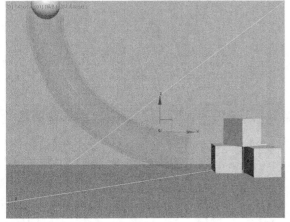

图11-19

⓺ 球体模型和地面的立方体模型会发生碰撞，因此这两类模型是动力学刚体。选中球体模型，将其设置为动力学刚体，如图11-20所示。

图11-20

⓻ 将"图形类型"修改为"球体"，如图11-21所示。

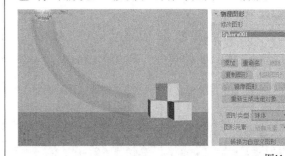

图11-21

⓼ 选中4个立方体模型，然后设置为动力学刚体，并调整"图形类型"为"长方体"，如图11-22所示。

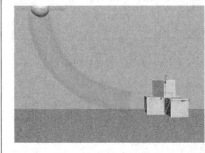

图11-22

⓽ 单击"开始模拟"按钮 ▶，模拟碰撞动画，效果如图11-23所示。球体模型并没有按照预想撞开立方体模型。

图11-23

⓾ 单击"重置模拟"按钮 ◀还原场景，然后选中球体模型，在"物理材质"卷展栏中设置"质量"为0.08，如图11-24所示。

⑪ 单击"开始模拟"按钮 ▶再次模拟碰撞动画，效果如图11-25所示。此时球体将立方体撞开了一小段距离，如果继续增大"质量"的数值，撞击的效果会更明显。

图11-24

图11-25

⑫ 打开"MassFX工具"面板,然后单击"烘焙所有"按钮 烘焙所有 ,将模拟的碰撞动画记录为关键帧动画,如图11-26所示。

> **技巧与提示**
>
> 烘焙完成后,会在时间线上显示关键帧的标记。

⑬ 为球体模型赋予与立方体一样的白色材质,如图11-27所示。

图11-26

图11-27

⑭ 在时间线上选择4帧进行渲染,效果如图11-28所示。

图11-28

> **课堂练习**

用动力学刚体制作散落动画

案例文件　案例文件>CH11>课堂练习:用动力学刚体制作散落动画
视频名称　课堂练习:用动力学刚体制作散落动画.mp4
学习目标　练习动力学刚体的使用方法

本案例为多个模型赋予动力学刚体后,制作散落动画,如图11-29所示。

图11-29

11.1.5　mCloth

▶ 演示视频 107- mCloth

使用"将选定对象设置为mCloth对象"工具 将选定对象设置为mCloth对象 可以将mCloth修改器应用到选定的对象上,从而模拟布料的动力学效果,其参数如图11-30所示。

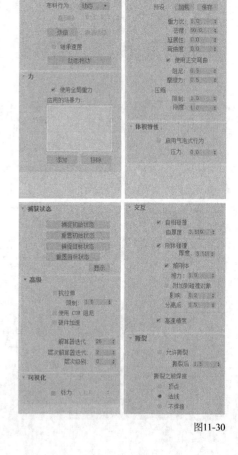

图11-30

布料行为：设置选定布料对象的类型，包含"动态"和"运动学"两种类型。

烘焙 烘焙：单击该按钮，可以将模拟的效果生成关键帧。

撤销烘焙 撤销烘焙：单击该按钮，会将烘焙后的关键帧删除，恢复原始效果。

动态拖动 动态拖动：单击该按钮，在没有动画的情况下进行布料模拟效果。

应用的场景力：添加力场，从而控制布料的动力学效果。

捕捉初始状态 捕捉初始状态：以当前布料的状态作为模拟的初始状态。

重置初始状态 重置初始状态：单击该按钮，可以重置布料对象的初始状态。

重力比：设置场景的重力效果。

密度：设置布料的权重。

延展性：设置布料的拉伸效果。

弯曲度：设置布料的折叠效果。

阻尼：设置布料的弹性。

摩擦力：布料与自身或其他对象碰撞时的顺滑度。

自相碰撞：默认为勾选状态，表示布料之间产生碰撞效果，避免穿模。

允许撕裂：勾选该选项后，布料在与刚体对象碰撞的情况下会产生撕裂效果。

📑 课堂案例

用mCloth制作台布

案例文件	案例文件>CH11>课堂案例：用mCloth制作台布
视频名称	课堂案例：用mCloth制作台布.mp4
学习目标	学习mCloth的使用方法

本案例用平面模型模拟台布效果，需要用到mCloth工具，如图11-31所示。

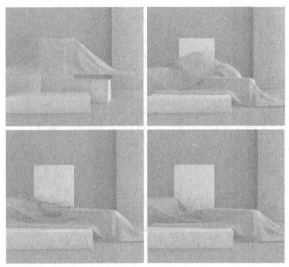

图11-31

01 打开本书学习资源"案例文件>CH11>课堂案例：用mCloth制作台布"文件夹中的"练习.max"文件，如图11-32所示。

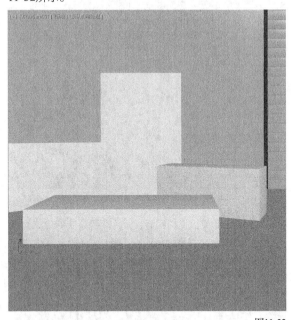

图11-32

02 使用"平面"工具 平面 在展台模型上新建一个平面模型，如图11-33所示。

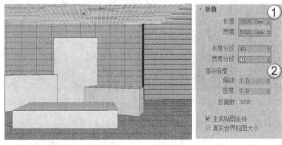

图11-33

📝 技巧与提示

平面模型的"长度分段"与"宽度分段"的数值越大，模型的面就会越多，模拟的布料效果也会越真实。模型面数多了，就会减慢布料模拟的速度，延长模拟时间。

03 选中平面模型，将其转换为mCloth对象，如图11-34所示。

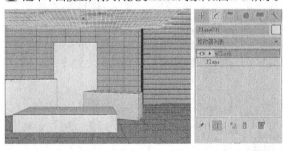

图11-34

❹ 选中展台模型和地面模型,将其转换为静态刚体,如图11-35所示。

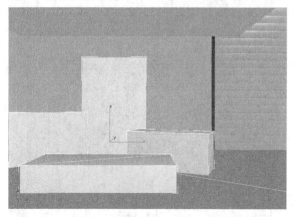

图11-35

❺ 单击"开始模拟"按钮 ◙,平面模型会受到重力影响而下落,覆盖在展台模型和地面模型上,如图11-36所示。

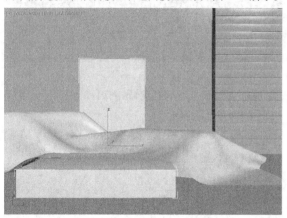

图11-36

❻ 仔细观察平面模型,模拟的布料效果显得不是很柔软。在"纺织品物理特性"卷展栏中设置"重力比"为0.3,"密度"为30,"弯曲度"为0.3,布料模拟效果如图11-37所示。

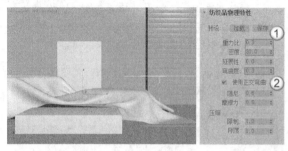

图11-37

📝 技巧与提示

"重力比"的数值越大,布料会显得越厚实,呈现湿布的效果。

❼ 在"mCloth模拟"卷展栏中单击"烘焙"按钮 ,就可以将模拟的布料动画转换为关键帧动画,如图11-38所示。

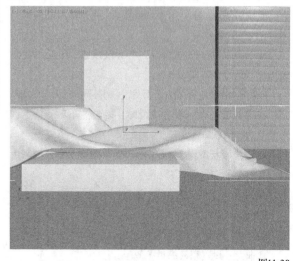

图11-38

❽ 此时的布料模型没有厚度。在模型上添加"壳"修改器,设置"外部量"为7mm,如图11-39所示。

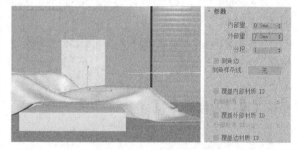

图11-39

❾ 在"材质编辑器"中将设置好的半透明纱帘材质赋予布料模型,如图11-40所示。

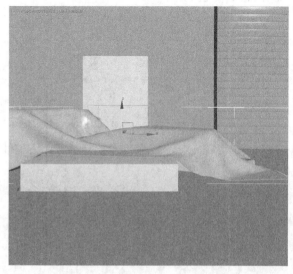

图11-40

⑩ 在时间线上任选4帧进行渲染，布料动画如图11-41所示。

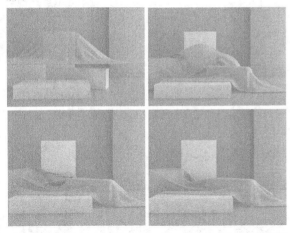

图11-41

11.2 关键帧动画

关键帧动画是动画制作的重中之重，是必须要掌握的功能。动画制作工具和"曲线编辑器"是制作关键帧动画所需要使用的工具。

本节内容介绍

名称	作用	重要程度
关键帧设置	添加关键帧并预览动画	高
曲线编辑器	调整动画速度和效果	高

11.2.1 关键帧设置

▶ 演示视频108-关键帧设置

3ds Max的界面右下角是一些设置动画关键帧的相关工具，如图11-42所示。

图11-42

转至开头 ：如果当前时间线滑块没有处于第0帧位置，那么单击该按钮可以跳转到第0帧。

上一帧 ：将当前时间线滑块向前移动一帧。

播放动画 ：单击该按钮可以播放整个场景中的所有动画。

下一帧 ：将当前时间线滑块向后移动一帧。

转至结尾 ：如果当前时间线滑块没有处于结束帧位置，那么单击该按钮可以跳转到最后一帧。

关键点模式切换 ：单击该按钮可以切换到关键点设置模式。

时间跳转输入框 ：在这里可以输入数字来跳转时间线滑块，例如输入60，按Enter键就可以使时间线滑块跳转到第60帧。

时间配置 ：单击该按钮可以打开"时间配置"对话框，如图11-43所示。

图11-43

» 帧速率：有NTSC（30帧/秒）、PAL（25帧/秒）、电影（24帧/秒）和自定义4种方式可供选择。

» FPS（每秒帧数）：采用每秒帧数来设置动画的帧速率。视频使用30FPS的帧速率、电影使用24FPS的帧速率，而Web和媒体动画则使用更低的帧速率。

» 帧/SMPTE/帧:TICK/分:秒:TICK：指定在时间线滑块及整个3ds Max中显示时间的方法。

» 实时：使视图中播放的动画与当前"帧速率"的设置保持一致。

» 仅活动视口：使播放操作只在活动视口中进行。

» 循环：控制动画只播放一次或者循环播放。

» 速度：选择动画的播放速度。

» 方向：选择动画的播放方向。

» 开始时间/结束时间：设置在时间线滑块中显示的活动时间段。

» 长度：设置显示活动时间段的帧数。

» 帧数：设置要渲染的帧数。

» 重缩放时间 ：拉伸或收缩活动时间段内的动画，以匹配指定的新时间段。

» 当前时间：指定时间线滑块的当前帧。

» 使用轨迹栏：启用该选项后，可以使关键点模式遵循轨迹栏中的所有关键点。

» 仅选定对象：在使用"关键点步幅"模式时，该选项仅考虑选定对象的变换。

» 使用当前变换：禁用"位置""旋转""缩放"选项时，该选项可以在关键点模式中使用当前变换。

» 位置/旋转/缩放：指定关键点模式所使用的变换模式。

自动关键点 ：单击该按钮或按N键可以自动记录关键帧。在该状态下，物体的模型、材质、灯光和渲染都将被记录为不同属性的动画。启用"自动关键点"功能后，时间线会变成红色，拖曳时间线滑块可以控制动画的播放范围和关键帧等，如图11-44所示。

图11-44

设置关键点 ：单击该按钮后，可以手动设置关键点。

选定对象 ：使用"设置关键点"动画模式时，在这里可以快速访问命名选择集和轨迹集。

设置关键点 ：如果对当前的效果比较满意，可以单击该按钮（快捷键为K键）设置关键点。

关键点过滤器 ：单击该按钮可以打开"设置关键点过滤器"对话框，在该对话框中可以选择要设置关键点的轨迹，如图11-45所示。

图11-45

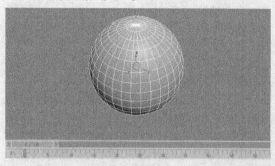

知识点：设置关键帧的方法

设置关键帧的常用方法有以下两种。

第1种： 使用"自动关键点"工具 进行设置。当单击"自动关键点"按钮 后，系统就可以通过定位当前帧的位置记录下动画。图11-46所示的是一个球体模型，当前时间线滑块处于第0帧位置。将时间线滑块移动到第10帧位置，然后移动球体模型的位置，这时系统会在第0帧和第10帧自动记录下动画信息，如图11-47所示。此时单击"播放动画"按钮 ，或移动时间线滑块，就可以观察到球体模型的位移动画。

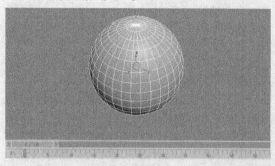

图11-46

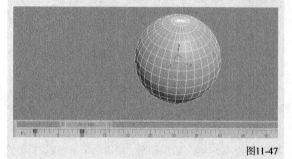

图11-47

第2种： 手动设置关键点。单击"设置关键点"按钮 ，开启"设置关键点"功能，然后将时间线滑块移动到第20帧，并移动球体模型的位置，再单击"设置关键点"按钮 即可，如图11-48所示。

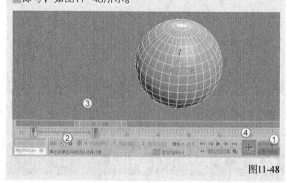

图11-48

11.2.2 曲线编辑器

▶ 演示视频 109- 曲线编辑器

"曲线编辑器"是制作动画时经常使用到的一个编辑器。使用"曲线编辑器"可以快速地调节曲线来控制物体的运动状态。单击主工具栏中的"曲线编辑器（打开）"按钮 ，打开"轨迹视图-曲线编辑器"窗口，如图11-49所示。

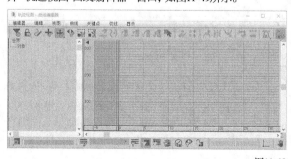

图11-49

为物体设置动画属性以后，在"轨迹视图-曲线编辑器"窗口中就会有与之相对应的曲线，如图11-50所示。

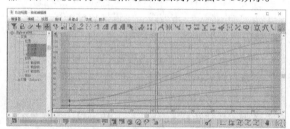

图11-50

在"轨迹视图-曲线编辑器"窗口中，*x*轴默认使用红色曲线来表示，*y*轴默认使用绿色曲线来表示，*z*轴默认使用紫色曲线来表示，这3条曲线与坐标轴的3条轴线的颜色相同。图11-51所示的*x*轴曲线为抛物线形态，表示物体正呈加速运动。

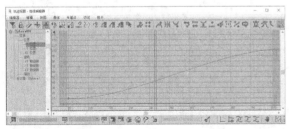

图11-51

1.关键点工具

"关键点:轨迹视图"工具栏中的工具主要用来调整曲线基本形状，同时也可以调整关键帧和添加关键点，如图11-52所示。

图11-52

过滤器：单击该按钮，可以选择需要显示的关键帧类型。

绘制关键点：使用该工具可以在曲线上随意绘制关键点的位置。

添加/移除关键点：在现有的曲线上创建关键点或移除已有的关键点。

移动关键点：选中关键点后可以向任意位置移动。

滑动关键点：单击此按钮可以让关键点横向滑动。

参数曲线超出范围：单击该按钮，可以在打开的对话框中选择循环曲线的类型，如图11-53所示。

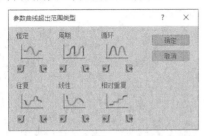

图11-53

2.关键点切线工具

"关键点切线:轨迹视图"工具栏中的工具主要用来调整曲线的切线，如图11-54所示。

图11-54

将切线设置为自动：选择关键点后，单击该按钮可以切换为自动切线。

将切线设置为自定义：将关键点设置为自定义切线。

将切线设置为快速：将关键点切线设置为快速内切线或快速外切线，也可以设置为快速内切线兼快速外切线。

将切线设置为慢速：将关键点切线设置为慢速内切线或慢速外切线，也可以设置为慢速内切线兼慢速外切线。

将切线设置为阶梯：将关键点切线设置为阶跃内切线或阶跃外切线，也可以设置为阶跃内切线兼阶跃外切线。

将切线设置为线性：将关键点切线设置为线性内切线或线性外切线，也可以设置为线性内切线兼线性外切线。

将切线设置为平滑：将关键点切线设置为平滑切线。

3.切线动作

"切线动作"工具栏中的工具主要用于统一和断开动画关键点切线，如图11-55所示。

图11-55

显示切线：默认为开启状态，可以显示关键点上的切线。

断开切线：允许将两条切线（控制柄）链接到一个关键点，使控制柄能够独立移动，以便不同的运动能够进出关键点。

统一切线：如果切线是统一的，沿任意方向移动控制柄，可以让控制柄之间保持最小角度。

锁定切线：单击该按钮，可以将切线锁定。

知识点：动画曲线与运动速度的关系

"曲线编辑器"中动画曲线的横轴代表时间，纵轴代表距离，因此生成的动画曲线的斜率就代表物体运动的速度，常见的动画曲线有3种类型。

第1种：斜率一致的直线，呈匀速运动，如图11-56所示。

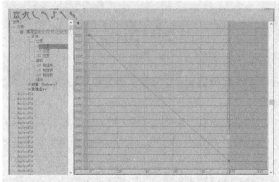

图11-56

第2种: 斜率由小到大,呈加速运动,如图11-57所示。

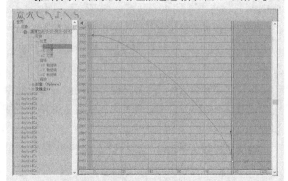

图11-57

第3种: 斜率由大到小,呈减速运动,如图11-58所示。

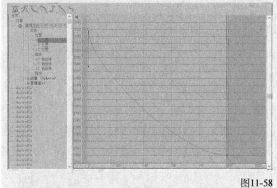

图11-58

🔲 课堂案例

用关键帧制作小车运动动画

案例文件	案例文件>CH11>课堂案例:用关键帧制作小车运动动画
视频名称	课堂案例:用关键帧制作小车运动动画.mp4
学习目标	学习位移和旋转关键帧的添加方法

小车运动动画不仅要制作小车的位移关键帧,还需要制作车轮的旋转关键帧,在此基础上还需要添加气球的位移关键帧以增加细节,如图11-59所示。

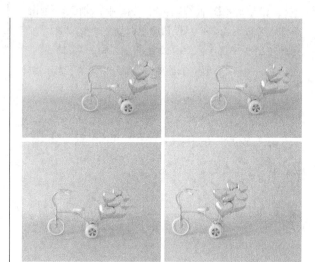

图11-59

🔘**1** 打开本书学习资源"案例文件>CH11>课堂案例:用关键帧制作小车运动动画"中的"练习.max"文件,如图11-60所示。

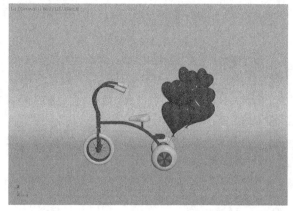

图11-60

🔘**2** 选中"小车"组,将整体模型向右移动到画面右侧,如图11-61所示。

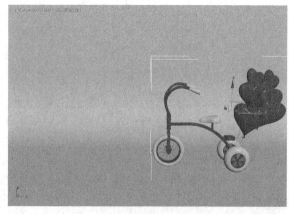

图11-61

03 将时间线滑块移动到第0帧的位置，单击"设置关键点"按钮 ❖（快捷键为K），就可以观察到在时间线上的第0帧出现了标记，如图11-62所示。

图11-62

技巧与提示

设置关键帧的快捷键是K，因此在日常制作中，有时会用"K帧"的说法代指"设置关键帧"这个工具。

04 按N键启用"自动关键点"，然后移动时间线滑块到第30帧的位置，如图11-63所示。启用"自动关键点"后，时间线会显示为红色。

图11-63

05 在第30帧的位置向左移动小车模型，如图11-64所示。时间线上会自动添加关键帧，如图11-65所示。

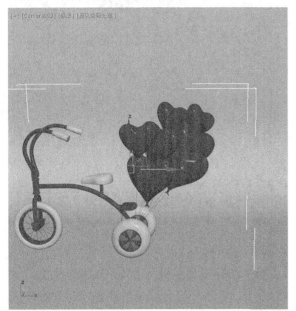

图11-64

图11-65

06 保持第30帧的位置不变，选中"前轮"组，将其沿着y轴逆时针旋转-360°，如图11-66所示。

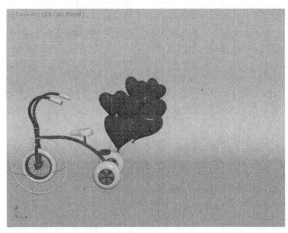

图11-66

07 选中"后轮"组，同样在第30帧的位置将其沿着y轴逆时针旋转-360°，如图11-67所示。

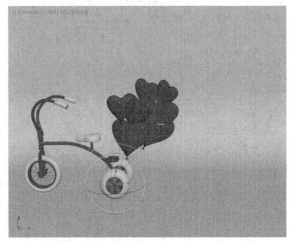

图11-67

08 选中"气球"组，在第15帧的位置将其沿着y轴顺时针旋转20°，如图11-68所示。

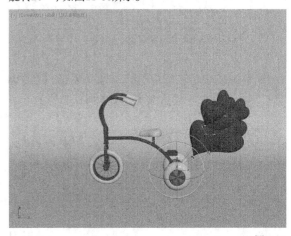

图11-68

⑨ 选中第0帧自动添加的关键帧，按住Shift键并将其移动到第30帧的位置，就能将第0帧的关键帧复制到第30帧，如图11-69所示。

图11-69

⑩ 单击"自动关键点"按钮 自动关键点 （快捷键为N）将其动画记录关闭，然后单击"播放动画"按钮 ▶ （快捷键为/）预览动画效果，发现会出现缓起缓停，如图11-70所示。

图11-70

⑪ 在主工具栏单击"曲线编辑器"按钮 ，打开"曲线编辑器"窗口，在左侧选中"小车"组的"X位置"，就会在右侧显示小车的位移动画曲线，如图11-71所示。

图11-71

⑫ 框选曲线上的关键帧，然后单击"将切线设置为线性"按钮 ，使其变换为直线，如图11-72所示。

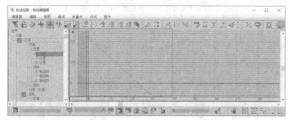

图11-72

⑬ 按照上面的方法，将"前轮"和"后轮"的"Y轴旋转"的曲线都转换为直线，如图11-73和图11-74所示。

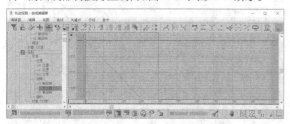

图11-73

图11-74

📝 技巧与提示

"气球"组的"Y轴旋转"曲线不需要转换为直线，保持原有的曲线会使动画拥有更多细节。

⑭ 关闭"曲线编辑器"窗口，再次预览动画，就可以观察到流畅的动画效果。在时间线上任意选择4帧进行渲染，效果如图11-75所示。

图11-75

📖 课堂案例

用关键帧制作灯光变换动画

案例文件	案例文件>CH11>课堂案例：用关键帧制作灯光变换动画
视频名称	课堂案例：用关键帧制作灯光变换动画.mp4
学习目标	学习材质添加关键帧的方法

除了常规的为模型添加位移、旋转和缩放等形态位置的变化外，还可以在材质球上添加关键帧。本案例通过不同的颜色模拟灯光变化的效果，如图11-76所示。

图11-76

图11-76（续）

01 打开本书学习资源"案例文件>CH11>课堂案例：用关键帧制作灯光变换动画"文件夹中的"练习.max"文件，如图11-77所示。

图11-77

02 按F9键预览画面效果，场景中只有环境光，灯泡模型没有产生灯光，如图11-78所示。

图11-78

03 在"材质编辑器"中新建一个"VRay灯光材质"，设置"颜色"为黄色，"倍增"为10，勾选"补偿摄影机曝光"和"开"选项，如图11-79所示。

图11-79

04 将上一步设置好的材质赋予灯泡模型，测试渲染画面效果，如图11-80所示。

图11-80

05 在第0帧位置按N键启用"自动关键点"按钮 自动关键点 ，此时"VRay灯光材质"的材质球外框变成红色，如图11-81所示。

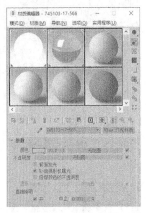

图11-81

06 移动时间线滑块到第15帧的位置，设置"颜色"为青色，如图11-82所示。

图11-82

技巧与提示

虽然在时间线上看不到任何关键帧的标记，但在"颜色"的色块边缘有红色的标记，代表记录了关键帧。

07 在第30帧的位置，设置"颜色"为洋红色，如图11-83所示。

08 在第45帧的位置，设置"颜色"为红色，如图11-84所示。

图11-83   图11-84

⑨ 移动时间线滑块，就可以观察到材质球的变化，如图11-85所示。

图11-85

⑩ 在时间线上任意选择4帧，案例最终效果如图11-86所示。

图11-86

📑 课堂练习

用关键帧制作风车动画

案例文件　案例文件>CH11>课堂练习：用关键帧制作风车动画
视频名称　课堂练习：用关键帧制作风车动画.mp4
学习目标　练习旋转关键帧的添加方法

本案例需要为风车的风叶和太阳模型做旋转动画，效果如图11-87所示。

图11-87

11.3　约束动画

所谓"约束"，就是将事物的变化限制在一个特定的范围内。将两个或多个对象绑定在一起后，使用"动画>约束"子菜单下的命令可以控制对象的位置、旋转或缩放。选择"动画>约束"菜单命令，可以观察到"约束"子菜单包含7个子命令，分别是"附着约束""曲面约束""路径约束""位置约束""链接约束""注视约束""方向约束"，如图11-88所示。

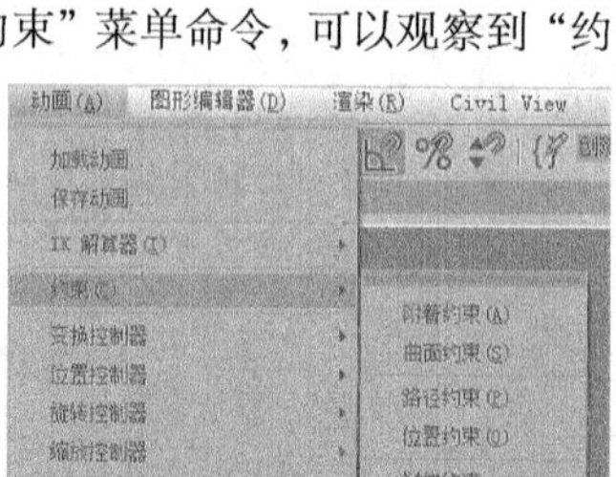

图11-88

本节内容介绍

名称	作用	重要程度
路径约束	沿着路径来约束对象的移动效果	高
注视约束	约束对象的方向，使其始终注视另一个对象	高

11.3.1　路径约束

▶️ 演示视频 110- 路径约束

使用"路径约束"命令可以对一个对象沿着样条线或在多个样条线间的平均距离间的移动进行限制，其参数如图11-89所示。

添加路径 添加路径 ：添加一个新的样条线路径使之对约束对象产生影响。

删除路径 删除路径 ：从目标列表中移除一个路径。

目标/权重：该列表用于显示样条线路径及其权重值。

权重：为每个目标指定并设置动画。

图11-89

%沿路径：设置对象沿路径的位置百分比。

💬 技巧与提示

注意，"%沿路径"的值基于样条线路径的U值。一个NURBS曲线可能没有均匀的空间U值，因此如果"%沿路径"的值为50可能不会直观地转换为NURBS曲线长度的50%。

跟随：在对象跟随轮廓运动时将对象指定给轨迹。

倾斜：当对象通过样条线的曲线时允许对象倾斜（滚动）。

倾斜量：调整该量使倾斜从一边或另一边开始。

平滑度：控制对象在经过路径中的转弯处时翻转角度改变的快慢程度。

允许翻转：勾选该选项后，可以避免在对象沿着垂直方向的路径行进时有翻转的情况。

恒定速度：启用该选项后，可以沿着路径提供一个恒定的速度。

循环：在一般情况下，当约束对象到达路径末端时，不会越过末端点。而"循环"选项可以改变这一行为，当约束对象到达路径末端时会循环回起始点。

相对：勾选该选项后，可以保持约束对象的原始位置。

轴：使定义对象的轴与路径轨迹对齐。

📋 **课堂案例**

用路径约束制作火车运动动画

案例文件	案例文件>CH11>课堂案例：用路径约束制作火车运动动画
视频名称	课堂案例：用路径约束制作火车运动动画.mp4
学习目标	学习路径约束的使用方法

本案例使用"路径约束"命令将火车模型约束在轨道模型上运动，效果如图11-90所示。

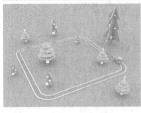

图11-90

① 打开本书学习资源"案例文件>CH11>课堂案例：用路径约束制作火车运动动画"文件夹中的"练习.max"文件，如图11-91所示。

图11-91

② 使用"矩形"工具 矩形 绘制一个和轨道一样大的矩形样条线，并调整其圆角，如图11-92所示。

图11-92

📝 **技巧与提示**

绘制的矩形样条线最好位于轨道的中间位置。

③ 选中火车模型，选择"动画>约束>路径约束"菜单命令，然后拾取上一步绘制的矩形样条线，如图11-93所示。约束后的效果如图11-94所示。

图11-93　　　　　　　　　　　　　　图11-94

④ 移动时间线滑块，会发现火车虽然沿着路径移动，但方向不对，如图11-95所示。

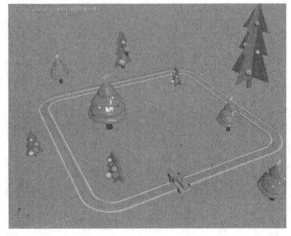

图11-95

⑤ 在右侧的"运动"面板中勾选"跟随"选项，并设置"轴"为Y，就可以观察到火车的方向正确了，如图11-96所示。

图11-96

⑥ 移动时间线滑块，会发现虽然火车方向正确，但运动时是倒着走的，如图11-97所示。

图11-97

⑦ 在"运动"面板中勾选"翻转"选项，就能将火车的运动方向调整正确，如图11-98所示。

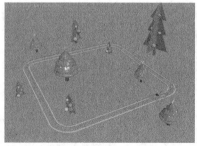

图11-98

⑧ 在时间线上任意选择4帧进行渲染，效果如图11-99所示。

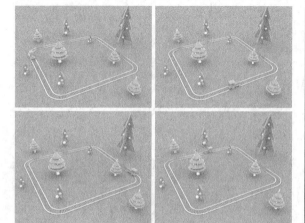

图11-99

11.3.2 注视约束

▶ 演示视频 111− 注视约束

使用"注视约束"可以控制对象的方向，并使它一直注视另一个对象，其参数如图11-100所示。

图11-100

添加注视目标 添加注视目标 ：用于添加影响约束对象的新目标。

删除注视目标 删除注视目标 ：用于移除影响约束对象的目标对象。

权重：用于为每个目标指定权重值并设置动画。

保持初始偏移：将约束对象的原始方向保持为相对于约束方向上的一个偏移。

视线长度：定义从约束对象轴到目标对象轴所绘制的视线长度。

绝对视线长度：勾选该选项后，3ds Max仅使用"视线长度"设置主视线的长度。

设置方向 设置方向 ：允许对约束对象的偏移方向进行手动定义。

重置方向 重置方向 ：将约束对象的方向设置为默认值。

选择注视轴：用于定义注视目标的轴。

选择上方向节点：选择注视的上部节点，默认设置为"世界"。

上方向节点控制：允许在注视的上部节点控制器和轴对齐之间快速翻转。

源轴：选择与上部节点轴对齐的约束对象的轴。

对齐到上方向节点轴：选择与选中的源轴对齐的上部节点轴。

📇 课堂案例

用注视约束制作眼神动画

案例文件　案例文件>CH11>课堂案例：用注视约束制作眼神动画

视频名称　课堂案例：用注视约束制作眼神动画.mp4

学习目标　学习注视约束的使用方法

本案例为卡通兔子模型添加"注视约束"命令，使其眼球模型能根据需要进行旋转，如图11-101所示。

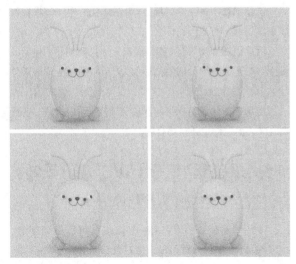

图11-101

01 打开本书学习资源"案例文件>CH11>课堂案例：用注视约束制作眼神动画"文件夹中的"练习.max"文件，如图11-102所示。

图11-102

02 在"创建"面板中单击"辅助对象"按钮，然后单击"虚拟对象"按钮 虚拟对象，在眼睛模型的前方创建一个方形的虚拟对象控制器，如图11-103和图11-104所示。

图11-103　　　　　　　　　图11-104

📝 **技巧与提示**

"虚拟对象"工具 虚拟对象 是控制眼球模型旋转角度的控制器，该控制器不能被渲染。

03 选中两个眼球模型，选择"动画>约束>注视约束"菜单命令，然后选择上一步创建的控制器，如图11-105所示。可以观察到约束后的眼球位置产生了较大的偏移。

图11-105

04 选中眼球模型，在"运动"面板中勾选"保持初始偏移"选项，眼球模型就会返回初始角度，如图11-106所示。

05 移动控制器，就可以观察到眼球模型在跟随控制器转动，如图11-107所示。

图11-106　　　　　　　　　图11-107

06 移动控制器来渲染不同眼球角度，效果如图11-108所示。

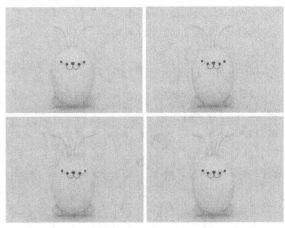

图11-108

11.4 变形器动画

本节将通过3个修改器为读者讲解不同的变形动画，分别是"变形器"修改器、"路径变形（WSM）"修改器和"切片"修改器。

本节内容介绍

名称	作用	重要程度
变形器修改器	改变网格、面片和NURBS模型的形状	高
路径变形（WSM）修改器	根据图形、样条线或NURBS曲线路径来变形对象	高
切片修改器	从上或从下移除模型	高

11.4.1 变形器修改器

▶️ 演示视频 112- 变形器修改器

"变形器"修改器可以用来改变网格、面片和NURBS模型的形状，同时还支持材质变形，一般用于制作变形动画。"变形器"修改器的参数包含5个卷展栏，如图11-109所示。

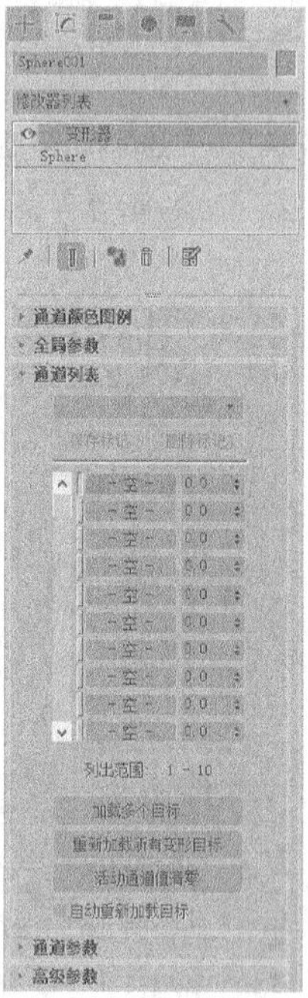

标记下拉列表 ：在该列表中可以选择以前保存的标记。

保存标记 ：在标记下拉列表中输入标记名称后，单击该按钮可以保存标记。

删除标记 ：从下拉列表中选择要删除的标记名，然后单击该按钮可以将其删除。

通道列表："变形器"修改器最多可以提供100个变形通道，每个通道具有一个百分比值。为通道指定变形目标后，该目标的名称将显示在通道列表中。

列出范围：显示通道列表中的可见通道范围。

加载多个目标 ：单击该按钮可以打开"加载多个目标"对话框，如图11-110所示。在该对话框中可以选择对象，并将多个变形目标加载到空通道中。

图11-109

图11-110

重新加载所有变形目标 ：单击该按钮可以重新加载所有变形目标。

活动通道值清零 ：如果已启用"自动关键点"功能，那么单击该按钮可以为所有活动变形通道创建值为0的关键点。

自动重新加载目标：勾选该选项后，可以允许"变形器"修改器自动更新动画目标。

11.4.2 路径变形（WSM）修改器

▶️ 演示视频 113- 路径变形（WSM）修改器

使用"路径变形（WSM）"修改器可以根据图形、样条线或NURBS曲线路径来使对象变形，其参数设置面板如图11-111所示。

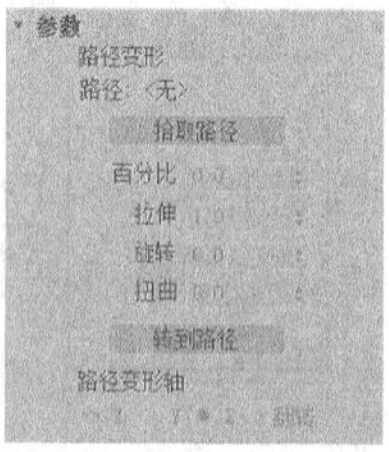

路径：显示选定路径对象的名称。

拾取路径 ：使用该按钮可以在视图中选择一条样条线或NURBS曲线作为路径使用。

图11-111

百分比：根据路径长度的百分比沿着Gizmo路径移动对象。

拉伸：以对象的轴点作为缩放的中心沿着Gizmo路径缩放对象。

旋转：沿着Gizmo路径旋转对象。

扭曲：沿着Gizmo路径扭曲对象。

转到路径 ：将对象从其初始位置转到路径的起点。

X/Y/Z：选择一条轴以旋转Gizmo路径。

📋 课堂案例

用路径变形（WSM）修改器制作光线动画

案例文件	案例文件>CH11>课堂案例：用路径变形（WSM）修改器制作光线动画
视频名称	课堂案例：用路径变形（WSM）修改器制作光线动画.mp4
学习目标	学习路径变形（WSM）修改器的使用方法

本案例用"路径变形（WSM）"修改器制作光线的运动动画，效果如图11-112所示。

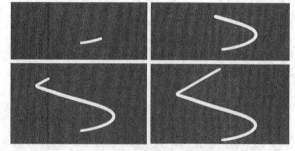

图11-112

01 使用"线"工具 线 在场景中绘制光线运动的路径样条线，如图11-113所示。

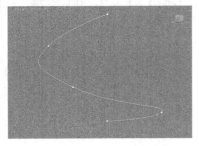

图11-113

02 使用"胶囊"工具 胶囊 在样条线旁边新建一个胶囊模型，如图11-114所示。

图11-114

03 选中胶囊模型，在修改器列表中选择"路径变形（WSM）"修改器，如图11-115所示。

图11-115

04 加载"路径变形（WSM）"修改器后，在"参数"卷展栏中单击"拾取路径"按钮 拾取路径 ，然后选择视口中的路径样条线，如图11-116所示。

图11-116

05 此时胶囊模型离路径样条线较远。在"参数"卷展栏中单击"转到路径"按钮 转到路径 ，胶囊就会自动移动到路径样条线上，如图11-117所示。

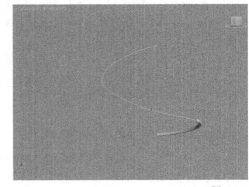

图11-117

06 增加"拉伸"的数值，使其覆盖路径样条线，会发现胶囊模型出现了棱角，如图11-118所示。

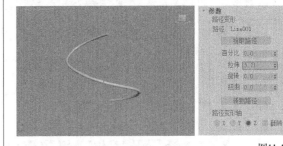

图11-118

07 返回"胶囊"的参数面板，修改"高度分段"为40，就能将模型变得圆滑，如图11-119所示。

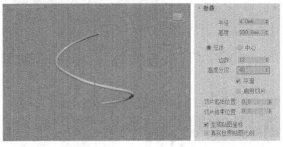

图11-119

08 单击"自动关键点"按钮 自动关键点 ，在第0帧设置"拉伸"为0，如图11-120所示。

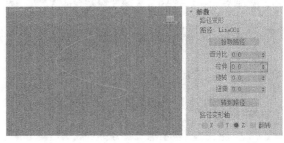

图11-120

⓽ 在第100帧设置"拉伸"为3.7，如图11-121所示。

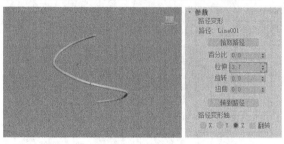

图11-121

📝 技巧与提示

　　这一步的"拉伸"数值请根据绘制的样条线灵活设置，这里的参数仅为参考。

⓾ 新建"VRay灯光材质"，设置"颜色"为黄色，"倍增"为5，然后将其赋予胶囊模型，如图11-122所示。

图11-122

⓫ 使用"平面"工具 ▭ 平面 新建一个平面模型作为背景，并添加摄影机，为摄影机找一个合适的角度，如图11-123所示。

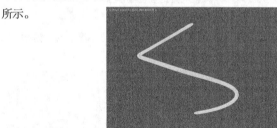

图11-123

⓬ 在时间线上任意选择4帧进行渲染，效果如图11-124所示。

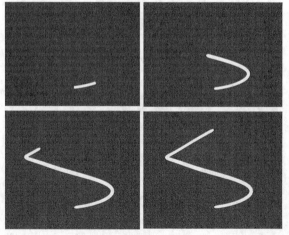

图11-124

11.4.3　切片修改器

▶️ 演示视频 114- 切片修改器

　　"切片"修改器可以将网格模型进行部分移除，从而制作出动画效果，其参数如图11-125所示。

　　平面/径向：使用不同的模式对模型进行调整。需要注意的是，不同模式的参数有差异。

　　切片方向：通过单击按钮选择不同的切片轴向，也可以选择多个轴向。

　　优化网格：可以在模型上新建一圈线段，如图11-126所示。

图11-125

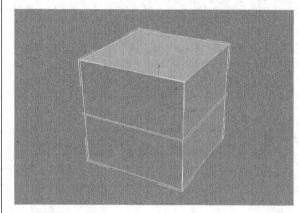

图11-126

　　分割网格：沿切片平面分割网格，同时保留两个平面。

　　移除正/移除负：分别移除模型的顶部和底部，如图11-127所示。

图11-127

　　封口：勾选此选项后，会将移除部分后的模型进行封顶，如图11-128所示。

图11-128

在"切片平面"层级中，可以调整切片线框的高度，如图11-129所示。

图11-129

课堂案例

用切片修改器制作生长动画

案例文件	案例文件>CH11>课堂案例：用切片修改器制作生长动画
视频名称	课堂案例：用切片修改器制作生长动画.mp4
学习目标	学习"切片"修改器的使用方法

本例为"切片"修改器添加关键帧，制作模型生长的动画效果，如图11-130所示。

图11-130

① 打开本书学习资源"案例文件>CH11>课堂案例：用切片修改器制作生长动画"文件夹中的"练习.max"文件，如图11-131所示。

图11-131

② 选中下方最大的石块模型，然后添加"切片"修改器，设置"切片方向"为Z，"切片类型"为"移除正"，并勾选"封口"选项，如图11-132所示。

图11-132

③ 单击"自动关键点"按钮，在第20帧的位置将"切片平面"向上移动，使石块模型完全显示，如图11-133所示。

图11-133

④ 选中上方左侧的石块模型，添加"切片"修改器，具体参数如图11-134所示。

图11-134

⑤ 在第20帧时，向下移动"切片平面"的位置，使模型完全消失，如图11-135所示。

图11-135

技巧与提示

在添加关键帧之前一定要先启用"自动关键点"按钮，保证动画记录。在添加完一个模型的关键帧后，要关闭"自动关键点"按钮，以确保不产生误操作。

06 在第30帧时,向上移动"切片平面"的位置,使模型完全显示,如图11-136所示。

07 选中右侧的石块,加载"切片"修改器,在第25帧时,向下移动"切片平面"的位置,使模型完全消失,如图11-137所示。

图11-136　　　　　　　　图11-137

08 在第35帧时,向上移动"切片平面"的位置,使模型完全显示,如图11-138所示。

图11-138

09 选中植物模型组,加载"切片"修改器,在第30帧时,向下移动"切片平面"的位置,使模型完全消失,如图11-139所示。

图11-139

10 在第40帧时,向上移动"切片平面"的位置,使模型完全显示,如图11-140所示。

图11-140

11 在时间线上任意选择4帧进行渲染,效果如图11-141所示。

图11-141

11.5　角色动画

角色动画是动画中难度最大的类型之一。制作角色动画需要为角色模型建立骨骼,并用蒙皮将骨骼与角色模型进行关联。

本节内容介绍

名称	作用	重要程度
骨骼	生成真实的骨骼结构	高
IK解算器	用于控制骨骼	中
蒙皮	将骨骼与模型进行关联绑定	高

11.5.1　骨骼

▶ 演示视频115- 骨骼

3ds Max中的骨骼可以理解为真实的骨骼,它作为模型的主体连接着模型的各个部分,赋予骨骼一些关键帧动画,可以使模型产生动作,其参数如图11-142所示。

骨骼的参数面板中只能设置骨骼的大小,并不能实现移除、连接、指定根骨和修改颜色等操作,这些操作只能在"骨骼工具"窗口中进行。选择"动画>骨骼工具"菜单命令可以打开"骨骼工具"窗口,如图11-143所示。

图11-142　　　　　　图11-143

骨骼编辑模式：单击该按钮后，会进入骨骼编辑模式，可以单独选中一个或多个骨骼来调整其位置、角度和长度等。

创建骨骼：在视口中创建新的骨骼。

创建末端：在原有末端骨骼的后方再创建一个末端骨骼。

移除骨骼：移除选定的骨骼，使子层级的骨骼与父层级的骨骼直接相连。

连接骨骼：在选定的骨骼之间连接新的骨骼。

删除骨骼：将选定的骨骼删除，剩余的子层级的骨骼不会与父层级直接相连。

重指定根：将选中的骨骼设置为根骨骼，也就是最高的父层级。

细化：可以将一根骨骼分成多个骨骼。

镜像：将选定的骨骼镜像复制。

■ 知识点：父子层级

了解了骨骼工具后，还需要掌握骨骼的父子关系。

骨骼的父子关系是控制骨骼很重要的因素。所谓骨骼的父子关系，即父层级骨骼会控制子层级骨骼的位移、旋转，但子层级骨骼不能控制父层级骨骼，只能实现自身的移动、旋转，如图11-144所示。以手臂为例，肩关节的骨骼会控制肘部、手腕、手指关节整体的位移和旋转，但手指关节弯曲和移动却不会带动肩关节的位移和旋转，读者可自行活动肩部感受一下。

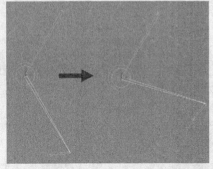

图11-144

人体模型以胯部为最高层级的关节，向上延伸出胸部、肩部和头部关节，肩部再分出两个手臂；向下延伸出膝盖和脚踝等关节。创建骨骼时只有掌握了正确的父子关系，后续"IK解算器"的创建才不会出错。读者需要亲身体验骨骼的父子关系，才能完全理解。

11.5.2 IK解算器

▶ 演示视频116-IK解算器

"IK解算器"可以创建反向运动学解决方案，用于旋转和定位链中的链接。"IK解算器"可以更好地控制骨骼，其参数如图11-145所示。

图11-145

只有选中一段骨骼后才能激活"IK解算器"选项，激活之后画面中会延伸出一条虚线，然后单击"IK解算器"另一端的骨骼，这样才能得到完整的解算器效果，如图11-146所示。

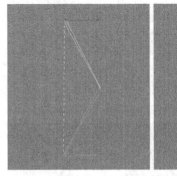

图11-146

11.5.3 蒙皮

▶ 演示视频117-蒙皮

为模型添加"蒙皮"修改器后，再添加骨骼模型，就能将这两者进行关联，使运动的骨骼带动对应的模型产生动画。"蒙皮"修改器的参数如图11-147所示。

图11-147

编辑封套：通过胶囊状控制器控制骨骼与模型的对应区域。

权重：设置骨骼对模型影响程度的工具。

权重表：以表格的形式显示所有骨骼的权重，如图11-148所示。权重值为1表示该顶点完全受到骨骼的控制，权重值为0表示该顶点完全不受骨骼的控制。

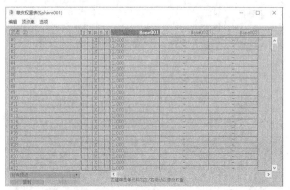

图11-148

绘制权重：用笔刷绘制权重的范围和强度，红色部分表示权重大，蓝色部分表示权重小，如图11-149所示。

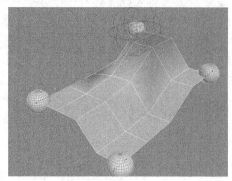

图11-149

11.6 本章小结

3ds Max的动画类型较多，请读者着重学习关键帧动画，务必掌握其操作方法。动力学动画、约束动画和变形器动画稍微复杂一些，希望读者能多多练习。角色动画较难，读者熟悉其原理即可。

11.7 课后习题

本节安排了两个课后习题供读者练习。这两个习题将本章学习的知识进行了综合运用。如果读者在练习时有疑难问题，可以一边观看教学视频，一边学习动画的制作方法。

11.7.1 课后习题：用关键帧制作放映机动画

案例文件	案例文件>CH11>课后习题：用关键帧制作放映机动画
视频名称	课后习题：用关键帧制作放映机动画.mp4
学习目标	练习关键帧动画的制作方法

本案例为放映机添加旋转关键帧，形成播放动画，效果如图11-150所示。

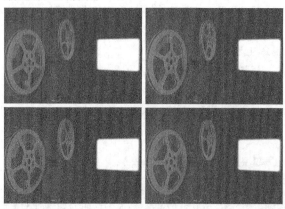

图11-150

11.7.2 课后习题：用关键帧制作齿轮动画

案例文件	案例文件>CH11>课后习题：用关键帧制作齿轮动画
视频名称	课后习题：用关键帧制作齿轮动画.mp4
学习目标	练习关键帧动画的制作方法

本案例为齿轮添加旋转关键帧，形成旋转动画，效果如图11-151所示。

图11-151

第 12 章

动画技术的商业运用

在3ds Max中，动画技术的主要应用方向为角色动画和建筑动画两大类。角色动画需要为绑定完成的角色模型添加各类动作和表情。建筑动画需要为建筑制作一些生长效果或添加园艺小品，制作带镜头变化的动画效果。

学习目标

◇ 熟悉角色动画
◇ 掌握建筑动画

12.1 综合实例：制作小人走路动画

案例文件　案例文件>CH12>综合实例：制作小人走路动画
视频名称　综合实例：制作小人走路动画.mp4
学习目标　学习角色走路动画的制作方法

　　走路动画是角色动画的基础。本案例用绑定好的小人模型制作走路动画。看似操作复杂，其实只需要确定走路的关键帧即可，如图12-1所示。

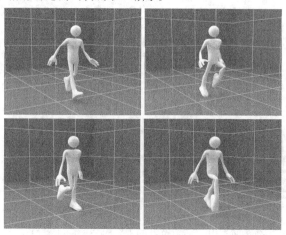

图12-1

01 打开本书学习资源"案例文件>CH12>综合实例：制作小人走路动画"文件夹中的"练习.max"文件，如图12-2所示。

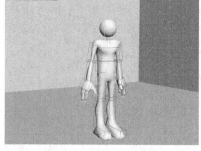

图12-2

02 单击"自动关键点"按钮 自动关键点 ，小人在第0帧摆出图12-3所示的造型。

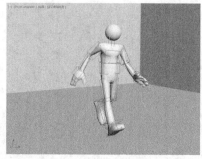

图12-3

03 小人在第3帧摆出图12-4所示的造型。

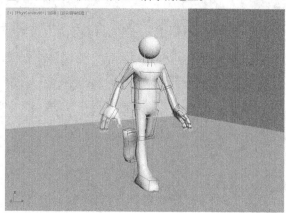

图12-4

> **技巧与提示**
> 　　在左视图中调整小人腿部和胳膊的位置，在前视图中调整其肩部和胯部的弯曲角度。

04 小人在第6帧摆出图12-5所示的造型，需要注意这一帧小人模型的重心最高。

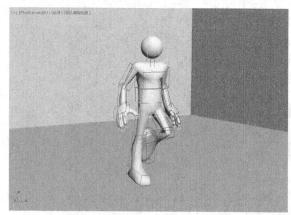

图12-5

05 小人在第9帧摆出图12-6所示的造型，其肩部会朝迈出腿的一侧微微倾斜。

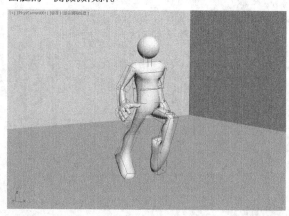

图12-6

06 小人在第12帧摆出图12-7所示的造型，这个造型与第0帧的造型完全相反，这样小人模型就迈出了完整的一步。

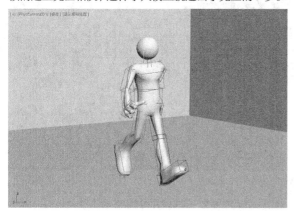

图12-7

📝 **技巧与提示**

注意小人手部和脚部的旋转角度，让动画看起来更加柔软流畅。

07 继续按照之前的方法摆出小人第15帧的造型，该造型与第3帧的造型完全相反，如图12-8所示。

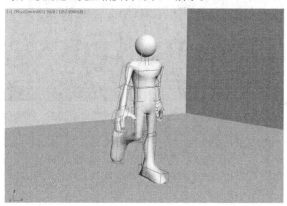

图12-8

08 小人在第18帧摆出图12-9所示的造型，该造型与第6帧的造型完全相反。

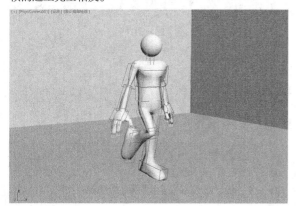

图12-9

09 小人在第21帧摆出图12-10所示的造型，该造型与第9帧的造型完全相反。

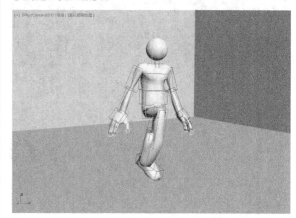

图12-10

10 小人在第24帧摆出图12-11所示的造型，这与第0帧的造型完全相同。为了确保完全相同，可以将小人第0帧的造型进行复制，然后粘贴到第24帧。

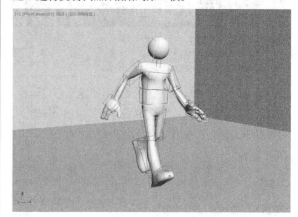

图12-11

📝 **技巧与提示**

选中第0帧，然后按住Shift键并拖曳鼠标，将其移动到第24帧即可完成复制。

11 单击"时间配置"按钮🕐，在弹出的"时间配置"对话框中设置"帧速率"为PAL，设置"结束时间"为24，如图12-12所示，这样时间线就只有24帧。

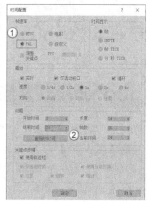

图12-12

⑫ 在时间线上任意选择4帧进行渲染，效果如图12-13所示。

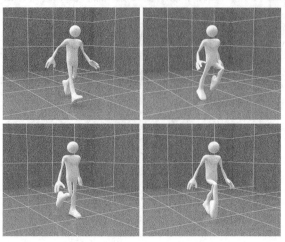

图12-13

12.2 综合实例：制作建筑生长动画

案例文件　案例文件>CH12>课堂案例：制作建筑生长动画
视频名称　课堂案例：制作建筑生长动画.mp4
学习目标　学习建筑生长动画的制作方法

　　本案例用一个简单的室内场景制作建筑生长动画。读者需要在制作时厘清思路，区分不同家具的出现时间，做到有序、有条理，才能快速制作出生长动画，效果如图12-14所示。

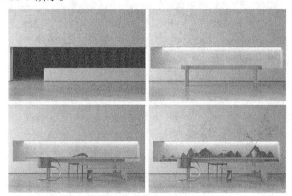

图12-14

12.2.1 整理模型

① 打开本书学习资源"案例文件>CH12>综合实例：制作建筑生长动画"文件夹中的"练习.max"文件，如图12-15所示。在这个场景中，摄影机、灯光和材质都已经创建完成。在制作动画之前，需要先将模型整理成组，以便创建动画。

图12-15

② 选中地面模型，然后修改模型的名字为"地面"，如图12-16所示。

图12-16

📝 技巧与提示

　　在右侧"修改"面板或左侧的"场景资源管理器"面板中都可以修改模型的名字。修改名字后就能快速识别模型，并进行选择和修改。

③ 选中墙面的6个模型，使其成组，并命名为"墙面"，如图12-17所示。

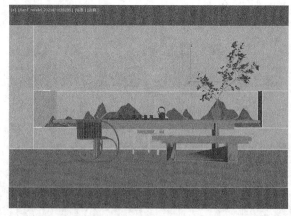

图12-17

04 选中假山模型，并将其命名为"假山"，如图12-18所示。

图12-18

05 选中桌子模型，使其成组后命名为"桌子"，如图12-19所示。

图12-19

06 选中后方的椅子模型，将其命名为"椅子2"，如图12-20所示。

图12-20

07 选中前方的椅子模型，将其命名为"椅子1"，如图12-21所示。

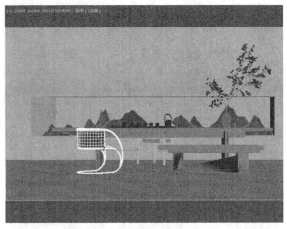

图12-21

08 选中凳子模型，将其命名为"凳子"，为了方便后续动画的制作，将凳子模型上的两个绑带模型删掉，效果如图12-22所示。

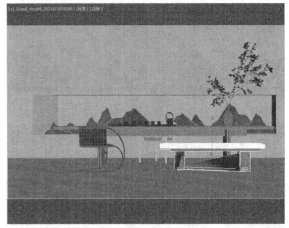

图12-22

09 选中桌上的茶具和花瓶模型，将其分别命名为"茶具"和"花瓶"，如图12-23所示。

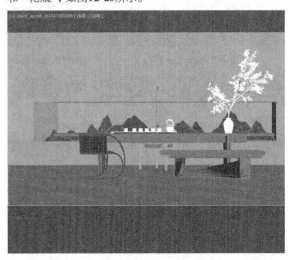

图12-23

12.2.2 动画制作

① 首先制作地面动画。将地面模型保留，其余模型全部隐藏，如图12-24所示。

图12-24

② 切换到"层次"面板，单击"仅影响轴"按钮 ，然后将模型的轴点中心调整到图12-25所示的位置。设置完成后关闭"仅影响轴"按钮 。

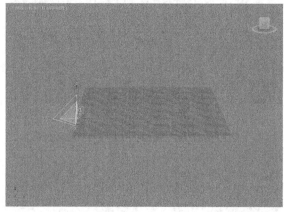

图12-25

③ 单击"自动关键点"按钮 ，在第0帧的位置设置*x*轴缩放为0，在第10帧设置*x*轴缩放为100，动画效果如图12-26所示。

图12-26

④ 下面制作墙面动画。显示"墙面"组的模型，选择"组>打开"菜单命令，然后选中左侧的墙面模型，如图12-27所示。

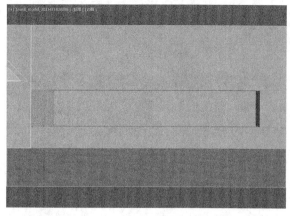

图12-27

⑤ 将模型的轴点中心移动到图12-28所示的位置。

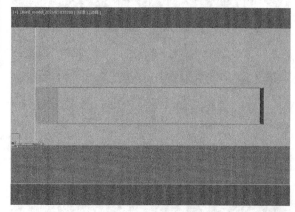

图12-28

⑥ 单击"自动关键点"按钮 ，在第10帧设置*z*轴缩放为0，在第15帧设置*z*轴缩放为100，动画效果如图12-29所示。

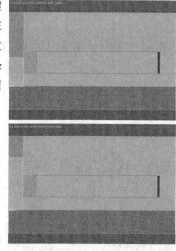

图12-29

07 选中上方的墙体模型,添加"切片"修改器,设置"切片类型"为"移除正",如图12-30所示。

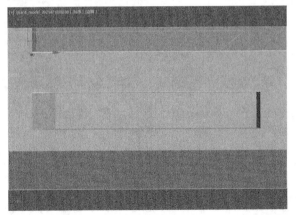

图12-30

08 进入"切片平面"层级,旋转切片平面的角度,移除右侧的模型,如图12-31所示。

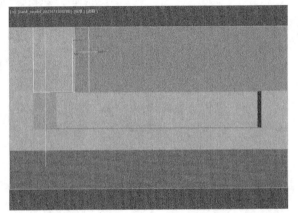

图12-31

09 单击"自动关键点"按钮 ,在第15帧的位置将切片平面移到左侧,使模型完全消失,在第25帧的位置,将切片平面移到右侧,使模型完全显示,动画效果如图12-32所示。

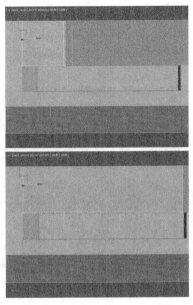

图12-32

10 选中下方的墙体模型,添加"切片"修改器,并在第20帧和第30帧的位置添加关键帧,使其形成动画效果,如图12-33所示。

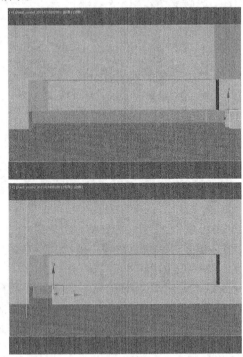

图12-33

11 选中中间剩余的墙体模型,添加"切片"修改器,并在第30帧和第35帧的位置添加关键帧,使其形成从上往下的动画效果,如图12-34所示。

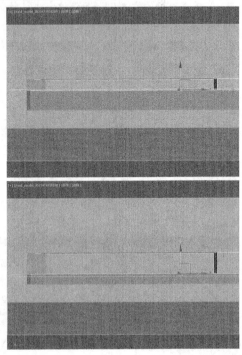

图12-34

⑫ 显示"桌子"组模型，打开组后选中两个桌脚模型，并添加"切片"修改器，如图12-35所示。

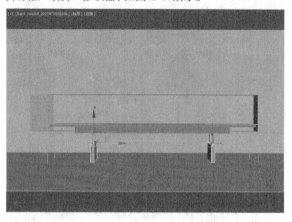

图12-35

⑬ 单击"自动关键点"按钮 自动关键点，在第35帧和第40帧的位置添加切片平面的关键帧，使其形成从下往上的动画效果，如图12-36所示。

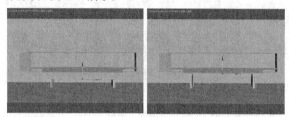

图12-36

⑭ 选中桌面下的横梁模型，在第40帧的位置设置x轴缩放为0，在第45帧的位置设置x轴缩放为100，动画效果如图12-37所示。

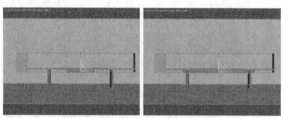

图12-37

⑮ 按照与上一步相同的方法为桌面模型制作动画效果，起始和结束关键帧分别为第45帧和第50帧，动画效果如图12-38所示。

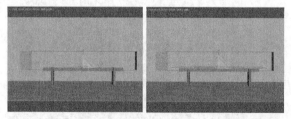

图12-38

⑯ 显示"椅子1"组，在第55帧的位置添加位置关键帧，使其保持原位不动，如图12-39所示。

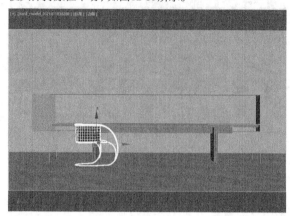

图12-39

⑰ 在第50帧的位置，将椅子向上移动一段距离，并添加关键帧，如图12-40所示。

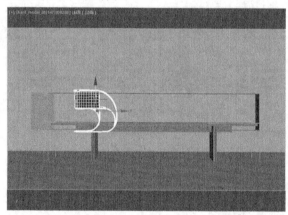

图12-40

⑱ 此时预览动画，会发现椅子一直显示在画面中，而预期的动画是在第50帧时椅子模型才显示。保持第50帧时椅子模型的位置不变，选中椅子模型并单击鼠标右键，在弹出的菜单中选择"对象属性"命令，如图12-41所示。

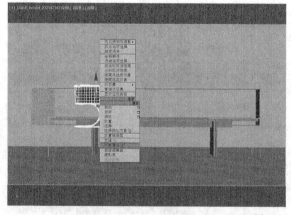

图12-41

⓳ 在打开的"对象属性"对话框中设置"可见性"为0，如图12-42所示。

图12-42

⓴ 在第55帧时，设置"可见性"为1，如图12-43所示。动画效果如图12-44所示。

图12-43

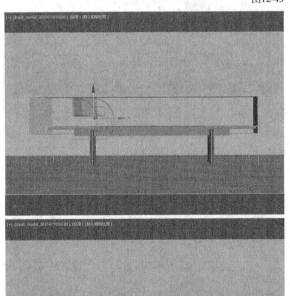

图12-44

㉑ 按照"椅子1"组的动画制作方法，制作"椅子2"组的动画，其起始和结束帧为第55帧和第60帧，动画效果如图12-45所示。

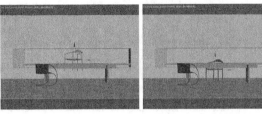

图12-45

㉒ 显示"凳子"组模型，打开组后为下方的模型添加"切片"修改器，在第60帧和第65帧的位置添加关键帧，形成由下往上显示的动画效果，如图12-46所示。

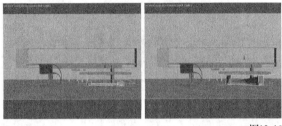

图12-46

㉓ 选中"凳子"组中上方的模型，在第65帧的位置，将其向上移动一小段距离，在第70帧的位置将其恢复到原有的高度，如图12-47所示。

图12-47

㉔ 在相同的关键帧位置，添加"可见性"关键帧，动画效果如图12-48所示。

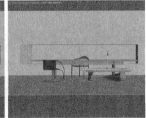

图12-48

㉕ 显示假山模型，然后添加"切片"修改器，在第70帧和第75帧添加关键帧，形成从下往上显示的动画效果，如图12-49所示。

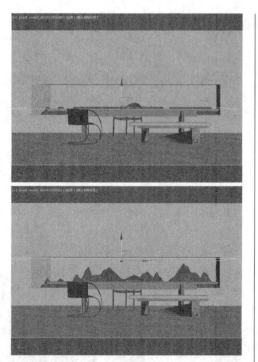

图12-49

㉖ 显示花瓶模型，在第75帧的位置将其向上移动一段距离，并添加位置关键帧，如图12-50所示。

图12-50

㉗ 在第80帧的位置将花瓶模型还原到原来的高度，如图12-51所示。

图12-51

㉘ 在相同的关键帧位置，添加"可见性"关键帧，动画效果如图12-52所示。

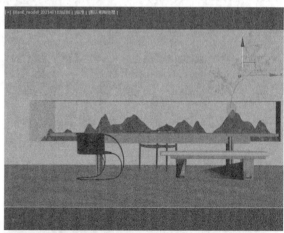

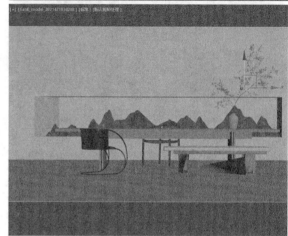

图12-52

㉙ 显示"茶具"组模型并打开组，选中茶盘模型，添加"切片"修改器，如图12-53所示。

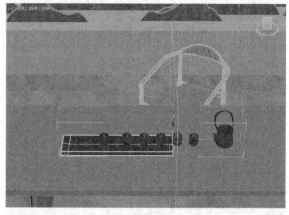

图12-53

㉚ 在第80帧和第85帧的位置添加"切片平面"的位置关键帧，使其生成从左到右显示的动画，如图12-54所示。

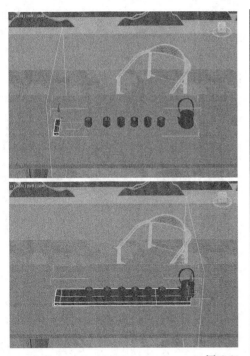

图12-54

31 选中茶壶和茶杯模型，在第85帧的位置将其向上移动一段距离，并添加关键帧，如图12-55所示。

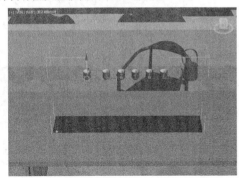

图12-55

32 在第90帧的位置，将茶壶和茶杯模型统一还原到原来的高度，如图12-56所示。

图12-56

33 按照从右到左的顺序，调整茶壶和茶杯模型的关键帧，使其呈现依次下落的动画效果，如图12-57所示。

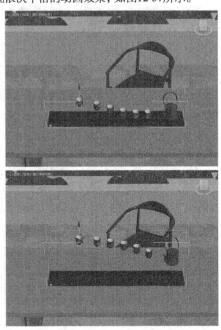

图12-57

技巧与提示

　　本案例中，调整关键帧有两种方法，一种是只将结束帧向后移动一帧，另一种是将起始帧和结束帧统一向后移动一帧。

34 在每个模型上添加"可见性"关键帧，形成显示动画，如图12-58所示。

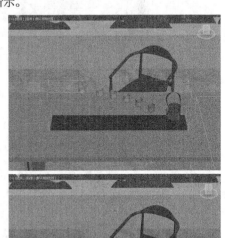

图12-58

㉟ 单击"播放动画"按钮 ▶，就可以预览整体动画效果，如图12-59所示。

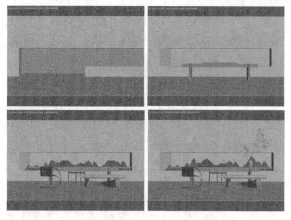

图12-59

12.2.3 动画导出

① 在不渲染场景的情况下，可以快速导出动画预览。按快捷键Shift+V打开"生成预览"对话框，设置"预览范围"为"活动时间段"，"输出百分比"为100，"按视图预设"为"标准"，以及预览视频的输出路径和格式，如图12-60所示。

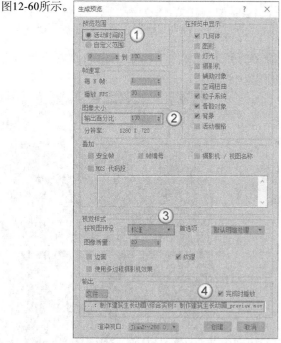

图12-60

② 单击"创建"按钮 创建 后，等待系统创建完预览，就可以在保存的路径文件夹中找到预览文件，如图12-61所示。

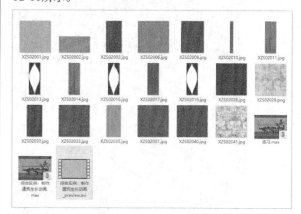

图12-61

③ 渲染场景则可以完整地展示最佳的动画效果。渲染动画之前，需要先渲染光子文件，在"公用参数"卷展栏中设置"时间输出"为"活动时间段"，"每N帧"为10，"宽度"为720，"高度"为405，如图12-62所示。

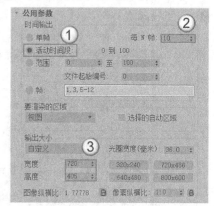

图12-62

④ 在"全局开关"卷展栏中勾选"不渲染最终的图像"选项，如图12-63所示。

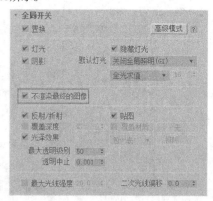

图12-63

05 在"全局照明"卷展栏中设置"首次引擎"为"发光贴图","二次引擎"为"灯光缓存",如图12-64所示。

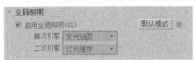

图12-64

06 在"发光贴图"卷展栏中设置"当前预设"为"中","细分"为60,"插值采样"为30,"模式"为"增量添加到当前贴图",勾选"自动保存"和"切换到保存的贴图"选项,并设置光子保存路径,如图12-65所示。

图12-65

07 在"灯光缓存"卷展栏中设置"预设"为"动画","细分"为2000,勾选"自动保存"和"切换到已保存的缓存"选项,并设置文件保存路径,如图12-66所示。

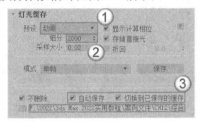

图12-66

08 按F9键渲染光子文件,渲染完成后,可以在保存光子文件的文件夹中找到两个文件,如图12-67所示。

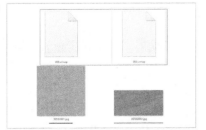

图12-67

09 在"公用参数"卷展栏中设置"每N帧"为1,"宽度"为1280,"高度"为720,如图12-68所示。

图12-68

10 在"渲染输出"选项组中勾选"保存文件"选项,并设置渲染图的保存路径,如图12-69所示。

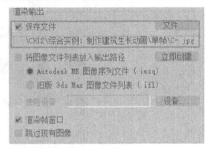

图12-69

11 在"全局开关"卷展栏中取消勾选"不渲染最终的图像"选项,如图12-70所示。

图12-70

12 在"渐进式图像采样器"卷展栏中设置"渲染时间(分)"为3,"噪波阈值"为0.001,如图12-71所示。

图12-71

⑬ 在"发光贴图"卷展栏中设置"模式"为"从文件",如图12-72所示。

⑭ 按F9键开始渲染序列帧,如图12-73所示。渲染完成后,可以在保存序列帧的文件夹中找到渲染完成的图片,如图12-74所示。

图12-72

图12-73

图12-74

> 📝 **技巧与提示**
>
> 为了防止意外情况出现,在渲染序列帧前最好保存一次文件。

附录A 常用快捷键一览表

一、主界面快捷键

操作	快捷键
显示降级适配（开关）	O
适应透视视图格点	Shift+Ctrl+A
排列	Alt+A
角度捕捉（开关）	A
自动关键帧（开关）	N
设置关键点	K
背景锁定（开关）	Alt+Ctrl+B
前一时间单位	.
下一时间单位	,
改变到顶视图	T
改变到摄影机视口	C
改变到前视图	F
改变到正交视图	U
改变到透视视图	P
循环改变选择方式	Ctrl+F
默认灯光（开关）	Ctrl+L
删除物体	Delete
显示隐藏/切换视图（快捷菜单）	V
专家模式，全屏（开关）	Ctrl+Alt+X
主栅格	Alt+Ctrl+H
取回场景	Alt+Ctrl+F
冻结选定对象	Ctrl+F
转到结束帧	End
转到起始帧	Home
显示/隐藏摄影机	Shift+C
窗口/交叉切换	Shift+O
显示/隐藏网格	G
隐藏辅助对象切换	Shift+H
显示/隐藏光源	Shift+L
显示/隐藏粒子系统	Shift+P
显示/隐藏Steering Wheels	Shift+W
从视图创建物理摄影机	Ctrl+C
材质编辑器	M
最大化当前视图（开关）	Alt+W
视图对象最大化显示	Z
脚本编辑器	F11
新建场景	Ctrl+N

操作	快捷键
法线对齐	Alt+N
放大坐标控制器	+
缩小坐标控制器	-
打开一个.max文件	Ctrl+O
平移视图	Ctrl+P
交互式平移视图	I
保持	Ctrl+H
播放/停止动画	/
渲染	Shift+Q
全选	Ctrl+A
快速对齐	Shift+A
撤销场景操作	Ctrl+Z
撤销视图操作	Shift+Z
用前一次的参数进行渲染	F9
渲染配置	F10
在xy/yz/zx锁定中循环改变	F8
约束到x轴	F5
约束到y轴	F6
约束到z轴	F7
环绕视图模式	Ctrl+R
保存文件	Ctrl+S
以透明方式显示（开关）	Alt+X
选择父对象	PageUp
选择子对象	PageDown
按名称选择物体	H
选择锁定（开关）	Space（Space键即空格键）
减淡所选物体的面（开关）	F2
隐藏几何体切换	Shift+G
反选	Ctrl+I
显示/隐藏安全框	Shift+F
资源管理器/UI/编辑器（快捷菜单）	J
百分比捕捉（开关）	Shift+Ctrl+P
捕捉开关	S
演示模式	Ctrl+Space（Space键即空格键）
间隔工具	Shift+I
聚光灯/平行光视图	Shift+4
仅影响轴模式切换	Ins
子对象选择切换	Ctrl+B
启动全局搜索（开关）	X
变换输入对话框（开关）	F12
显示统计（开关）	7
更新背景图像	Alt+Shift+Ctrl+B
显示几何体外框（开关）	F4

（续表）

操作	快捷键
视图背景	Alt+B
虚拟视图向下移动	数字键盘2
虚拟视图向左移动	数字键盘4
虚拟视图向右移动	数字键盘6
虚拟视图向中移动	数字键盘8
线框/平滑+高光（开关）	F3
所有视图最大化显示	Shift+Ctrl+Z
旋转	E
移动	W
缩放	R
智能放置	Y
最大化显示	Alt+Ctrl+Z
最大化显示选定对象	Z
缩放区域模式	Ctrl+W
放大视口	[
缩小视口	]

二、轨迹视图快捷键

操作	快捷键
全选	Ctrl+A
全部不选	Ctrl+D
上滚	Ctrl+PageUp
下滚	Ctrl+PageDown
使控制器唯一	U
反选	Ctrl+I
向右轻移关键帧	→
向左轻移关键帧	←
复制控制器	Ctrl+C
展开对象切换	O
展开轨迹切换	T
平移	Ctrl+T
应用减缓曲线	Ctrl+E
应用增强曲线	Ctrl+M
指定控制器	C
捕捉帧	S
框选水平范围和值范围	Z
添加/移除关键帧	K
缩放	Alt+Z
锁定切线切换	L
高光上移	↑
高光下移	↓

三、材质编辑器快捷键

操作	快捷键
将材质指定给选定对象	A
生成预览	F9
转到上一个同级项	←
转到下一个同级项	→
转到父对象	↑

四、可编辑多边形快捷键

操作	快捷键
倒角模式	Ctrl+Shift+B
全部取消隐藏	Alt+U
分离	Ctrl+Alt+D
切角模式	Ctrl+Shift+C
切割	Alt+C
在当前选择中忽略背面	Shift+Alt+X
塌陷	Ctrl+Alt+C
封口	Alt+P
快速切片模式	Ctrl+Shift+Q
扩大选择	Ctrl+↑
收缩选择	Ctrl+↓
沿样条线挤出模式	Ctrl+Alt+Shift+E
目标焊接模式	Ctrl+Shift+W
网格平滑	Ctrl+M
连接	Ctrl+ Shift+E
附加	Alt+Shift+D
隐藏	Alt+H
隐藏未选定对象	Alt+I

五、FFD快捷键

操作	快捷键
切换到控制点层级	Alt+Shift+C
切换到晶格层级	Alt+Shift+L
切换到设置体积层级	Alt+Shift+S
切换到顶层级	Alt+Shift+T

一、常用家具尺寸

家具	长度	宽度	高度	深度	直径
衣橱		700（推拉门）	400~650（衣橱门）	600~650	
推拉门		750~1500	1900~2400		
矮柜		300~600（柜门）		350~450	
电视柜			600~700	450~600	
单人床	1800、1806、2000、2100	900、1050、1200			
双人床	1800、1806、2000、2100	1350、1500、1800			
圆床					>1800
室内门		800~950、1200（医院）	1900、2000、2100、2200、2400		
卫生间、厨房门		800、900	1900、2000、2100		
窗帘盒			120~180	120（单层布）、160~180（双层布）	
单人式沙发	800~95		350~420（坐垫）、700~900（背高）	850~900	
双人式沙发	1260~1500			800~900	
三人式沙发	1750~1960			800~900	
四人式沙发	2320~2520			800~900	
小型长方形茶几	600~750	450~600	380~500（380最佳）		
中型长方形茶几	1200~1350	380~500或600~750			
正方形茶几	750~900	430~500			
大型长方形茶几	1500~1800	600~800	330~420（330最佳）		
圆形茶几			330~420		750、900、1050、1200
固定式书桌			750	450~700（600最佳）	
活动式书桌			750~780	650~800	
餐桌		1200、900、750（方桌）	75~780（中式）、680~720（西式）		
长方桌	1500、1650、1800、2100、2400	800、900、1050、1200			
圆桌					900、1200、1350、1500、1800
书架	600~1200	800~900		250~400（每格）	

单位：mm

二、室内物体常用尺寸

1.墙面

物体	高度
踢脚板	60~200
墙裙	800~1500
挂镜线	1600~1800

单位：mm

2.餐厅

物体	高度	宽度	直径	间距
餐桌	750~790			>500（其中座椅占500）
餐椅	450~500			
二人圆桌			500或800	
四人圆桌			900	
五人圆桌			1100	
六人圆桌			1100~1250	
八人圆桌			1300	
十人圆桌			1500	
十二人圆桌			1800	
二人方餐桌		700×850		
四人方餐桌		1350×850		
八人方餐桌		2250×850		
餐桌转盘			700~800	
主通道		1200~1300		
内部工作道宽		600~900		
酒吧台	900~1050	500		
酒吧凳	600~750			

单位：mm

3.商场营业厅

物体	长度	宽度	高度	厚度	直径
单边双人走道		1600			
双边双人走道		2000			
双边三人走道		2300			
双边四人走道		3000			
营业员柜台走道		800			
营业员货柜台			800~1000	600	

（续表）

物体	长度	宽度	高度	厚度	直径
单靠背立货架			1800~2300	300~500	
双靠背立货架			1800~2300	600~800	
小商品橱窗			400~1200	500~800	
陈列地台			400~800		
敞开式货架			400~600		
放射式售货架					2000
收款台	1600	600			

单位：mm

4.饭店客房

物体	长度	宽度	高度	面积	深度
标准间				25（大）、16~18（中）、16（小）	
床			400~450、850~950（床靠）		
床头柜		500~800	500~700		
写字台	1100~1500	450~600	700~750		
行李台	910~1070	500	400		
衣柜		800~1200	1600~2000		500
沙发		600~800	350~400、1000（靠背）		
衣架			1700~1900		

单位：mm/ m²

5.卫生间

物体	长度	宽度	高度	面积
卫生间				3~5
浴缸	1220、1520、1680	720	450	
坐便器	750	350		
冲洗器	690	350		
盥洗盆	550	410		
淋浴器		2100		
化妆台	1350	450		

单位：mm/ m²

6.交通空间

物体	宽度	高度
楼梯间休息平台	≥2100	
楼梯跑道	≥2300	
客房走廊		≥2400

（续表）

物体	宽度	高度
两侧设座的综合式走廊	≥2500	
楼梯扶手		850~1100
门	850~1000	≥1900
窗	400~1800	
窗台		800~1200

单位：mm

7.灯具

物体	高度	直径
大吊灯	≥2400	
壁灯	1500~1800	
反光灯槽		≥2倍灯管直径
壁式床头灯	1200~1400	
照明开关	1000	

单位：mm

8.办公用具

物体	长度	宽度	高度	深度
办公桌	1200~1600	500~650	700~800	
办公椅	450	450	400~450	
沙发		600~800	350~450	
前置型茶几	900	400	400	
中心型茶几	900	900	400	
左右型茶几	600	400	400	
书柜		1200~1500	1800	450~500
书架		1000~1300	1800	350~450

单位：mm

附录C 3ds Max 2022优化与常见问题速查

一、软件的安装环境

3ds Max 2022必须在Windows 10的64位系统中才能正确安装。所以，要正确使用3ds Max 2022，首先要将计算机的系统换成Windows 10版本的64位系统，如图附录-1所示。

图附录-1

二、软件的流畅性优化

3ds Max 2022对计算机的配置要求比较高，如果用户的计算机配置比较低，运行起来可能会比较困难，但是可以通过一些优化操作来提高软件的流畅性。

更改显示驱动程序：3ds Max 2022默认的显示驱动程序是Nitrous Direct3D 11，该驱动程序对显卡的要求比较高，我们可以将其换成对显卡要求比较低的驱动程序。选择"自定义>首选项"菜单命令，打开"首选项设置"对话框，然后单击"视口"选项卡，接着在"显示驱动程序"选项组下单击"选择驱动程序"按钮 选择驱动程序，在弹出的对话框中选择"旧版OpenGL"驱动程序，如图附录-2和图附录-3所示。旧版OpenGL驱动程序不仅对显卡的要求比较低，而且不会影响用户的正常操作。

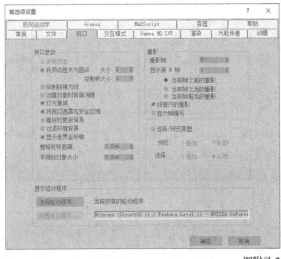

图附录-2

图附录-3

　　优化软件界面：3ds Max 2022默认的软件界面中有很多的工具栏，其中最常用的是主工具栏和命令面板，可以将其他工具栏隐藏起来，在需要用到的时候再调出来，整个界面只需要保留主工具栏和命令面板。按快捷键**Ctrl+Alt+X**可以切换到精简模式，隐藏掉暂时用不到的面板，只保留需要用的面板。这样不仅可以提高软件的运行速度，还可以让操作界面更加整洁，如图附录-4所示。

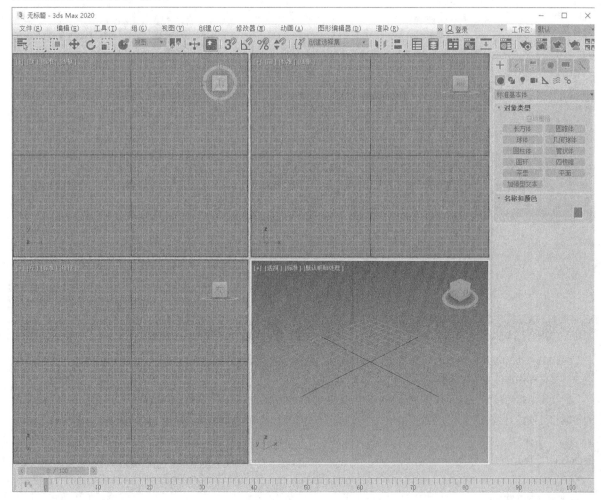

图附录-4

　　注意：如果用户修改了显示驱动程序并优化了软件界面，3ds Max 2022的运行速度依然很慢的话，建议重新购买一台配置较高的计算机，毕竟以后在做实际项目时，也需要拥有一台配置高的计算机，这样才能提高工作效率。

三、自动备份文件

　　在很多时候，我们的一些误操作很可能导致3ds Max崩溃。3ds Max会自动将当前文件保存到C:\Users\Administrator\Documents\3dsmax\autoback路径下，待重启3ds Max后，在该路径下可以找到自动保存的备份文件。但是自动备份文件会出现贴图缺失的情况，就算打开了也需要重新链接贴图文件，因此我们还是要养成及时保存文件的良好习惯。

四、链接外部资源方法

　　在打开一些场景时，系统会弹出图附录-5所示的对话框，遇到这种情况，就需要重新加载贴图路径。

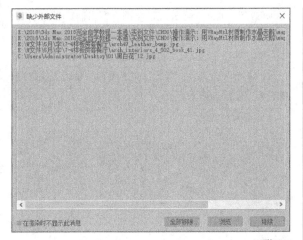

图附录-5

第1步：在"实用程序"卷展栏中单击"更多"按钮，如图附录-6所示。

图附录-6

第2步：在弹出的"实用程序"对话框中选择"位图/光度学路径"选项，然后单击"确定"按钮，如图附录-7所示。

图附录-7

第3步：在"实用程序"卷展栏中单击"编辑资源"按钮，如图附录-8所示。

图附录-8

第4步：弹出的"位图/光度学路径编辑器"对话框中会出现场景中所有的贴图和光度学文件的路径，如图附录-9所示。

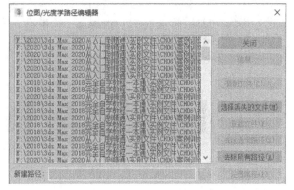

图附录-9

第5步：单击"选择丢失的文件"按钮，对话框中所有丢失路径的文件会被自动选中，如图附录-10所示。

图附录-10

第6步：单击"新建路径"后的按钮，选择文件所在的路径文件夹后单击"使用路径"按钮，如图附录-11所示。

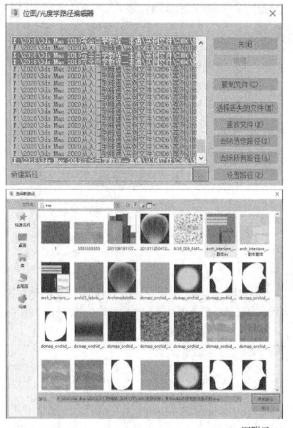

图附录-11

第7步：返回"位图/光度学路径编辑器"后单击"设置路径"按钮，此时丢失路径的文件就会显示新加载的路径，如图附录-12所示。如果加载后还有个别文件路径不一致，可以再次加载；如果丢失了原有的贴图文件路径，就必须重新添加贴图。

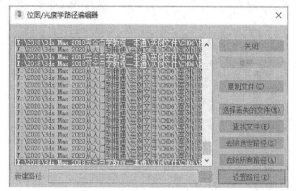

图附录-12